グローバリゼーション下の

東アジアの農業と農村

日・中・韓・台の比較

原剛・早稲田大学台湾研究所 編

藤原書店

グローバリゼーション下の東アジアの農業と農村　目次

グローバリゼーション下の東アジアの農業と農村

日・中・韓・台の比較

カバーデザイン・作間順子

はじめに

降水量と積算温度により、どこでどのような農作物が穫れるかが決まる。農業基盤の第一は、「自然環境」である。従って温帯モンスーン気候区にある、東アジア農業共通の特長は水田稲作にある。水田は灌漑水路と農道と畦畔からなる組織化された生産装置である。この装置は農民個々の活動が稲作りに向けて体系化されて、再生産される農業集落という「人間環境」が、持続して保たれることにより機能する。農業生産が持続していく上で「人間環境」は第二の基盤となる。

農業地域は農民、ときには農業社会を出自とする都市社会住民のアイデンティティ形成に関与する。農村地域社会が継承する伝統的な慣習、祭祀、食習慣、かつての結いにみられる人間関係などは「文化」と総称するにふさわしい。すなわち、人がそこに住み続ける意味を住民に確信させる、かけがえのない人間の内面的な価値観が「文化環境」である。

人はこれら三つの環境に影響され、環境に働きかけることによって、のっぴきならない自己の価値体系を形成し、独自の地域社会を構成するに到る。

風土（milieu）がある社会の空間と自然に対する関係であり、景観（environment）が風土の物質的あるいは事実的次元であるとするならば、[1]農業の営み、農業がつくりなす景観とは「風土」に基づく「文化的景観」であるといえよう。伝統的な文化は地域固有の風土により培われる。モンスーン気候区に営まれてきた東アジア温帯農業がつくりなす景観は、食料生産の機能とともに固有の文化という、持続可能な社会の証《あかし》の表現というにふさわしい。

しかし自然、人間、文化環境は、貨幣による交換価値を窮極の評価とする市場経済にいずれも馴染まない。持続可能な社会をその基盤として支えてはいるが、貨幣価値に計量化できないこれら三つの環境が、東アジアの農業地域で構造的な危機にさらされて久しい。

地域規模、地球規模に拡大した環境破壊は、農業の存立基盤である自然環境を脅かしつつある。オゾン層の減少はUV―B（有害紫外線）の増加によって穀物の収穫量を減らし、二酸化炭素濃度の上昇は温暖化を招いて、降水量と気温を変動させ、酸性雨は土壌成分を溶脱させ、いずれも農業生産に致命的な打撃を与えることが予見されている。[2]

生産の担い手の高齢化、後継者の不在、耕作放棄地など不作付地の拡大が、過疎の深化とあいまって農業生産の基盤である人間環境を劣化させて久しい。自然環境と人間環境の衰弱は地域文化の継承を困難にしている。文化環境の衰退現象である。

人口増による食料需要の増加、所得増に伴う乳肉への指向により、家畜飼料の需要増が生じ、穀物の価格が上昇すると農民は作付面積を増やし、需要に応じる。従って価格は安定的に保たれる、とする市場経済の理論は、農業生産の基盤である三つの環境の劣化による潜在生産力の低下により、理論の実効性に根源的な疑問をもたれつつある。

このような状況下で同時に、国際分業による自由貿易こそ資源の最適利用をすすめ、社会の厚生を高める合理的な最良の方法である、とする経済のグローバリゼーションが農業生産の国際分業化を強行しつつある。どの国に対しても同様の条件で関税などの通商規則を定めることを原則(最恵国待遇)とする世界貿易機関（WTO）、あるいは協定構成国のみを対象として、排他的に関税の撤廃等を行う自由貿易協定（FTA）や経済連携協定（EPA）の形で、グローバリゼーションが急激に展開している。

大規模な工業化農業による単一作物の大量生産を特長とする米国やカナダ、豪州農業、あるいは熱帯途上国の低賃金、低コストによるいずれも安価な農産物自由貿易にさらされるとき、小規模な家族農業、多品目少量生産を特長とする東アジアの農業、農村地域にどのような変化が生じるだろうか。

宇沢弘文は農村を社会的共通資本として位置づけ、一つの国がたんに経済的な観点だけでなく、社会的、文化的な観点からも、安定的な発展を遂げるためには、農村の規模がある程度安定的な水準に維持されることが不可欠であるとする。しかし、資本主義的な経済制度の下では、工業と農業の間の生産性格差は大きく、市場的な効率性を基準として資源配分がなされるとすれば、農村の規模は年々縮小せざるを得ないのが現状である。更に、国際的な観点からの市場原理が適用されることになるとすれば、日本経済は工業部門に特化して、農業の比率は極端に低く、農村は事実上、消滅するという結果になりかねないと指摘する[3]。

農業は国民の食料安全保障に関連した基幹産業であり、農村工業により雇用創出、環境保全、景観維持等の社会的な機能を担う。農業は自由貿易の進展により切り捨てられるべき比較劣位の産業ではない、との基本認識を共有して早稲田大学台湾研究所による、日台国際共同研究「自由貿易時代の東アジア農業・農村」が二〇〇五年から始められた。WTO、FTA体制が農業にどのような影響を及ぼしているかを検証し、転換期にある日本、中国、韓国、台湾の農業に対し、グローバリゼーションの下でどのような農業政策が最適のものとして機能し得るかを比較、検討するものである。

二〇〇五年一〇月、台湾の淡江大学で第一回の研究会を開催した。東アジア地域の農業構造、とりわけ今日の台湾農業・農村が抱えている課題を検討し、台北市三芝郷の農業委員会や養蜂農場を視察した。引き続き二〇〇六年四月、韓国の漢陽大学において第二回の研究会を開催し、江華島の有機農業団地で循環型農業の現状を調査した。

第三回の研究会は、山形県高畠町で二〇〇六年九月行った。高畠町は地域ぐるみの有機無（減）農薬農法実践の原点である。地域の伝統資源を生かした内発的発展への指向が高く評価されている。

本書は二部構成とした。序の座談会「自由貿易に立ち向かう東アジア農業・農村」は、二〇〇六年九月、山形県高畠町での第三回研究会に日、中、韓、台から参加した研究者の見解を収録した。それぞれに経済の発展段階が異なるため、論じられた農業、農村地域の動態はまちまちである。しかし農業と農業地域が有する多様な社会的機能は、それなくして産業社会は持続的に発展することが困難な、社会的共通資本であるとの一致した評価が社会体制、経済の発展段階の差異を超えて得られた。

第一部「WTO・FTAと東アジア農業の目指す方向」は、WTO体制下での産業構造調整が日、中、韓、台の農業構造に及ぼしつつある影響を課題とした。農産物市場開放による社会変動の中で、農業及び農業地域の持続可能な発展を指向する各国農業政策の方向を検証した。

第二部「内発的・持続可能な農村発展」では、既に各地域で進められている、農業及び農業地域の内発的発展と目される試みを、日、中、韓の気鋭の若手研究者による現地調査に基づいて紹介した。さらに西川潤早稲田大学名誉教授が、長年の研究課題である台湾の「社区」活動について、同様の観点から記述した。このような視点から、農業地域の持続可能な発展を探求した調査は稀である。

附「共同研究の経過」は、第一回台湾・淡江大学、第二回韓国・漢陽大学、第三回山形県高畠町でそれぞれ開催された共同研究会への参加者による、WTO自由貿易体制下での、各国地域の農政の変化と農業及び農村地域の動向の、それぞれの報告概要である。

プロジェクト主任　早稲田大学アジア太平洋研究科教授

原　剛

注

（1）オギュスタン・ベルク、三宅京子訳『風土としての地球』筑摩書房、一九九四年、五八頁。
（2）霞ヶ関地球温暖化問題研究会編訳『IPPC地球温暖化レポート』中央法規出版、一九九一年、九一―九二頁。
（3）宇沢弘文『社会的共通資本』岩波書店、二〇〇〇年、六〇―六三頁。

序

〈座談会〉自由貿易に立ち向かう東アジア農業・農村

西川　潤（早稲田大学名誉教授、早稲田大学台湾研究所顧問）
任　燿廷（淡江大学日本研究所所長）
朴　珍道（忠南大学経済貿易学部教授）
章　　政（北京大学経済学院教授）
〈司会〉黒川宣之（早稲田大学台湾研究所客員研究員、前朝日新聞論説委員）

司会　小規模な家族経営が多い東アジア農業は、大規模な大陸型農業国主導の農産物貿易自由化によって、この数十年、大きな打撃を受けています。自由化の洗礼を最も早く受けた日本についていうと、経済の高度成長によって貿易黒字が拡大した一九七〇年代初めから赤字大国米国の圧力によって自由化が加速されました。その影響は、六〇年代初めにはカロリー換算で七〇％台だった食糧自給率が年に一％の割合で低下し、いまでは四〇％に落ち込んでしまったことに象徴的に示されています。農業生産額や農家戸数、農地面積は年ごとに減少し、農村集落が崩壊しました。

ただ、食料自給率の低下、農業の衰退は貿易自由化のせいだけではなく、経済の高度成長や国民の食生活の変化、農業改革の停滞など多くの要因が組み合わさっており、自由化を阻止したからといって農業や農村が活性化されるわけではないところに問題解決の難しさがあります。自由貿易に立ち向かう韓国、台湾、中国、日本の現状を報告していただき、共通する処方箋を考えてみたいと思います。まず、農産物貿易自由化の影響からお話しください。

■切り捨てられる農業

朴　韓国は一九九四年のウルグアイ・ラウンド合意で、米の関税化を一〇年間遅らせました。二〇〇四年には再交渉の結果さらに一〇年間猶予されました。このため関税化に代わるミニマム・アクセス（最低輸入数量）が、二〇〇五年の四％から二〇一四年には国内消費量の八％まで増えることになりました。政府は米の価格を市場に任せ、米価を下げる方向に向かっています。二〇〇五年に米価がかなり下落して大騒ぎになりましたが、これからも米の値段はどんどん下がっていくと思います。

韓国は日本と比べて農産物の関税が高く、WTO体制のもとで今後は、関税は下がっていくでしょう。ウルグアイ・ラウンドの時は開発途上国として交渉に臨みましたが、今回のドーハ・ラウンドでも、開発途上国として頑張ってはいるが交渉は難航しています。

他方、いま米国とのFTA(自由貿易協定)交渉に農民の関心が集まっています。米国の基本方針は、米を含むすべての農産物の関税を一〇年以内に完全撤廃せよということで、韓国としては、米を含めて敏感な農産物は関税撤廃の例外にするし、それ以外の農産物も一〇年から一五年に引き伸ばして余裕を与えたい考えです。しかしアメリカは韓国の主張を全部受けいれるはずはなく、その場合現在の政府は農業にあまり関心がないので、他の分野での交渉のために、農業を切り捨てる恐れもあります。農業がFTA交渉の最重要課題というわけではなく、医薬品や投資、知的所有権など、農業以外の問題に議論が集中すると思います。米国以外にもメキシコやオーストラリア、ASEANなどとの交渉が進んでおり、米国との交渉が終わりしだい中国とも交渉する予定です。そういう意味で韓国では、WTOよりもFTAの影響の方が大きいと言えます。

任　台湾がWTOに加盟した二〇〇二年には、農産物の関税が工業製品に比べて高かったので、関税の引き下げ幅は工業製品が四%から六%に対して、農産物は一〇%から二〇%となっています。しかし品目数は、工業製品が三七五〇品目、農産物は三〇品目です。農産物の関税率の引き下げ幅の平均は四四・七%、水産物は四〇・八%、畜産物は三六%です。金額ベースでは畜産物、特に豚肉の四七億元(一元=三・五六円)の引き下げは最も大きいものでした。その次に野菜と果物です。しかし関税の引き下げによる生産への影響はそれほどありませんでした。二〇〇五年度の実績でみますと農業生産額は、三八四〇億元で加盟前の二〇〇一年に比べ八％増加でした。農民の平均所得は九〇万元で、二〇〇一年より二・六％増加しています。ただし、農工間の格差は拡大しており、農業の所得は工業の七〇％ぐらいです。

章　中国の場合、WTOに加盟したのが二〇〇一年ですが、交渉を始めたのは一九九一年で、その一〇年間にかなり準備ができました。途上国という形で加盟しましたが、この五年間の影響は大ざっぱにいって次のようになります。第一に、地域的にみれば、中国の農業は北方が大規模で、特に東北地方の黒龍江省が大きく、南方は零細なのですが、影響は大規模な地域ほど大きく、中小規模の地域はそれほど受けていません。零細農家が打撃を受けるという予測と全く違いました。第二に、価格下落の影響はトウモロコシや小麦が大きく、米は輸入と輸出が調整され、それほど影響がありません。地域GDPに占める農業収入の割合は、先進工業地域で三〇％、後進地域で七〇％です。

西川　WTOはウルグアイ・ラウンドで協定化され、新しい交渉分野を加えて自由化を推進してきましたが、一九九〇年以降のグローバリゼーションが自由化の意味合いを変えました。それまでは国際分業体制を築くということでしたが、国際分業体制や貿易の対象がものすごく複雑化してきて、例外のない自由化や一律化された自由化が進められなくなりました。農業分野では環境保全が重視されるようになり、国民の農業に対する見方も変わってきています。

その一方で、WTOには関係なく食糧管理制度が破綻し、農業保護が難しくなってきています。米をはじめとした農産物の輸入もかなり増加し、この二点から農業・農村に対するインパクトは厳しいものがあります。特に農業を誰がどのように受け継いで担っていくのかは、従来型の市場経済のもとでは展望がみえてこないです。このように国際分業体制を前提とした農政は、環境や生態悪化などの壁があり、食糧の安全保障を輸入に頼ることには不安が出ています。

第二は発展途上国の食糧輸入が増えてきており、支援も必要になってきていることです。こういう状況を考慮した農業の対策や展望が必要ですが、十分には行われていません。特に米などの農産物は途上国との協力の中で増やしていく必要がありますし、日本の農業を今後、どのように高度化していくかを検討する必要があります。

■地域全体をにらんだ統合政策

司会　自由化の影響はしだいに深刻化しているようですが、各国はどのような対策をとっているのでしょうか。

朴　韓国は一九八九年に自由化に対する基本的な対策として、「農漁村発展総合対策」を打ち出し、国際競争力を持つ農業の育成を目指しました。相当な補助金を投入し規模化、施設化、現代化などのさまざまな言葉を使って、規模拡大や生産性向上を図り、国際競争力を高めようとしてきました。米は一〇年間で生産コストを半分に下げるという、思い切った対策をとりましたが失敗しました。これらの対策で農家の所得や農村の経済が全体的に上がれば良いのですが、少数の農民が裕福になっただけで、ほとんどの農家の所得は増えていませんし、都市勤労者との格差も拡大しています。

農村は福祉や医療、教育などの生活環境の面で、都市に比べかなり遅れているので、その格差をどのように縮めるのかも問題となっています。農業の発展とともに農民の生活水準の向上を考える必要がありますが、法律や計画を作っただけで、実際は何もやっていないのが現状です。問題意識は持っているのですが、そこまで踏み込んで農業・農村のために資金を使うという構えになっていません。
最近は消費者から、食品の安全性などを求める声が出てきています。大統領の諮問機関に「農漁業農漁村特別対策委員会」というものがあり、私も委員の一人ですが、委員会で考えられているのは、「農業・農村基本法」を日本のように「食料・農業・農村基本法」に変えようということです。保健・福祉などの分野も対象に入ってきます。委員会としてはこの方向で話を進めておりますが、農林省の守備範囲が広くなることに対して、諸官庁の中には異論もありますのでそう簡単には進まないでしょう。

司会 韓国の農業政策が目指している方向は日本とよく似ています。日本のほうが経済の成長が早かったので、都市と農村の格差是正などの対策は韓国より早くから着手していますが、効果が上がっていない点は同じです。また、自由化対策と正式に銘打った対策が打ち出されたのは今回が初めてで、韓国よりは遅れています。台湾の状況はどうでしょうか。

任 台湾はWTO加盟に先立ち、二〇〇〇年から農業の国際競争力の強化を目指し、食料生産の効率化や農業と工業の格差是正などを目的に、「邁進二一世紀農業新法」というスローガンの下に、本格的に農業構造調整へ乗り出しました。その後二〇〇六年の新農業運動の中に、環境対策を重点施策とし取り入れました。特に水田の減反により、生態環境の悪化が顕在化し、農業環境問題は単なる休耕対策では対応できなくなったことがきっかけになりました。これからの農業政策は、生態環境やバイオマスなどのエネルギー問題なども考慮に入れて立案するべきだと思います。

司会 中国は韓国や台湾、日本と似ている面と大きく違っている面があるようですが。

章　中国はＷＴＯ対応を二つの側面から展開しています。中国と日本、韓国、台湾が違っている部分は農村や国内の経済構造だと思います。昨年の統計でもＧＤＰに占める国内市場の割合は六五％、輸出は二〇％くらいです。国内市場が中心で、海外市場は農産品の一定程度の開放と工業製品の対外輸出のバランスを、どう図っていくかということが大切です。特に家電製品などの軽工業品の輸出は、東南アジア中心に増加しており、その意味では東南アジアからの農産物の輸入をある程度増やさないと輸出が伸びないという面があります。市場論からみますと、国内市場における農業経済の犠牲は、国全体の経済循環の拡大につながる、という皮肉な構造になっているわけです。

二点目は政策面の展開です。中国はアジアにおける最大の市場で、政治的な大国へと発展しています。ＷＴＯとＦＴＡを締結することによって、国内経済も発展でき海外市場も拡大します。米国や東南アジア、韓国などと政治的に緊密な関係を結ぶことにもつながります。その意味では一部は打撃を受けますが、政治的にみると効果があるので、積極的にＦＴＡ協定にも参加していくと思います。

■家族経営こそが農業を守るとりで

司会　家族経営主体の規模が零細な東アジア農業が、自由化に抗して持続可能な農業を維持していくには、どうすればよいのでしょうか。

西川　ＷＴＯの自由化の推進を誰が進めているのかというと、単に米国と言うよりも米国を中心とした穀物多国籍企業です。少数の企業が穀物生産の非常に大きな部分をコントロールしています。これがやはり一番の問題です。穀物独占のため、遺伝子組み換えという効率優先で人間の健康を考えない新しい農産物の技術開発が進められています。それに対して零細家族経営は地産地消を担っており、非常に大事だと思います。家族経営の規模は、地域によってかなり違いがあり、日本の場合は一家族あたり一ヘクタールですが、台湾や韓国はやや大きく、中国は少ないと思います。ヨーロッパやアメリカの家族経営は規模が大きく、ヨーロッパでも数十ヘクタールの大きさです。規模の大小はともかく、多国籍企業の前に家族経営が存在することに大きな意義があります。そういう意味で家族経営を保護していくことが大事なのですが、日本の場合は非常に脆弱で、高度成長時代から三チャン農業と言われていたのですが、今はさらに高齢化や女性化が進んでいます。

家族経営を保護し、発展させていくためには農政の方向転換が必要です。農村に新しい血を入れることです。新しい血を入れる方法は四つあります。

一つは都市とのネットワークを通じて新しい血を入れることです。家庭菜園から始まって、農業に関心を持つ人に農村に来てもらい、都市と農村がいろんな形で交流をはかり、新しい血を入れることです。

二つめは青年層です。今の青年層は価値観が多様化していますので、農業や生物に関心を持っている人が沢山います。そういう人たちにIターンをしてもらい、農業を基本として働いてもらうことです。若者が農村で働くことは一部では始まっていますが、まだまだ多くありません。

第三には六〇歳で退職したシニア世代を取り込むことです。シニア世代は農村からみれば高齢化世代の下の世代であり、自然や土地、農業に関心がある人に菜園や花の栽培を行ってもらいます。シニア世代を農村に入れることで、第三の新しい血がはいります。

第四は外国人に研修労働者としてではなく、社会の一員として農村で働いてもらうことです。また、滞在期間も二年から三年ではなく、もっと長く滞在して日本の農村の活力として貢献をしてもらうことです。そのためには農村の開放化や農村経営のソフト化などの面で投資をしなければならないのですが、今の農政は全くできていません。

現在、WTOの中で穀物や飼料を保有する国は本当に限られていて、米国やカナダ、オーストラリアを別として、途上国でいうとタイやアルゼンチンの米、ブラジルの大豆などぐらいしかありません。ブラジルのように大豆などを大量に輸出している国は環境の限度を越えており、国内で食糧争いが起こっています。裕福な国が世界の食糧を独占するという形でよいのか、もっと考える必要があります。そのためには食糧支援を必要とする国の農業の基盤を強化することです。しかし、食糧生産基盤の強化や環境を保全する事業が全く行われていません。中国は輸入を増やすのでなく、食糧の生産基盤を改善していくことが必要です。日本における持続可能な発展の形成は社会の環境体制を整えて、それに適合する形で、食糧の輸入を考えることです。国内では家族農業を強化し、若者の育成に努めることです。

朴　農業政策が部門政策から統合政策へと変わっていると思います。農業、社会、環境を考慮し、地域全体を考える農業政策になっています。農業は地域性を持っており、全国画一的な政策では駄目です。地域を中心とし、経済だけでなく社会、環境などを統合的に考えながら政策を行うことです。そのためには民と官の協力が必要です。また、地域に基づいた政策も大事です。農村は農業生産をする場所だけではなく、これからは国民全体の生活の場、経済活動の場となるべきです。国はそのような視点から政策を行うべきです。農村が持つ環境や文化、景観などの多面的機能は都市にはありませんので、農村の価値を国民全体でどう活用できるかを考える必要があります。その場合一番大事なことは地域の力であり、これからは地域の力や主体性をどうやって育成するかに政策の重点を置くべきだと思います。それができれば、いろんな問題が地域の力でどんどん解決できるでしょう。

任 今回のＷＴＯのドーハ・ラウンドの農業交渉では、環境など資源の保護や農業の支援措置が大きな問題になっています。国の農業政策としては生産者と消費者の両方の利益をともに考えなければならない。そのバランスをどう保つかが問題となっています。直接支払制度は農業支持の改革策の選択肢として位置づけられていますが、農民所得の確保にも役立つであろうと思います。一方、農民福祉の向上には、農民の健康保険や年金対策を講じることも重要な課題です。ＷＴＯ加盟に関わる市場開放、国内支持措置そして環境、資源の諸問題の解決には、農業生産者が被る損害を最小限にとどめるよう、様々な対策を打ち出さなければなりません。しかし農民もいつまでも保護される受身の立場ではなく、経済セクターである以上、自力で競争力を身につける必要があります。地域の長所を活かし、あらゆる分野から技術を取り入れ、農業を内発的に発展させていかなければなりません。つまり、農業調整の過程において新しいチャンスを掴んで、経営の活性化につないでいくことです。新しいチャンスは農業においてはいくらでもあると思います。農業は単なる生産活動の場ではありません。生活や観光の場でもあります。農業調整の過程において、台湾農業も第一次産業としての位置づけだけでなく、サービス産業などの第三次産業に関連する産業への脱皮を、地方政府主導で振興する必要があります。中央政府も環境や福祉政策との整合性を保ちながら政策を推進すべきです。

■パラダイムの転換が必要

章 中国は今まで他の国と同じように、自由化対策をかなり行ってきました。簡単に整理しますと、一九八〇年代から九〇年代は自由化に対して産業保護や政府の介入、管理の強化などを試みてきましたが、なかなか効果が上がりませんでした。九〇年代から今日にかけては新しい対策をとっています。例えば市民運動や社会運動、環境運動との協働です。自由化への対応には発想、価値、哲学の転換が必要です。

経済発展の指標としてGDPという経済の量り方で良いのか疑問を持ちます。

今の資源や財産をめぐる物質的な争いを改めるべきです。哲学的な視点でいえば、「ある」というのは「ない」のと一緒で、「ない」イコール「ある」です。沢山のモノを保有すると、最後には何も持たないのと同じことになるのです。新しい哲学への転換という視点から、自由化に対して先手を打たないと、当面の問題だけを解決することになってしまいます。一九八〇年代から九〇年代の自由化に対する産業政策は失敗で、今の社会運動が成功するかどうかは、まだ実証できていません。それよりもう少し先の手を打つ方が、今後の解決策につながるのではないでしょうか。それは中国だけでなく、どの国も同じだと思います。

司会 もう少しの先の政策とはどんなことでしょうか。

章 重要なことは哲学の共有だと思います。今は共有していませんから、互いに争っているだけです。学者が社会の中で、新しい哲学を提唱する必要があります。

■心の豊かさを追求する運動が農の再生につながる

西川　一九六〇年代の高度成長の中で社会運動の動きが生まれてきて、それが今日、いろんな形で展開しております。今、日本の地方の津々浦々で農産物生産の多角化や地域循環型の農業、都市とのネットワーク形成などが行われており、地域興しの大きな動因となっています。地域通貨（エコマネー）など、独自のコミュニティのつながりをつくろうという動きも出てきています。このような第一次から第二次、第二次から第三次への産業転換が、日本の農村が成し遂げてきた地域の動きであり、内発的発展の動きだと思います。この動きをアジアへと展開していくことが重要です。

数年前にラオスから来た経済省の役人と一緒に群馬県の中之条にある沢田農協を調査して、一村一品運動についての論文を書いてもらい、いま彼はラオスで一村一品運動を推進する責任者になっています。タイでは政府が音頭をとって、一村一品運動を進めており、バンコクの空港にも立派な展示場があります。このように、一村一品運動がアジア地域の中で広がっています。それはグローバリゼーションの自由化に対して、地域が内発的発展の担い手を育成する技術をもっているということです。

一村一品運動は歴史的にも展開をみせており、当初の（一）コメ、モノカルチャーから農産物を多極化する段階（「モモ・栗植えて、ハワイに行こう」という大分県のスローガンが示すような）、（二）農畜、水産物の加工化を進め、付加価値をつけていく段階、そして（三）一次―二次から第三次産業（直販店、インターネット販売、レストラン、テーマパークなど）にまで進み出て地域経済の循環を作り出す段階、とそれぞれの展開を見せています。もちろん、これらの段階は重なり合ってもいます。日本の発した一村一品運動の重要なメッセージは、単にモノをつくる運動ではなく、地域興しを通じて人をつくる運動だということで、人づくりのメッセージがアジアに広がっています。そういう意味で、今の農村は単に農業だけでなく、地域の中でいろいろなことをやるようになってきています。

しかし、そうした中で農村の都市化が始まっています。農村の都市化とは単に人が密集するというだけでなく、そこで市場的な経済が広がるということです。そうした都市化の行く末は何なのかというと、人々が孤立して孤独に死んだり、家族がばらばらになることです。自殺や近親同士の殺し合いなどが多い、家族のあり方を否定するような現象もみられますが、これは以前に見られなかったことです。

このような都市化は良いのだろうか、と見直す芽が地域のコミュニティの中にはあります。それは日本でNPOやNGOの運動として広がってきています。つまり、単にモノの生産だけでなく人の心の美しさを追求する、モノの豊かさだけでなく心の豊かさを追求する運動です。互いの連帯がグローバリゼーションを批判する連帯の動きになっていて、これが実は都市再生や環境再生、自然再生という運動とつながってきています。そういう意味で本来の農村が持つ人々のつながり合いが協力や共同を生み、地域、そして都市をも再生させます。こういう運動はJA（農協）が担ってきたということもありますし、JAが担えない部分は高畠町の有機農業会のように、下からのNGOやNPO、地域のコミュニティが運動として展開してきました。

このコミュニティの運動の中で、今までの市場経済、商品経済の下における生産者と消費者の関係が崩れ、生産者が生活者となり、消費者も生活者となってきました。生活者市民という形で新しいコミュニティを主体的につくっています。こうした動きを日本の行政は見ていません。そういう意味で、今回、私たちも高畠からいろいろと学びましたし、高畠に限らず日本のあちこちで学べるということからして、日本の農業は決して悲観すべきものではないと思わせます。

司会　日本農業の再生は地域に根ざした人々の連帯による内発的発展しか方法がないと思いますし、実際にそのような動きが広がっているのは確かですが、日本でいえば全国に八万ある水田集落の半分は後継者がいないといった問題が一方にあり、高畠のような運動が線になり面となるにはかなりの時間がかかると思います。どうしたら内発的な力を伸ばすことができると考えますか。

朴　韓国の農民運動は、学生運動や労働運動に比べ最も過激です。その理由は様々ですが、まずは工業化のなかで都市と農村との格差が非常に大きくなったし、とりわけ九〇年代以降の農産物市場開放政策によって農民の生活がとっても苦しくなっているからです。しかも韓国政府は最近WTO交渉に際して、一九七〇年代からやってきた米の買い入れ政策をやめ、米価格を市場に任せて下落を誘導しています。韓国の農業政策は米を優遇して、他のマイナス面を補ってきましたので農民の怒りは大きい。政府が農民を管理し、政府が農業をやってきたという状況があったからです。

農民は自分のお金でソウルに集まって大規模な反対運動を起こしました。二〇〇五年の米問題についてのデモでは、警官に暴行され二人の農民が死亡しました。そういう厳しい状態なので韓国政府は今年初め急遽「平和的示威文化定着委員会」を作って対策を講じております。この委員会は国務総理が委員長でありまして、そこの委員会に私も農民側の推薦で参加していますが、実際に成果が出るかどうかは分かりません。二〇〇六年の一一月中旬には韓米FTAに反対して労働者や農民、大学の学者などを含めた一〇〇万人のデモを準備しています（注・実際は国の強力な封鎖対策で全国で一〇万人の参加になった)。国は一方的に自由化の方向へと進めていますが、その反発ものすごく大きいです。今後はどうなるかは分かりません。農民の力はデモや政治闘争、政策闘争に向いています。そして、田圃ではなく、アスファルトで農業をやると言われています。その意味は、デモをすると国から補助金が出るので、農業をするよりもアスファルトでデモをやる方が儲かるという皮肉です。

しかし農民のなかにはデモ一辺倒の農民運動に対して批判的な農民たちも出ています。反対運動だけではうまくいっても現状維持で、農民の生活が良くはならないというのです。たとえば、反対デモによって市場開放の拡大を防いだとしても現状維持であって、今後の韓国農業・農村の展望が開けるわけではありません。それで、どのようにすれば韓国農業や農村を発展させられるかが問題になっていまして、それを地域単位で行う動きがでています。

このように政府に対する闘争の一方で、内発的な動きも段々と出てきています。日本のように有機農業やグリーンツーリズムをやっている地域もありますし、韓国政府もグリーンツーリズムに対して、資金を多く投入しています。しかし、多くの資金を投入していますが、中央政府が計画して実行までしているので、地域の力があまり出てきていません。都市と農村の交流も国が資金を入れてやっています。韓国でも国の力を借りずにやってきた農村が結構ありますが、国の資金を入れた農村は崩れるのではないかと心配しています。農家が持っている力以上に事業規模が大きくなっているからです。内発的な動きに中央政府が手を出して、むしろ地域を弱めているのではないかと心配しています。

もう一つ、韓国の消費者側も熱心です。生協などを通して消費者と農民との提携も始まっています。また、企業や労働組合も韓国の農業を支えようと考え始めています。いくつかの農村では地域循環型の経済が進んできています。政府がこうした内発的発展の動きに対し、どのように支援するかがこれからの課題であります。

任 台湾の農民は市場開放に対応して栽培、養殖などの技術の向上を通して競争力の強化を目指しています。貿易の自由化に対して農業経営は調整を行っています。政府は経営環境を整備し、後は農民の選択に任せています。当然ながら農業は単なる農産物の生産だけではなく、生態環境の保全などの多面的な役割があり、それは市場経済とは別な価値です。内発的な発展について言えば、基本的な部分は農民が自ら行っていく必要があります。そのための経営能力の向上やリーダー、後継者の育成などは主体である農家や農村における人々の連帯で行っていくしかないでしょう。

台湾の場合はそれに加えて、農業組合（合作社）の提携や連合がもう一つの形で進んでいます。そして農地売買の自由化に従って、企業の参入が可能となり、他方農業経営組織は企業法人に転換できるようになりました。企業の進出によって、農業経営力の強化につながっていくと思われます。また付加価値を高めるため、農民自身が農産物加工業に乗り出し、梅酒などの加工品をつくっている例もあります。農民が将来性を見込んで加工品をつくり、地方のブランド産品（特産品）を創出して、事業として成り立っている例もあります。しかし農家の連帯がまだ弱く、強化する仕組みをつくることが必要だと思います。

章 朴先生の「立ち上がる農民」の話は非常に面白い。「立ち上がる農民」というのはどういうことなのか考えてみると、それは三つの目標があると思います。

一つは政治的な目標・政治参加であり、自分の利益を政治の場で訴えかける。もう一つは市民運動などの社会参加です。自分の力で独自の事をやり遂げます。三つめは収入と生活の安定、村落の存続です。この三つの目標の中で一番重要な要素は農民の自立です。すなわち、農業が産業として成り立つかどうかです。例えば農民が政治、社会参加をし、収入が安定しても、産業として自立していなければ、これは農民が立ち上がったとは言えません。農業が産業となる基準が、アメリカや中国、韓国などでそれぞれ異なっていて、どこを想定して基準を言っているのかが分かりません。その基準をさぐることが今後の農業の問題の解決につながると思います。

■新しいグローバリゼーションの確立へ

司会　農業は基本的に産業として成り立たなければならないという意見です。当然のことですが、自由化や工業化の荒波の中で、気候風土の制約を強く受ける農業が自立するのは容易なことではありません。どう考えたらよいのでしょうか。

西川　農業は産業であり、農業から工業へ、工業から第三次産業へという産業構造の変化が経済発展だと思われていますが、実は経済の根本には必ず農業があり、農業は食料、原料提供、グリーン環境の三つの面で人間社会を支える基盤です。そのような基盤の上に第二次・第三次産業が成り立っています。ところが今までの経済社会の流れでは、農業は基盤の産業というよりは下積み産業になってしまい、工業やサービス産業への労働力の供給源になっています。農業は非常に狭い部門に押し込められ、経済発展の中では、限界的な産業（マージナル・インダストリー）として位置づけられています。ここに問題があります。

今までの経済発展はモノの増産や資本の蓄積、GNPの増加に力を入れており、農業は生産性の大きな部分を自然に頼るので、経済社会発展のコンセプトとは異なっていました。しかし、人間にとって何が大事かというと、モノを増やし、モノに取り囲まれることよりも、BHN(Basic Human Needs 基本的必要)と言われている衣食住や教育、衛生などの基本的な生活条件を満たし、その上で人間同士の良い関係を築いていくことが大事なのです。心の充足、豊かさにつながります。内閣府が毎年、行っているアンケートによると、日本では一九七〇年代は、モノを増やすことが重要だと六割以上の人が言っていましたが、今は三〇%台に減少し、心の豊かさが大事だと言う人が過半数を占めてきました。日本人自身の価値観が変わってきていますが、その価値観の変化が必ずしも政治の場に反映していません。これが非常に問題で、日本人の価値観の変化を経済社会の中で、どのように反映していくかが課題です。そのために、地方分権や住民の参加などを重視していくことが必要です。これが第一の説明で、価値観を切り換えるということです。

第二は今までの経済社会の発展は役人に頼った縦型社会で、農村もその中に含まれていました。農村は本来、自主的な社会でしたが、明治以来の発展の中で、縦型社会の中に組み込まれてしまいました。それは日本社会のモデルケースとしては貢献しましたが、人々の自立心をかなり国家に吸収されてしまった。戦前の軍国主義に伴う統制主義の呪縛から、戦後の農業団体も脱け出ている面はあります。ところが、石油ショック以降、国家がいろいろ失敗を重ねて、構造改革や民営化などの新自由主義の政策が出てきました。現在は市場重視、規制緩和の流れが中心になり、国家の枠ははずされつつありますが、それだけではグローバリゼーションに巻き込まれてしまい、うまくいかないのが結論だと思います。

このような、従来の縦型社会をどのように自分の足で自立の方向に切り換えていくのかが市民社会の役割です。今までの行政や民間企業などの産官業の体制を見直して、行政には説明責任と透明性を要求し、企業に対しては社会的責任を追及する市民社会の参加の動きが必要です。日本の縦型社会をより水平的なものに変え、人々が自治と連帯の意識を持って、社会の基盤を形成する。今の経済成長の中で、GNPなどの目にみえるものを重視するあまり、私たちは目にみえないものに対する畏れを失っています。それは自然への恐れや神や仏への恐れでもあります。日本の農村にはそのような畏れが蓄積しており、それが日本人の慎み深さの土台となっています。農家はこうした文化を体現しています。それは悪くすると、「長いものには巻かれろ」という文化になる。目にみえないものを畏れる心は人間の倫理の問題なのです。経済成長の中で、私たちは倫理の問題を忘れてきましたが、これからは「いかに生きるべきか」という倫理の問題がますます重要になるでしょう。

そして、第三に縦型社会の中で、農村が平面的なものに追い込まれてきました。上ばかりを見る、横並び政策を見直す必要があります。自分を磨いていくコミュニティ生活が大事です。最近、日本の若者の中で、新しいビジネスを始めることに関心を持つ人が非常に多い。単に金儲けではなく、いろんな事をやってやろうというチャレンジ精神や事業を始める起業心を支援しながら、意識を共有することが必要です。アメリカのフェミニズムの中で、一方では自立心を養うと同時に、他方では相互のケア意識を高める必要が唱えられています。日本の中でも上ばかりを見るのではなく、横のつながりを作りながらお互いの立場を尊重し、市民としての生き方をお互いに共有する。自治と協働の社会組織が環境保全に役立ち、それが自然との共生にもなる。そういった展望を持つことが日本の農業問題を解決する道につながります。今の経済一辺倒のグローバリゼーションにはないような新しいグローバリゼーションを形成する道につながる可能になるのではないでしょうか。

司会　西川先生が提起された問題についてどなたかお話しください。

朴　西川先生のお話を聞きながらやはり韓国社会の後進性を実感します。韓国では依然として経済成長イデオロギーが強く、輸出あるいは経済成長のためには、農業の犠牲はやむをえないという乱暴な議論が力をもっております。政府が一切農民の同意なしに、韓米FTAを強引に推進していることもそうした議論の反映であります。しかも国家主導の経済成長の影響が相当残りまして、国民の国に対する依存性が非常に高くて民間の力が弱い。しかしながら一方では、韓国でもモノよりは生活の質を大切にする動きが段々強くなっているし、国から自立した市民社会の力も大きくなっています。こうした国民の自覚と市民社会の力が、新自由主義グローバリズムに代わる新しい世界化の動きを形成しています。

西川先生がお話しになった「産業としての農業」に対する私の意見を付け加えたいと思います。よくいわれるように農業は一つの産業でありながら、他の産業とは違う側面をもっています。つまり農業には公共財がありますので、自由化の中での農業の競争力といった場合には単にコストだけでなく、国家や国民の農業に対する支援を含んだ競争力とした方が良いと思います。日本の場合は国がバックアップをし、農業の競争力を強化しています。後は国民が農業をサポートし、農業の競争力をつける。競争力をコストや価格だけで測るのではなく、国家の支援も入れて競争力を考えれば、それに従って競争力もさらに高まると思います。問題は国民の農業に対する理解をどのように高めるかです。

西川 農業の競争力とは内に対して言うのか、外に対して言うのか、ということであります。日本農業は基本的に保護主義の下で、内向きの競争力をつけてきました。その中で、特に果実類、畜産品や特別の地場産地の質は非常によくなりました。しかし、対外的な価格競争力から見ると、ゼロに等しい。ところが、近年、アジアの高成長の中で、質の良い産品が高く売れるという現象も出てきました。安全で質のいいものを提供するという点では、公共政策は常に必要です。まず、それには価格競争を超えた環境や質といった総合的な視点が必要です。これには朴先生のおっしゃることに異存はありません。

■東アジアに農業共同政策を

司会 水田農業は単位面積当たりの生産量が最も多い食料供給システムとされています。中国やインドなど人口の多い国を抱えるアジア地域としては、水田農業のこの長所を生かして地域内の自給を図ることが大切だと思いますが、そのためにはどうすればよいでしょうか。

任 まず第一に、東アジアの農業共同政策をつくることが必要です。環境問題や稲作などの農業基盤の共通性の観点から、各国がそれぞれ持っている特色を活かし、共通の価値を求めて、共同政策を立案することです。次に、農業の社会的な価値を発揮させ、食料の安全供給、環境や文化的な役割を果たすことが重要です。農業経営の主な形態は家族経営であり、家族に強い絆を有すること、そして農業の営みには水利施設の共同管理など公共分野の活動が存在することなど、他の産業にない特性があると言えましょう。今後、こうした農業の多面的機能を保つには、市場の失敗を、国の政策で補正するとともに、政府の失敗を防ぐことも必要であります。そして、農業が経済的な機能を保つためには、国の支援を基として、農家や農村の質を向上させ、市場経済に対応させていくことが必要です。

農業の市場競争力は価格競争力だけではないと思います。非価格競争力の向上がより重要なことではないかと思います。市場の差別化を図り、農産物の質、安全性、輸送の方法、取引の仕組みなど消費者にとって価値のある商品を消費者に届けることができるように、市場の開放に関係なく、市場競争に勝ち抜いていくため努めなければならない課題があります。市場メカニズムが働かない食品安全性、生態環境、景観の維持など農業の多面的機能の発揮について、農業の外部経済性が公共財として認められるという前提に立ち、その多面的機能の評価額の一部は、政策によって補填されることが必要だと思います。環境保全型農業を実践した結果としての農業生産者の収益の減少分には、補償を与えるべきです。経済グローバル化の中、こうした農業政策目標の達成は一国ではなく、農業基盤の共通性に基づき、東アジアにおける連携プレーが必要だと思います。

司会　いま農業や食糧問題に関心のある人が、最も注目しているのは、やはり中国の農業の動向だと思います。今後、中国農業はどのように展開していくのでしょうか。

章　中国などのアジア農業の生き残る道には、三つの取り組みが必要だと思います。一つは戦略的な取り組みで、長期的な取り組みです。この観点からすれば、中国の農業問題は二〇三〇年までは解決しないと思います。なぜなら、人口や環境などの問題との関連で、長期的に農業問題を見なければなりません。目先の事ばかり考えると何も解決できないです。対立や矛盾をさらに招くと思います。

二つめは総合的な取り組みが必要です。農業・農村・農民の問題は非常に悲観的で解決しにくい問題です。例えば、農業の生産額は中国のGDPの中で、わずか一・五％です。昨年のGDP増加の中で、農業の占める割合は〇・六％に落ちました。一〇年前と比較するとかなり減少しています。このような状況で、農民や農業の力を期待するのは難しい。貧困な農業人口が多い状況もあります。そのため総合的な取り組みが必要です。中央政府は昨年から新農村運動を展開しています。農民イコール労働力ではなく、農業イコール食糧生産ではないのです。都市と農村の関連で見なくてはならないです。工業をもって農業を支持し、都市をもって農村を支援する。さらには財政的な力をもって、総合的な取り組みを支援する。農民だけに解決を任せるのは、非常に無責任です。

三つめとして制度的な取り組みが必要です。基本的には市場政策や社会政策、環境政策などです。単発的な政策では社会の各階層や利益集団に不均衡を招きます。法律面での整備が必要です。

これからの問題解決には新しい価値観を持った学者や専門家などが新しい発展観や社会観を提起することが大切です。

西川　東アジアの農業は一方では市場生産を行う近代農場が出現している。全体的には反面、人口増加とともに小型化が進んできています。また、環境悪化で土壌流失や汚染が起こっており、干ばつや洪水が繰り返されています。このような生態系の悪化に対して、どう対応するかが問われています。日本にとって必要なことは東アジア農業の生産基盤を強めていくことです。日本は二〇〇八年から中国に対する円借款を打ち切りますが、日中の経済協力に大きな影響が及ぶと思います。確かに中国は外貨準備高が世界一位ですが、資金援助よりも協力していくということが重要です。中国に対して協力を打ちきることはアジア全体の農業や資源問題に負の影響を与えることになります。生態系の保全や生産基盤の強化には資金・技術協力が必要です。特に、生態系が悪化し、砂漠化が進んでいる中国の内陸部などです。「中国脅威論」が経済協力を止めるということでは、日中関係をますます悪化させ、何よりも中国の生態系悪化が黄砂や酸性雨の形で、日本にもますます悪影響を及ぼします。

第二は、農業の中で分業を行い、農家は価格が多少高くても品質が良く、海外で求められる農産物を生産することです。私は中国の黄土高原で三年半、持続可能な発展をどうやって形成するかをテーマとして調査をやったのですが、陝西省の中央部にりんごやぶどうの産地があり、このりんごは日本の「ふじ」をベースとした品種です。日本の「ふじ」と比べると、だいぶ小ぶりなのですが、中国の痩せたりんごからみるとかなり素晴らしいです。このりんごを食べた人がやがて所得が上がれば、日本の「ふじ」を求めるようになるでしょう。他の地域では生産できない質が良く、求められる農産物はとても多いです。日本の農業は人件費が高くても、海外で求められる農産物をつくることによって、発展することができます。

第三は都市と農村とのネットワークを発展させ、消費者のニーズに応え、さらには先取りするような農産物を生産することです。今日、人とインターネットの発達で、都市の消費者と農村との距離が縮まっています。多少価格が高くても、新鮮な農産物を取り寄せたり、また農村の自然環境に親しみたい人が増えています。日本の農業、農村はもっと自分を外に開いていった方が良い。そのために、やらなくてはならない課題がたくさんあると思います。

農業は日本にとって欠かせない産業であり、風土とは産業の土台になるものです。海外と協力し、労働力も入れ、そして自分を都市に開いていく中で、農業を発展させていくことが日本農業の再生につながりますし、人の相互交流も活発化します。また、新しいアイディアも絶えず出てきて、それを土台にイノベーションも進み、それが過疎化、高齢化を食い止める道でもあります。行政と企業、NPOが三者連携して、日本の地域発展を進めていくようなシステムつくりが必要だと思います。

■攻めから協力へ

朴　東アジア農業の共通点は零細規模であり、基本的には家族経営で進めていくしか方法がないと思います。家族経営として成り立つためには、地域農業として成立させることが大事です。また、地域農業を地域経済の一つとして考えることです。韓国の場合は農業が衰退して農村が解体され、農民が都市に住みながら、農業を通勤の形でやる例が増えている。こういう傾向がますます強くなったら今後韓国の農村や農業がなくなる可能性があります。このため、家族経営を基盤とした地域農業を発展させ、地域経済を支える産業にしなくてはなりません。

現在は韓国が日本を攻め、中国が韓国を攻めるような状態が続いていますが、これらの国は国際社会から見れば、農業が弱い国です。経済発展の水準は異なりますが、発展の形は非常に似ていると思います。そのため、いろんな意味での経済協力ができると思います。EUは一九五七年にローマ条約を締結した時は、農業が非常に弱かったのですが、お互いに理解して共同農業政策を作り、それを克服することに成功しました。それは東アジアの経済協力の中でも参考になると思います。

司会　工業化と農産物自由化の荒波の中で苦闘している東アジア農業の実態と、展望を開くための内発的な動きを、さまざまな角度から報告していただきました。耕作規模が零細なため生産コストが高く、高温多湿な気候風土のもとで害虫駆除や除草などの手間も掛かる東アジア農業は、自由化によって大きな打撃を受けています。WTOやFTA交渉の進展にともない、各国はやっと自由化対策に本格的に取り組むようになってきましたが、工業優先の基本路線は変わらず、このままでは農業は切り捨てられてしまうことになりかねません。農業が行き詰まった原因の一つは、自然を相手にする農業と工場をつくればすぐにも生産ができる工業とのバランスのとれた発展がはかれなかったことだったのに、反省するどころかさらなる犠牲を農業に押しつけようとしています。

そうしたなかで政府のお仕着せでなく、地域の内発的な努力によって展望を開こうとする農業者自身の活動が、この共同研究の場で共通の関心事として報告されました。規模は小さいけれど地域と強く結びついている家族経営と、環境にやさしく地域ぐるみの取り組みが欠かせない水田農業の利点を生かし、単に農業生産だけでなく、地域全体の社会、文化、環境を総合的に守る運動に広がってきているところに特色があります。それをさらに広げていくためには、農業が人間らしい暮らしと心の豊かさを取り戻す基盤であり、持続的な産業活動の根本であることを再認識し、消費者や都市との交流を深めながら、いろいろな形の運動を展開することの大切さが強調されました。

もちろん農業が産業として自立することが基本だけれど、いまのグローバリズムのもとでの自立には限界があり、農業が持つ多面的機能を十分に生かすために、政府や国民の支援も含めた自立を考えるべきだという意見もありました。行き詰まっているWTOを立て直すためには、そうしたパラダイムの転換を東アジア地域共通の要望として提起していくことが大切です。そのためには、攻め合いから協力へ、弱い農業を抱える東アジアの国が、発想の転換をすることが必要との意見があり、そうした実例も報告されました。国を超えた協力と連帯を、農業と地域の再生につなげたいものです。

本座談会は、日台国際共同研究「自由貿易時代の東アジア農業・農村」第三回研究会(二〇〇六年九月、山形県高畠町)にて収録。冒頭の肩書は現在。

第一部

ＷＴＯ・ＦＴＡと東アジア農業の目指す方向

第一章　日本

できるか戦後農政の改革

（早稲田大学台湾研究所客員研究員・前朝日新聞論説委員）
黒川宣之

はじめに

第二次世界大戦直後の一九四五年、世界に例のない徹底した「農地改革」によってスタートした日本の戦後農政は、これまたあまり例のない経済の高度成長という内圧と農産物貿易の自由化という外圧の狭間で揺れ、食料と農業・農村は先進国で最低の食料自給率や崩壊が進む農村集落に象徴されるように着地点の定まらない漂流を続けている。経済成長の果実を農業・農村の立て直しに振り向ける国策を欠いたためで、流れに任せ小手先の対応ですませてきた農政の責任も大きい。その農政がいま、WTO（世界貿易機関）やFTA（自由貿易協定）・EPA（経済連携協定）を舞台にますます強まる国際化・市場化へ向けて戦後農政の転換をはかっている。失敗すれば農業と農村のない国になってしまいかねない転換の方向を、WTOのドーハ開発アジェンダを軸に概観する。

第一節　改革迫られるWTO

1　多様化で限界が露呈

カタールのドーハで二〇〇一年一一月に始まった「ドーハ開発アジェンダ」（ドーハ・ラウンド、以下略称DR）は閣僚会議の決裂や九カ月間に及ぶ交渉の凍結、妥結期限の延期など、前回のウルグアイ・ラウンド（以下略称UR）を上回る難航を続けている。直接の原因は、農業分野の国内支持（補助金削減）と市場アクセス（関税引き下げ）、それに非農産品市場のアクセスの三つの交渉分野で、関係国の主張の開きが大きく、膠着状態を打開できなかったためだ。しかし、紛糾の背景にはWTO自身が持つ理念上、運営上の限界がある。正式な国際機関ではなかった前身のGATT（関税・貿易一般協定）時代から弾力的な運営を武器に五〇余年も生き長らえてきた伝統を生かし、WTOが新時代にふさわしい改革ができるのかどうか。それができない限り、交渉が妥結しても亀裂は深まり、次のラウンドへ明るい展望を開くことはできない。

露呈した限界の一つは、WTOが扱う対象が工業製品や鉱産物、農産物など目に見えるモノから、サービス、知的所有権、環境、投資、労働など目に見えないものへ大きく広がり、規制のルールが関税から輸出補助金、国内補助金などの非関税障壁、それを実施している国内政策から社会、文化、地域、自然環境などに及んできたため、無差別な貿易自由化というWTOの論理だけでは対処し切れなくなったことである。深刻な影響を受ける分野が飛躍的に増え、WTOに対する批判が世界各地の市民団体やNGO、労働団体などへと広がった。それに対してWTOは新しい理念なり手法を打ち出すことができていない。

もう一つは、発展途上国を中心に加盟国の数が大幅に増え、関心が多様化・複雑化するにつれて一国一票による全会一致（コンセンサス方式）を建前とする意志決定の仕組みが限界にきたことである。コンセンサス方式は経済力によって投票権が決まるIMF（国際通貨基金）などの国際機関に比べれば民主的だ。しかし、この数十年、投票が実際に行われたことはなく、大きな方向はジュネーブの本部にある「グリーンルーム」と呼ばれる会議室での米国を中心とする少数国の話し合いで決められてきた。だからこそ、全会一致というきびしい制約にもかかわらず組織運営が曲がりなりにも続けられてきたわけで、こうした密室内の談合による運営に対して途上国の不満が高まったことが、交渉難航の主因になっている。各種理事会、委員会など下部機関の意志決定もコンセンサス方式だが、会議で正式に反対を表明しなければ賛成とみなされる。出席は全加盟国に認められているので公平な仕組みのようにみえるが、毎日多くの会議が開かれているのに途上国のジュネーブ代表部の駐在員数はわずかだし、代表部を持たない国も多い。また、事前の根回しがものをいうので、影響力が大きく交渉上手な国の言い分が通りやすい。にもかかわらず、WTOは談合に代わる民主的で透明性が高く、しかも効率的な運営の仕組みをまだ編み出していない。

交渉分野の拡大についてみると、URで非関税障壁が多い農産物の自由化が初めて本格的に取り上げられたのに続き、九五年に発足したWTOの第一回閣僚会議（九六年一二月・シンガポール）では、自由化交渉の対象を労働の国際基準、環境問題、投資や競争政策、人の移動などへと、さらに拡大することが提案された。

そうした諸問題を話し合う新ラウンドを立ち上げる予定だった九九年一一月のシアトル閣僚会議は、初日に環境保護団体や人権擁護団体、労働組合、市民らのデモ隊約三万五〇〇〇人が会場を人間の鎖で取り巻き、警官隊が出動して逮捕者が出る騒ぎになった。これに呼応して会議場では発展途上国が先進国主導の交渉の進め方に強く反発し、閣僚会議は宣言も出さないまま閉会した。交渉対象の拡大につれて、グローバリズムの旗印のもとで推進される貿易自由化が多国籍企業の利益を擁護し、人権を侵害し、貧富の格差拡大、環境破壊など、いま世界各地で起きているもろもろの問題の根源になっているとの認識が多くの団体や市民の間で共有されるようになり、大同団結を生むことになった。

シアトル閣僚会議の直前に、米国の消費者運動家ラルフ・ネーダーが創設した市民団体パブリック・シティズンがWTO発足以来五年間の活動を監視してまとめた『誰のためのWTOか？　企業のグローバリゼーションと蝕まれる民主主義』（邦訳・緑風出版、二〇〇一年）という報告書が、その一端を明らかにしている。それによるとWTO協定は、（一）アメリカ大気浄化法が協定違反と判定されて規制が緩められたり、海洋ほ乳類保護法に基づくイルカ保護のためのマグロ禁輸が違反と判定されたり、環境をめぐる状況はWTO以前より悪くなった、（二）貿易を促進するため、食品や生産物、環境の安全のための各国の規制を一律のグローバルな基準にハーモナイズすることを促進し、いろんな社会の人がそれぞれの価値観に従って基準をつくる選択肢を狭めている、（三）協定は最も安い賃金と緩い労働条件を求めて企業が移動することを認めている、など多くの具体例をあげ、企業のグローバルな活動を促進するための貿易自由化が人々の健康や安全、基本的人権や労働者の権利、環境や自然などを破壊していることを指摘している。

WTOの途上国加盟数は〇六年で一一九カ国と全加盟国の五分の四を超した。URでは、どう対応していくか途上国側の体制が十分固まらないうちに、農業や知的財産権の保護など広範な問題で先進国に有利な合意を一括受諾させられ、国内政策の変更などの義務を課せられたとの強い不満を持つ途上国が巻き返し、今回のラウンドは「ドーハ開発アジェンダ」と命名されたように貿易を通して途上国の開発を促進することが主要課題となっている。最終合意（モダリティ＝数値化された共通取り決め）に至るための交渉の枠組みを定めた「枠組み合意」には途上国への配慮が多く盛り込まれたものの、途上国は具体的な成果がとぼしいと不満を募らせている。

2 ウルグアイの教訓を生かせ

DRの流れを受けて日本は、立場が似ている韓国、台湾、スイスなどの食料輸入国とグループをつくり、協調して多様な農業の共存や食料の安全保障の確保、農産物輸出国と輸入国の不均衡の是正などを訴えた。途上国に対してもこれまでになく積極的なWTO外交を展開している。URのとき、日本は環境保全など農業が持つ多面的機能の維持などを訴えてコメの関税化に強硬に反対した。そのときの論拠はいまも説得力を失っていない。しかし、日本はGATT体制のもとで貿易自由化の恩恵を最も享受して経済成長を果たした国であり、その過程で世界中からエネルギーや資源をかき集め、製品を売りまくり、地球のすみずみに環境破壊や雇用危機をまき散らした元凶でもあった。もし日本が本当に環境の維持や地域社会の安定を願うなら、農業以外の分野でも相手国の環境や民生に配慮した秩序ある輸出入をGATTやWTOの場で強く主張すべきだった。工業分野では経済原則で攻め、農業では別の論理を持ち出して守るというダブルスタンダードではだれも耳を傾けてくれない。

もっと悪いことに、日本が唱える農業の多面的機能はコメの関税化を免れるための口実に過ぎず、実際に行われている国内農業はそうした機能の維持を目指すものではなかったし、機能を発揮するような政策もとられてはこなかった。集落は崩壊し、農村環境は荒れ、化学肥料や農薬を世界で最も多く使用し、むしろ輸入農産物のほうが安全という状況のなかでは、日本の主張は海外より先に国内で破綻していたのである。

DRにおける日本の対応を交渉分野別にみると、補助金などの国内支持では日本のAMS（削減しなくてはならない国内支持の総量 ○二年）はURで削減を約束した水準の一八%にまで減っている。米国の七五%（○一年）、EUの六五%（同）に比べずっと成績がよく、少々の削減には応じられる余裕を持ってDRに臨んだ。このようにAMSが減ったのは、コメの関税化猶予期限が迫った九八年の「新しいコメ政策」で、政府がコメの価格支持（政府の全量買い入れ）から手を引き、所得支持政策に切り替えたためである。WTOのルールでは、AMSは行政価格に基づく内外価格差に生産量を掛けたものと、貿易歪曲度が高いため削減対象に入っている国内補助金などの財政負担を合計して算出することになっているので、九七年度には二兆三一五三億円あった行政価格に基づくコメの内外価格差分がそっくりAMSから消えてしまったのである。しかし、WTOのルール上の保護が減っただけで、高関税に支えられた消費者価格は下がらず、AMS概念の抜け穴との批判が国際的にも出ている。

関税引き下げなどの市場アクセスは日本にとって最も対応が困難な分野で、国内支持のような余裕はない。OECD（経済協力開発機構）の九九年の試算によると、日本の農産物の平均関税率は一二％で、米国の六％、カナダの五％などに比べると高いが、EUの二〇％、タイの三五％、アルゼンチンの三三％などに比べれば低い。しかし、コメの七七八％をはじめ、こんにゃく芋一七〇六％、落花生七三七％、でんぷん五八三％、砂糖三七九％など、飛び抜けて高いメガ関税品目が先進国のなかでは際だって多い。重要品目だけをしっかり守り、一般品目はどんどん開放してきた自由化戦略の結果であり、平均は低いにもかかわらず関税が高い国という印象を与えている。

関税率が最も高いこんにゃく芋のように、なぜ高関税で保護されているのか首をかしげるようなものもある。関税を低くすると天然ものがどっと入ってくると農水省は説明するが、主産地の群馬県から三人の首相が出ていることと無関係ではあるまい。群馬県昭和村の農家グループ「赤城自然栽培組合」は一〇年以上前から利根川の水を汚したくないと農薬も化学肥料も一切使わない有機こんにゃくの栽培に取り組み、慣行栽培の倍近い高値で販売している（日本農業新聞、二〇〇六年一一月二四日）。高関税の印象をやわらげるためには、こうした努力と適切な産地対策によって突出した関税率を下げていくことが必要だ。

メガ関税品目が多い日本にとって重要品目(国内農業への打撃が大きいため関税引き下げ率が緩和される品目)の数と削減率がどう決まるかが最大の関心事だ。重要品目は関税率の引き下げが緩和される代わりに、低関税で輸入する「関税割当数量」が増える。URで日本はコメの関税化六年間猶予の特例措置を受けた代償に、低関税で輸入する最低輸入義務量(ミニマム・アクセス)の拡大を求められた。日本は迷うことなく特例措置を受け入れたが、関税化の即時受諾よりミニマム・アクセス拡大のほうが打撃は大きかった。

3　WTO協定の原点に立ち返って

〇七年四月、九カ月ぶりに交渉が再開されたDRは、〇八年中の妥結を目指して話し合いが続けられている。その結果がどうなろうと、WTOが持つ理念上、運営上の問題点の解決は避けて通ることのできない課題となるだろう。ではどう改革すればよいか。

農業分野についていえば、WTOの農業協定二〇条には二項と三項で「実質的かつ漸進的な削減」と「非貿易的関心事を考慮に入れる」ことが盛り込まれている。自由貿易を拡大するWTOの目的から「実質的かつ漸進的な削減」に力点が置かれるのはやむをえないとしても、「非貿易的関心事」についての配慮が足りない。WTOの目的は協定前文によれば、「生活水準の向上、完全雇用、高水準の実質所得と有効需要の着実な増加、物品およびサービスの生産および貿易の拡大、異なる経済開発の水準への配慮、環境保護・保全、世界資源の適切な利用、途上国の貿易量の適切な確保」となっている。この原点に立ち返って、交渉のあり方や合意内容を根本的に考え直すことが第一歩だ。

農業は、（一）気候風土の制約から農民の努力だけでは克服できないコスト削減の壁があるうえに、克服するには年単位の時間が掛かる、（二）安全で安定した食料の供給という国民の最も基本的なニーズにかかわる産業であり、大農業輸出国といえども自国の需給が窮屈になれば輸出を止める、（三）持続可能な唯一の産業であり、地域の環境、文化、社会と深く結びついた多面的機能を持っている、（四）多くの国で農業の大部分は小規模な家族経営によって担われている、などなど工業にはない特性があり、市場原理主義に基づく保護削減には限界がある。農業交渉が難航しているのはそのためで、米国は巨額の国内支持、オーストラリアは国家機関による排他的な輸出など、農業大国もそれぞれ弱みを抱えている。

日本の農家一戸当たりの農地面積（〇五年）は、販売農家（農地が三〇アール以上または農産物販売額が五〇万円以上）で比べても米国（〇四年）の約一〇〇分の一、ＥＵ（〇〇年）の約一一分の一と小さく、**表1**にみるように耕作規模に左右される土地利用型農業の生産コストには大きな差がある。労働費が米国の二八倍にもなっているのは耕地が狭いため労働時間が一四倍もかかることが主な理由だし、物財費の差の七

表1　コメ生産コストの日米比較（円／60kg）

	日本（A）	米国（B）	A／B
全算入生産費	17,766	1,737	10.2
生産費（副産物を差引）	14,258	1,418	10.1
費用合計	14,670	1,418	10.3
物財費	8,852	1,214	7.3
労働費	5,818	204	28.5
副産物価額	412	—	—
資本利子	982	15	65.5
地代	2,526	304	8.3

資料：農水省2004年（日本の生産コストは01年産分）

倍は稼働率が低いのに農機具一式を各農家がそろえたり、高温多湿な気候や土壌の関係で農薬、肥料を多く使ったりするためであり、地代差の八倍は高度経済成長にともなう都市の地価高騰のあおりで農地価格が値上がりしたためである。作付面積が一〇ヘクタール以上の農家で比較すると七倍の差に縮まっているので、規模拡大を進めれば差をある程度縮めることはできるものの、工業と同じように削減することには限界がある。

農業生産者が最も心配しているのは、URでは非関税障壁も含めたすべての国境保護措置が関税に置き換えられ、DRではその関税水準を平準化する枠組みが提案されているように、ラウンドが繰り返されるたびに保護が減り、最終的には農業が持つ特性には関係なく丸裸にされてしまうのではないか、ということである。グローバリゼーションに対する批判が世界的に高まっている機会を捉え、そうならないような農産物貿易のルールを構築しなくてはならない。

農業に続いてWTO内でこれから問題になりそうなのが環境と労働である。UR合意時には、次のラウンドは貿易と環境の問題を話し合う「グリーンラウンド」になるといわれていたが、これまでのところみるべき成果はない。農産物の過度な自由化は地域社会や地域環境の崩壊を通して環境問題に深くつながっている。労働問題は途上国と先進国が先鋭的に対立するテーマの一つで、米国が主張するように低賃金を理由に貿易制限をすれば、輸出する産品がなくなってしまう途上国が多い。

これからの農産物貿易交渉は、(一)国境措置は各国、地域の気候風土の違いを的確に織り込んだものとする、(二)飢える人をなくするなど国際的な食料の安定供給を優先する、(三)持続可能な農業と環境保全、伝統文化の維持などを重視する、といった方向で再構築していかなければ、もっと決定的な行き詰まりが避けられまい。国や地域間の格差が広がり、売るべきモノを持たない国が増えたので、関税などの保護を削減しただけでは貿易の拡大につながらないという問題もある。

いずれにしても、地球環境や人権を基底に置く価値観の変化によって、貿易自由化や農業保護のあり方をめぐる議論が今後ますます高まってくる。日本もそうした動きに積極的に参加して、工業製品も含めた公正で妥当な貿易ルールの確立に努力していく必要がある。発展途上国のなかには飢餓で苦しんだり、農産物以外に外貨獲得の手段がなかったりする国が多く、先進国に偏った農業保護を削減して公正で妥当な農産物貿易ルールを確立するよう求めている。日本、韓国、台湾、中国など工業と農業の格差が大きい国は、国境保護措置ではなく自前のカネで地域と農業の振興策を構築することを前提に、途上国の農業や工業、経済・社会の安定に配慮した農産物貿易のあり方を考えていかなくてはならない。

4　勢いづくFTA・EPAの問題点

DRの難航を見越して、一九九〇年以降、二国間または地域間でFTAやEPAを結ぶ動きが欧米をはじめ各国で一段と強まっている。EPA・FTAはWTOと異なり、交渉相手国、地域、交渉範囲を自由に選択し、内容についても機動的にきめ細かい交渉をすることができる。九〇年に三一だった地域貿易協定の数は〇六年九月には一九九件に急増している。

日本はこれまでGATT・WTOによる多角的貿易体制の維持を基本とし、FTAやEPAには消極的だった。しかし、アジア地域でもFTAの締結が増え、特に中国がアジア各国と積極的に交渉を進めていることが刺激となって二〇〇〇年代に入ってから積極姿勢に転じた。〇二年のシンガポールとのEPA締結を最初に、〇五年にメキシコ、〇六年にマレーシア、フィリピン、〇七年三月にタイ、チリとそれぞれEPA協定を結んだ。インドネシアとも〇六年中に基本的合意に達している。韓国、ブルネイ、オーストラリア、バーレーン、クウェート、カタールなどの湾岸協力会議（GCC）諸国、ベトナム、インド、スイス、豪州などとも交渉や交渉のための準備を進めている。これらすべての国・地域と協定が成立すれば日本の貿易総額に占める協定国の割合は約三分の一となる。

日本は関税やサービス貿易の障壁などの削減・撤廃を目的とするFTAではなく、ヒト、モノ、カネのすべてにわたって移動の自由化を図っていくEPAに重点を置いて取り組んでおり、包括的で深い経済関係の構築や国家・地域間の友好関係の強化を目指している。フィリピンとの協定やインドネシアとの基本合意では、きびしい条件付きながらヒトの移動が合意された。フィリピンとは一定の要件を満たす看護師、介護福祉士候補者の入国を認め、日本の国家資格を取得するための準備活動の一環として就労を認めるというもので、滞在期間の上限は看護師三年、介護福祉士四年。国家資格取得後は引き続き就労できる。インドネシアとは看護師、介護福祉士のほか観光研修生（ホテル従業員）を受け入れる。

農産物自由化を迫られる恐れが強いためFTA・EPAに特に消極的だった農水省も〇四年一一月、「みどりのアジアEPA推進戦略」を打ち出して積極姿勢に転じた。コメなどの重要品目については柔軟性を確保するというこれまでの自由化方針は守りつつ、「輸入先国の生産の安定を図るとともに輸出規制、輸出税といった阻害要因の除去に努め、食料輸入の安定化・多元化を図る」、「輸出拡大が期待される農林水産物・食品について相手国の対応を求め、ニッポン・ブランドの確立・浸透を図る」ことなどを目指している。農業がFTA・EPA交渉のブレーキになっているとの国内の批判をかわし、WTO交渉での日本の立場に理解を求めるのが主なねらいである。

これまでに合意された協定の内容をみると、コメ・麦・乳製品・砂糖など日本にとっての重要品目は例外扱いにしたり、削減する場合も猶予期間を設けたりする代わりに、タイとは食品衛生や農協間協力、マレーシアとは家畜飼料の開発への協力、インドネシアとは農水産物の卸売市場整備やマンゴーの害虫であるミバエの駆除技術など、農業関係の技術協力を進めて友好関係を深めることになっている。農業団体も相手国の農業団体や直接政府に働きかけて、自由化しても他の国からの輸入が増えるだけ、といった論法で国内農業に影響が少ない合意に漕ぎつける努力をしている。

しかし、日本が工業や農業技術などの面で優位な立場にある国との交渉でなければ重要品目の除外がうまくいかないという限界もある。それを象徴するのが豪州とのEPA交渉だ。豪州は米国、中国に次ぐ農産物の輸入先で、過半が牛肉・チーズ・小麦・砂糖・コメなど日本にとっての重要品目。一生産者当たりの耕地面積は日本の一八〇〇倍もあり価格面では全く競争にならない。農水省の試算によると、牛肉・乳製品・小麦・砂糖の四品目の関税を撤廃すると、国内の農業生産が七九〇〇億円減少し、生産を維持するために年間四三〇〇億円の新たな助成が必要という。

工業面では鉱産物や液化天然ガス、ウランなどのエネルギーの安定的な輸入先であり、石炭、鉄鉱石は五割以上を依存している。政府や産業界としては先行して協議を始めた中国に対抗するためにもEPAを早くまとめたい。日本は農業の重要品目は例外扱いすることを前提に交渉を始めようとしたが、豪州は「すべての品目が交渉対象」と拒否。「交渉はあらゆる品目と課題が取り上げられ、段階的削減だけでなく除外および再協議を含むすべての柔軟性の選択肢が用いられる」という玉虫色の合意で交渉に入った。農業が特別扱いされなければ、日本農業はWTO交渉とは比較にならない苦境に立たされる。

EPAやFTAには相手国の実状に応じてきめ細かい対応ができるといったメリットがあり、こうした協定を点から線、線から面へと広げることによって、逆にWTOの行き詰まりを打開し、望ましい貿易関係を樹立することも不可能ではない。しかし、以下に述べるような問題点があり、協定の内容しだいではより大きなひずみを生み出す恐れがある。

第一に、FTAやEPAは特定の二国間または地域間の結びつきが強まれば強まるほど、協定外の国や地域との間に貿易の壁をつくる危険性がある。

第二に、二国間または地域間の協定だと強い国の言い分が通りやすく、相手国によって差別するケースも出てくる。米国はNAFTA（北米自由貿易協定）では乳製品の関税をゼロにしてメキシコへの輸出を伸ばし、乳製品の競争力が強い豪州とのFTAでは乳製品を除外して輸入を防いだ。売るものがなく買う力もない弱小途上国は最初から除外される。

第三に、相手国が限定されるので原産地証明が必要になるなど、手続きが複雑になり、関税率やルールが入り乱れて錯綜状態（スパゲティボール現象）に陥り、コストがかさむなど貿易の障害になる恐れがある。

FTAもEPAも基本的にはWTOが進めている無差別な貿易の拡大にはそぐわないものであり、

GATT二四条では、(一)妥当な期間内に実質上すべての貿易について関税等を撤廃すること、(二)協定の域外国に対する関税を引き上げないこと、という基準を設けている。一〇年ぐらいのうちに一体的な経済圏になるという含みで認めるという趣旨であり、農業がブレーキという批判を避けるため緩やかな条件でとりあえず結んでおくといった安易な姿勢ではすまされない。それに、重要農産物を除外して協定を結んでも、過去の日米二国間交渉でみられたように、貿易収支の不均衡が表面化すれば農業の市場開放を求める動きが高まり、WTOよりも速いテンポで自由化を迫られる恐れが強い。WTO交渉の妥結を優先する基本方針は変えるべきではない。

第二節　外圧と内圧の狭間で

1　初めての国際対応

ウルグアイからドーハへ、農産物貿易の自由化が一段と進むなかで農水省は二〇〇五年、国際交渉に備えた初めての対策を打ち出した。以下にみるように戦後農政を転換する内容を多く含んでいる。基礎となる法律がないと何事も進まない国なので、法律のもととなった審議会などの提言と制定された法律を中心に政策の展開方向を追ってみる。

新政策の検討開始はDRの開始から二年以上も経った〇三年八月二九日、農林水産相談話という形で表明された。「(一)品目別の価格・経営安定政策から、諸外国の直接支払いも視野に入れた、地域農業の担い手の経営を支援する品目横断的な政策への移行、(二)望ましい農業構造・土地利用を実現するための担い手・農地制度の改革、(三)環境保全を重視した施策の一層の推進と、食料安全保障や多面的機能発揮のために不可欠な農地・水等の地域資源の保全のための政策の確立、について本格的な検討に取り組む」という内容である。どれも農政の重要課題だが、「農業基本法」に代わる九九年の「食料・農業・農村基本法」(新基本法)の理念や方向性を施策として具体化する二〇〇〇年の「食料・農業・農村基本計画」(二〇〇〇年基本計画)では今後の検討に委ねられ、〝積み残しの三課題〟とも呼ばれていた。

この時期に唐突に検討開始が表明された背景には、同月一三日、DR交渉の「枠組み」案をめぐって対立していた米国とEUが妥協、上限関税(関税に一定水準の上限を設ける)の導入などで合意したことがある。URのときも、大詰めの九二年一二月、味方と思っていたEUが米国と急転妥協(ブレア〝迎賓館〟合意)、逆に日本に関税化をのむよう迫り、孤立した日本はコメ関税化受け入れに追い込まれた苦い経験がある。今回も同じ経過をたどり、無対策のまま関税の大幅引き下げをのまされるのではないか、との農水省の危機感が農相談話という形の決意表明になったものとみられる。

この三課題は「食料・農業・農村政策審議会」に諮られ、〇五年三月の「二〇〇五年基本計画」に盛り込まれた。それに基づいて同年一〇月、(一)複数の作物を経営している水田作と畑作について直接支払いによる「品目横断的経営安定対策」を導入する、(二)コメの生産調整や価格決定を見直す「コメ政策改革」を推進する、(三)「農地・水・環境保全向上対策」に取り組む、の三点を柱とする「経営所得安定対策等大綱」が閣議決定された。大綱は「基本認識」で「WTOにおける確固たる交渉の条件整備になるものである」ことを明記している。「農業の担い手に対する経営安定のための交付金の交付に関する法律」（担い手経営安定新法）など関連三法案が〇六年初めの国会で成立、同年七月、実施するために必要な予算措置や運用の仕組みなどを示した「経営所得安定対策等実施要綱」としてまとめられ、〇七年度から実施された。初年度の事業規模は**表2**の通りで、新規対策の「農地・水・環境保全向上対策」を加えると〇六年度の水準（関連予算ベース）より一四〇億円増えているが、これを除くと約一割減っている。

表2　経営所得安定対策の07年度予算規模（億円）

総額	4,126
1品目横断的経営安定対策	1,880
①生産条件不利補正対策	1,400
②収入減少影響緩和対策	300
③担い手育成・確保総合対策	180
うち過去の生産実績がない案件等	70
2米政策改革推進対策	1,846
①産地づくり対策	1,480
・産地づくり交付金	1,330
・新需給調整システム定着交付金	150
②稲作構造改革促進交付金	290
③耕畜連携水田活用対策	50
④集荷円滑化対策	26
3農地・水・環境保全向上対策	300
①資源保全施策	270
②農業環境保全施策	30
ほかに、バイオ燃料の利用促進対策	100

農産物自由化対策が農政の主要課題となったのは日本が高度経済成長へ歩み始めた一九五〇年代からだが、「確固たる交渉の条件整備」という明確な表現で対応策が打ち出されたのは初めてのことである。これまではコメなど重要品目の自由化阻止とその他の一般品目の円滑な自由化が主な対応策であり、コメについても急転関税化を受け入れたURに象徴されるように、確固たる善後策を講じないまま外圧に押し切られる形をとって市場開放するのが常だった。それが限界にきたという農水省の認識がこうした決意表

明になった、とみることができる。

農産物自由化の流れを簡単にたどってみると、敗戦後しばらくは深刻な食糧難を解決するため輸入はむしろ歓迎だった。少ない外貨をやりくりしてコメの輸入が行われたし、日米相互防衛援助協定（MSA）に基づく米国の余剰小麦受け入れ（購入代金を円で積み立て、駐留米軍の軍事物資調達などに充てる）にも飛びつき、学校給食を通したパン食の普及でコメ消費が減退する遠因をつくった。

日本がGATTに正式加盟したのは一九五五年、経済白書が「もはや戦後ではない」とうたいあげる前年である。五〇年六月に起きた朝鮮戦争の特需で上昇のきっかけをつかんだ日本経済は重化学工業化の道をひた走り、五四年からの「神武景気」、五八年からの「岩戸景気」と、欧米の二、三倍もの経済成長を達成した。GATT加盟のおかげで国際収支は急速に改善し、悪化が著しい米国から農産物を含む貿易自由化を強く迫られるようになった。日米貿易摩擦の始まりである。これに応えて政府は六〇年六月、「貿易為替自由化計画大綱」を策定、一年以内に自由化可能なものから自由化が困難なものまで四つのグループに分けて自由化を推進することとした。

この大綱は農産物自由化について、「著しい過剰就業と低生産性の状態にあるので一般に自由化は困難であり、特に畜産、果樹のように農業構造改善に寄与する部門、または米麦、でんぷんのような所得形成上主要な部門の重要品目、あるいはナタネ等地域的な重要品目の自由化は将来とも極めて困難」と位置づけた。だが、六一年の大豆、六二年の砂糖など二五品目と、国内で需要が増え米国で過剰生産されている品目を中心に自由化が進められ、五九年に四二％だった農林水産物の自由化率は六四年には九三％に急上昇した。

六一年に施行され、その後四〇年近くにわたって農政の〝憲法〟とされた「農業基本法」は第一三条で、「農産物輸入によって競合する農産物の価格が著しく低落し、又は低落する恐れがある場合において、価格安定の施策をもってしてもその事態の克服が困難であると認められるとき又は緊急に必要あるときは、関税率の調整、輸入の制限その他の必要な施策を講ずる」と、GATTがまだ農産物については自由化の例外措置を多く認めていた状況のなかで、国境保護措置を積極的に活用して輸入を抑えることを掲げている。しかし、手厚い国境保護政策で守られたのはコメ、畜産、果樹など農業基本法で選択的拡大を目指したごく一部の品目で、その他の品目は稲作の重要な裏作作物であっても米国の要求に応じて次々と自由化され、選択的縮小の道を歩むことになった。

自由化にともなって大豆には、国が定めた基準価格と販売価格の差額を助成する不足払い制度が導入されたが、戦前や戦後の一時期は一〇〇％あった自給率は数％台に落ち込んだ。米国内の需給逼迫にともなう七三年の大豆禁輸措置で品不足・価格急騰の〝大豆騒動〟が起きたことは記憶に生々しい。農家育ちの私にとって畦などに植える大豆の収穫は子ども向き作業の一つであり、窒素を土中に固定して田畑を肥沃にする大切な作物と聞かされた。コメだけを守る選択的自由化戦略によって稲作農家の周年労働を確保するための関連作物が切り捨てられ、コメを含む農業全体の衰退を招くことになったのである。

波はあったものの「いざなぎ景気」などと続いた経済の高度成長で貿易黒字に対する米国からの風当たりは強まり、日米間の農産物貿易交渉は八〇年代へかけて激化していった。農産物自由化を主テーマとするURが始まった八六年、対日貿易赤字が五〇〇億ドルを超した米国は、流通、金融、農産物などの各分野に残っている自由化の壁を取り払うよう強く要求。これを受けて同年四月、当時の中曽根康弘首相の私的諮問機関である経済構造調整研究会が「国際協調のための経済構造調整研究会報告書」（座長だった前川春男元日銀総裁の名をとって「前川レポート」）を公表、国際協調型の経済構造に変革して持続的な成長を図るため、バブル景気の引き金となった内需拡大をはじめ、産業構造の転換、市場開放、金融の自由化などを断行するよう提言した。

農産物についても「基幹的な農産物を除いて、内外価格差の著しい品目（農産加工品を含む）については着実に輸入の拡大を図り、内外価格差の縮小と農業の合理化・効率化に努めるべきである」と、市場開放の推進を求めた。これは当時の経済界の主流的な考えを示している。こうした空気を察して同年九月、全米精米業者協会が米国政府に日本のコメ市場の開放を日本と交渉するよう米国内法に基づいて提訴。米政府はURで交渉することを含みに却下したが、自由化の荒波は聖域とされたコメにまで及んできた。

農政審議会が同年一一月に答申した「二一世紀へ向けての農政の基本方向」は前川レポートに呼応して、「例えば関税による措置のように国際的な市場価格が国内にも反映され得るような方向で、わが国農業に占める当該品目の地位に配慮しつつ所要の見直しを行い、市場アクセスの一層の改善に積極的に取り組んでいくべきである」と、関税化の方向で自由化に取り組むことを明言した。しかし、農民や一部政治家の反発を恐れて具体策は示されず、URの結果待ちに徹し、なんの条件整備もないまま、全農産物の関税化というURの最終合意受諾へと向かっていったのである。

その間の八八年には、米国からGATTに提訴されていた乳製品など残存輸入制限品目（自由化が困難な品目についてGATT規約に反して続けられた輸入数量制限。六〇年のGATT総会で品目をGATTに通報し、不満がある利害関係国は二国間協議で撤廃を要求。協議が整わないときはGATTに提訴して報復措置をとることができる措置が採択された）一二品目のうち一〇品目がクロと判定され、二品目を除いて自由化を受け入れた。二国間交渉が続けられていた牛肉・オレンジも、「絶対に自由化しない」という政府公約に反して急転自由化された。コメを守ることを免罪符に戦略なき自由化を続ける農政のもとで、食料自給率は九〇年代にかけ平均して年に一％の割で下がった。

UR終結間近の九二年、農政審議会とは別の学識者らによる懇談会の提言をもとに「新しい食料・農業・農村の方向」（新農政）が策定された。経済力に任せて食料輸入を拡大し国内生産を縮小させていくことは「食料輸入発展途上国の食料調達を困難にするもの」であり、「農産物の輸出は『土壌』と『水』の輸出であり、輸出国自身の環境破壊を助長する」などの国際的批判を惹起する恐れがある、と先行き不安な食料の国際需給や環境問題をあげて、搦め手から市場開放にブレーキを掛け、国内自給の重要性を訴えた。これまでとひと味違ったトーンになったのは、関税化へ向けて大勢が決した状況のなかで、国内事情に基づく断固反対でも国際分業論に基づく市場原理受け入れでもない第三の道を模索しようとしたためとみることができる。

「新農政」は自給率低下に歯止めを掛けることを主目標に、（一）農業を職業として選べる魅力のあるものにするため、他産業に負けない生涯所得を目指す「経営体」に支援策を集中する、（二）消費者の視点を重視し、国民に理解される農業・農政とする、（三）環境をキーワードに、生産だけでなく食料・農業・農村を総合的に取り上げる、などそれまでの農政の枠を超える方向を提起した。UR

対策になるはずの政策だったが、米国とEUの対立で妥結が遅れ、交渉中に妥結に備えた対策をつくるわけにいかないなどの理由から、方向性はともかく施策としては中途半端なものになった。

政府はUR合意直後、公約に反して関税化を受け入れた謝罪の意味を込め、二〇〇〇年までの六年間に事業費ベースで六兆一〇〇億円、ほかに地方単独事業で一兆二千億円の緊急対策を実施する「農業合意関連対策大綱」を打ち出した。しかし、事前の準備なしに予算を増やしたため使い道にとまどう地方自治体も多かった。都市との交流強化という名目で温泉発掘が盛んに行われ、農業の体質強化には役立たないという批判が出たため中途で対象から除外された。五年目に行われた緊急対策の中間評価には「目標達成が必ずしも十分でない事業もみられる」といった言葉が並んでいる。

ただ、「新農政」が示した経営体育成や環境重視などの基本方向は、その後の政策に細々と受け継がれ、「新基本法」を経て「経営所得安定対策」につながっている。例えば、「経営体」育成は九三年に制定された「農業経営基盤強化促進法」のもとで「認定農業者」、「特定農業団体」などの担い手制度として実現、今回の「品目横断的経営安定対策」の担い手選別につながっているし、環境重視の方向は二〇〇〇年の「中山間地対策」や今回の「農地・水・環境保全対策」として実現した。「新農政」が農政転換の芽となるような方向を提起することができた理由の第一はURが大詰めという時代状況にあったが、それまで農政の基本方向を決めてきた農政審議会とは別の懇談会で原案が審議されたことも影響している。というより、農水省の改革派が農政審議会とは別の場を利用して日頃の念願を実現しようとしたとみることができよう。

九九年の「新基本法」第一八条（農産物の輸出入に関する措置）は、「国内生産では需要を満たすことのできない農産物の安定的な輸入を確保するため必要な施策を講ずるとともに、農産物の輸入によってこれと競争関係にある農産物の生産に重大な支障を与え、又は与える恐れがある場合で緊急に必要があるときは、関税率の調整、輸入の制限等を実施」などと、URの嵐が過ぎたためか旧基本法時代に逆戻りしたような表現になっている。外圧頼みという自由化戦略の基本方向は変わらず、DRの開始が二年後に迫っていたにもかかわらず、総合的な市場開放対策の実現は「二〇〇五年基本計画」まで、さらに先送りされた。

2　農政の軌道を変える

「二〇〇五年基本計画」で打ち出されたWTOの国内対策について農水省は、「現行の支持政策には現行のWTOルールに当てはめても削減対象である『黄色の政策』に該当するものが多い。DRが合意されればルールの強化は必至なので、削減しなくてよい『緑の政策』に変える必要がある」と説明している。**表3**の「国内政策の支持分類」にあるように、現行ルールでは削減対象外の「青の政策」や「デミニミス」もDRの「枠組み合意」では見直すことになっている。また品目別に助成額の上限を決める提案もあり、妥結結果によってはかなりの削減を求められる恐れがあるので、先手を打って「緑の政策」に変えておかないと農業が守れない、というわけである。

では、農業を立て直すためにどんな新政策がつくられ、どこがWTO対策になるのか、「経営所得安定対策等実施要綱」にそってみていこう。

柱である「品目横断的経営安定対策」は品目ごとに行われていた価格支持を、個々の生産者に直

表3　国内政策の支持分類

緑の政策	貿易を歪める効果がないか最小限の政策で削減対象外とされている。具体的には、 （1）生産から切り離された直接支払いによる所得支持 （2）収入保険及び収入保障にかかわる施策への政府の財政的な支援 （3）自然災害にかかわる救済のための支払い （4）環境にかかわる施策による支払い （5）基盤整備 （6）研究開発など
黄の政策	価格支持や不足払いなど貿易を歪める効果が大きい政策で、「緑の政策」「青の政策」を除くすべての国内支持が対象。ウルグアイ・ラウンドでは1995年からの6年間で基準期間（1986—88年）の20%を削減することが義務づけられた。
デミニミス	政策の内容は貿易を歪める「黄の政策」だが、農業生産額に比べて助成の額が小さい（国内農産物生産総額の5%以内）場合や、当該品目の生産総額の5%以下の政策であれば、削減対象から除外される。

接支払う経営全体の所得支持に切り替えようというものである。消費者の立場からみれば、毎日の買い物の支払いに上乗せして農業を支えるか、税金でまとめて支払うかの違いだが、**表3**にあるようにＷＴＯのルール上では大きな違いがある。価格支持は生産の拡大に直接つながるので削減対象の「黄の政策」に区分されるが、生産と切り離された税金による直接的な所得支持は削減しなくてもよい「緑の政策」とみなされる。

このためＥＵはＵＲ合意に先立つ九二年に、農産物価格が下がれば一定の価格で買い上げる共通農業政策（ＣＡＰ黄の政策）の支持価格を引き下げ、その分を生産調整の参加者に限って耕地の面積または家畜の頭数当たりの固定的な直接支払いで補償する仕組み（青の政策）に変えた。外圧を利用してＥＵ予算の六割を占める農業予算を減らすのが主なねらいだったが、今回の「枠組み合意」で「青の政策」も削減の検討対象になったので支持価格をさらに下げるとともに、品目別の直接支払いを経営単位の品目横断的な支払いに変更、一定額以上の直接支払いは農村開発政策に振り向けるなど、「緑の政策」への移行を着実に進めている。

米国は七三年に価格支持制度をやめ、生産調整を要件に政府が定めた目標価格と市場価格の差を補填する不足払い制度に改めた。UR合意後の「一九九六年農業法」では不足払い制度と生産調整をやめ、過去の作物と作付面積に基づく品目横断的な直接固定支払い制度を導入した。「緑の政策」への本格転換だったが、「二〇〇二年農業法」で価格変動対応型支払いという不足払い制度を新「青の政策」として再導入、「黄の政策」だとするEU・日本などとの対立がDR凍結の一因となった。

日本は関税などカネの掛からない国境保護措置を頼りに、消費者負担による価格支持政策を取り続けてきた例外的な先進国で、過保護といわれながら農業所得に占める財政（税金）による支持額の割合（〇二年）は一三％と、ドイツ五〇％、フランス五二％、英国七一％、米国四六％に比べて格段に低い。直接支払いによる所得支持が遅れたのには、次のような事情がある。（一）欧米に比べて零細な経営が多く兼業農家の比率も高いので、バラマキ批判を避けて構造改革の効果をあげるには対象を絞る必要があるが、選別には政治的・社会的反発が強く、やり方によっては水田農業の維持に必要な集落機能を壊す恐れがある、（二）内外価格差が大きいので価格支持をやめると価格変動が大きくなる、（三）欧米と違って食料自給率が低い日本はコメを除いて生産を増やさなくてはならないので、生産と切り離した支持策は適当でない、（四）財務省はじめ農水省内にも、一律の直接支持は構造改革の妨げになるだけでなく財政負担がかさむなどの批判が強い、などである。

そうしたなかで、生産と切り離された直接支払いに突破口を開いたのは二〇〇〇年の「中山間地域対策」だった。中山間地域とは平地と山地の中間にある山野率が五〇％以上、耕地率が二〇％以下の市町村で、国土面積の約七割、耕地面積・総農家数・農業産出額の約四割、農業集落数の五割を占めている。しかし、傾斜地が多いなど生産条件が悪く、生活環境の整備も遅れているので過疎化が激しい。担い手不足、高齢化が深刻で、耕作放棄地の比率は平地の倍以上もある。ＥＵが七五年から導入している「条件不利地域対策」にならって直接支払いなど特別な対策が必要だという声は早くからあった。

中山間地域の衰退が一段と深刻化するなかで、コメ関税化猶予の期限切れ直前の九八年、農業基本法に代わる新基本法制定を含む農政改革の方向を審議した首相の諮問機関である「食料・農業・農村基本問題調査会」で、中山間地域に平地とは違う「公的支援策を講じることが必要」なことが提言された。これを受けて「新基本法」は三五条二項で、「国は、中山間地域等においては、適切な農業生産活動が継続的に行われるよう農業の生産条件に関する不利を補正するための支援を行うこと等により、多面的機能の確保を特に図るための施策を講ずるものとする」ことが盛り込まれ、「中山間地域等直接支払い制度」がスタートした。対象を中山間地域という衰退が激しい地域の農業生産や多面的機能の維持に絞ることによって陽の目をみた。水路や農道の維持管理、農地周辺の草刈り、鳥獣害防止対策など、農業環境の保全に必要な作業を集落単位で自治体と協定を結んで実施する仕組みで、交付額は最大で一〇アール当たり二万一〇〇〇円、国と自治体が折半で負担し、農地所有者でなく耕作者に支給された。

しかし、効果が上がっていないと〇四年五月に財政等審議会から抜本見直しを指摘され、〇五年からのⅡ期対策では活動内容によって交付単価に差をつけるなどの改正が行われた。単価は、水路の維持などをする「基礎単価」（従来の八割）とこれに農作業の共同化など高度な作業を加えた「体制整備単価」（同額）、規模拡大・耕作放棄地の復旧などのより高度な活動への加算（最高で一〇アール一五〇〇円）の三段階になった。Ⅱ期対策の交付金面積は対象農地の約八割の六五万三七〇〇ヘクタールで、うち八割が体制整備面積だった。

一般的な直接支払いについては「食料・農業・農村基本問題調査会」の提言でも触れられず、「新基本法」も第一三条で、「国は、農産物の価格の著しい変動が育成すべき農業経営に及ぼす影響を緩和するために必要な施策を講ずるものとする」と、価格変動の影響緩和策に触れるにとどまった。これを具体化する「二〇〇〇年基本計画」は、品目別でなく経営全体を捉えた安定対策が必要なことに踏み込んだものの具体策は先送りされた。

それが一転、〇三年の農水相談話で実現に向けて大きく動き出したのはWTO交渉の条件整備のためである。「二〇〇五年基本計画」では、「市場で顕在化している諸外国との生産条件の格差を是正するための対策となる直接支払いを導入するとともに、販売収入の変動が経営に及ぼす影響が大きい場合にその影響を緩和するための対策の必要性を検証する」と、内外格差の是正と価格変動緩和の両方を明記している。それを具体化した「品目横断的経営安定対策」は、耕作規模など生産条件の違いによって生じる「生産条件不利補正対策」（いわゆるゲタ）と、気象の変動などで収入が大幅に減少した場合の「収入減少影響緩和対策」（ナラシ）の二本立てとなった。

ゲタは麦、大豆、てん菜、でんぷん原料用ばれいしょの四品目が対象で、自給率（〇二年）が小麦一三％、大豆五％、てん菜三四％、でんぷん原料用ばれいしょ一一％と低く、主な輸入国である米国と比べた一〇アール当たりの生産コストは小麦が六倍、大豆が九・八倍などと大きな開きがある。これまでも麦は内外価格差を農家に直接補填する麦作経営安定資金、大豆は全銘柄共通の一定の単価で助成する交付金と価格変動の影響を緩和するための大豆作経営安定対策、てん菜とでんぷん原料用ばれいしょは最低価格保証制度などによって支持されてきた。農家の粗収益に占める財政助成の割合はコメが五％なのに対して、小麦六八％、大豆六五％、てん菜五六％、でんぷん原料用ばれいしょ三四％と高い。

ゲタの支持内容は、（一）対象品目の過去の基準期間の生産実績について内外格差分（生産コストと販売収入の差額）が支払われる「生産実績に基づく支払い」（固定払い）と、（二）各年の生産量・品質に基づいて支払われる「生産量・品質に基づく支払い」（成績払い）に分かれている。「固定払い」は一定規模以上の農家の全生産費と平均販売収入額との差額をもとに算出した面積当たり単価と、基準期間である〇四—〇六年の三年間平均の個々の農家の生産実績を面積に換算したものとを掛け合わせて品目ごとにはじき、全品目の合計が交付される。市町村ごとの単収の違いに応じて差をつけ、施策導入後に担い手の規模が拡大・縮小した場合や集落営農組織が育成された場合は支払額を修正する。しかし、生産量が増えても支払額は増えない。これに対して「成績払い」は毎年の生産実績をもとに生産量や品質に応じて支払われる。

ＷＴＯの農業協定では、「緑の政策」のなかの「生産から切り離された」（デカップリング）直接支払いによる所得支持の定義は、(一) 直接支払いの金額が基準期間以降の年にその生産者によって行われる生産のタイプもしくは数量に関連づけられたものでないこと、(二) 基準期間以降の生産に適用された国内価格もしくは国際価格に関連づけられたものでないこと、(三) 基準期間以降に用いられた生産要素に関連づけられていないこと、(四) 当該支払いを受けるためにいかなる生産も要求されないこと、となっている。

「成績払い」は定義の (一) や (四) にまともに抵触し、「黄の政策」に区分される。それをあえて導入したのは、対象品目の麦や大豆の自給率が低く、品質のバラツキも大きいため、生産と切り離された政策では改善が望めないためで、現行の品目別支持策でも品質による差がつけられている。麦や大豆の生産量は近年増えているが、輸入品に比べて品質が劣っていたり、需要側が求める品質とのミスマッチがあったりすることが多い。小麦のミスマッチ率〈(販売予定数量－購入希望数量)÷販売予定数量〉は生産量の一〇%にもなっている。この点が、過剰対策が農政の主要課題となっている欧米と違うところで、農水省は「日本型直接支払い」としてWTOの新ルールで削減対象から除外されるよう働きかけている。

「固定払い」は過去の生産数量に基づいて交付されるので定義に一応適合するが、対象を四品目に限定していることや、担い手の規模が拡大・縮小した場合は支払額を修正するなどの点からみて、厳密にいえば「緑の政策」の定義に反している。固定払いと成績払いは、基準期間の生産実績や毎年の生産量に応じて個々の生産者に合算して支払われる。品目横断といっても、実際には品目ごとの支持を積み上げて支払う仕組み。支援水準はそれまでとほぼ同じで、この政策によって支援が特に強化されたわけではない。

ナラシは、天候不順や価格の急落によって販売収入が減り、経営に大きな影響が出た場合に、収入減少の一定割合を補填する制度で、「緑の政策」の要件の（二）に該当する。対象はコメ、麦、大豆、てん菜、でんぷん原料用ばれいしょの五品目。当該年の収入と、基準期間（過去五年中の最高年と最低年を除いた三年）の都道府県ごとの平均収入との差額を生産者ごとに合算・相殺し、その減収額の九割について、政府三対生産者一の割合で拠出した積立金の範囲内で補填する。〇二年の「コメ政策改革」でコメ、それ以前に大豆の経営安定対策としてすでに実施されていた制度を五品目に広げ、経営全体の変動を緩和しようというものである。コメ、大豆では生産者の負担割合が積立金の二分の一だったが、これが三分の一に軽減される。

焦点だった支援対象はゲタもナラシも「認定農業者[1]」と、「特定農業団体[2]」またはそれと同等の要件を満たす「集落営農組織」に限定された。認定農業者は都府県四ヘクタール、北海道一〇ヘクタール、特定農業団体と集落営農組織はともに二〇ヘクタールという規模要件が課せられた。全農家を対象とした一律的な直接支払いはかえって構造改革の妨げになるという理由や財政事情などから、対象者を限定できる直接支払いの利点を生かしたもので、護送船団方式で進められてきた農政の大きな転換といえる。

3 カギ握る集落営農

農水省の〇七年二月現在の「集落営農実態調査」では、なんらかの形で集落営農を行っている組織は全国で約一万二〇〇〇しかない。用排水路などの農業資源は兼業農家も含めた集落農家が集団的に保全管理してきており、減反の割当や個別経営の担い手への農地集積など構造改革も地域での話し合いで進められてきた。市場原理だけでは規模拡大が進まない構造なので、集落を取り込まないと稲作の再生は望めない。

その集落がいよいよ危機に瀕している。農水省が〇四年五月にまとめた「農地・担い手施策の展開方向」によると、全国に八万八六ある水田集落のうち、農業所得が主で、六五歳未満の年間農業従事日数六〇日以上の働き手のいる主業農家が一戸でもある集落は、半分の三万九七四四に過ぎない。畑は二一四万ヘクタールの六二％に後継者がいるのに、水田は二五九万ヘクタールの三六％の九二万ヘクタールにしかいない。米価の下落で採算が悪化しているので、個別農家が集まって労力や知恵を出し合い、機械などを共同利用して生産や農業資源、環境を維持していくしかなくなってきているのだ。過疎化の進展で消滅する集落も多く、国土交通省と総務省が〇七年二月にまとめた調査では、全国の過疎地域にある約六万二〇〇〇の集落のうち四％強に当たる二六四一集落が高齢化などで消滅する恐れがある。うち四二二集落は一〇年以内に消滅する可能性が高いという。

水田農業の特性から集落に基礎を置く営農組織は早くから農政の対象として取り上げられた。自立経営農家の育成が主目的だった「農業基本法」も第一七条で「協業の助長」を取り上げ、六二年の農地法改正で一定の要件を備えた農事組合法人、合名会社、有限会社などに農地の所有を認める「農業生産法人」制度がスタートした。農業関連が主な事業で、農業者や農業関係者の議決権が四分の三以上、役員の過半は原則として年間六〇日以上農業に従事する、などの要件を満たせば法人でも農地を取得したり借りたりすることができる制度で、集落営農というより自立経営の組織版だった。七〇年代初めには農業生産法人の数は三五〇〇を超えたが、要件がきびしいうえ助成施策が薄く、税金対策のための形だけの法人組織だったり、中心となって運営する人材がいなかったりして活動が停滞した。

その後も、所有権移転による規模拡大が進まず、減反が本格化するなかで、集落が持つ農地貸借などの調整機能を活用して、基本法農政行き詰まりの打開を図る集落営農政策が八〇年代にかけて出てきた（七〇年の「総合農政」、八〇年の「八〇年代の農政の基本方向」など）。「地方の時代」とも呼ばれた地域主義の高まりのなかで、それまでの中央集権的なやり方を見直し、農家の意向を集落段階から積み上げて地域農業の総合的な推進方策を図ることを目的とした「地域農政特別対策事業」などの施策も実施された。

しかし、兼業農家を主体とする集落に求められたのは、自立経営農家・中核農家を育成するための補佐役としての位置づけであり、過疎化で集落自体の力が衰えているときなので成果は上がらなかった。そうしたなかで、全国農協中央会（全中）は八八年、「二一世紀を展望する農協の基本戦略」で、団地的な農用地の利用や効率的な機械化体系、担い手農業者・高齢者・女性など地域の労働力の状況に応じた作業分担や利用集積などを通じて、地域全体としてのスケールメリットを追求する地域営農集団を全農業集落の過半で組織化するという、今回の集落営農組織にも通じる構想を提言した。

「新基本法」は第二八条で、「集落を基礎とした農業者の組織その他の農業生産活動を共同して行う農業者の組織、委託を受けて農作業を行う組織等の活動の促進に必要な施策を講ずる」と、集落を基礎とした幅広い営農組織について支援策を講ずることを提示した。しかし、「二〇〇〇年基本計画」

も同じような抽象的表現にとどまり、具体策は「二〇〇五年基本計画」に持ち越された。実態がさまざまな営農組織を支援政策にどう取り込むか、詰め切れなかったためである。

その「二〇〇五年基本計画」で担い手問題を審議した「食料・農業・農村政策審議会」企画部会の担い手検討資料には当初、集落営農は入っていなかった。しかし、認定農業者だけでは農家の大半を占める小規模な兼業家族経営が落ちこぼれてしまい、生産力も農業施設・農業環境も守っていくことができないとの農業団体の強い要望で対象に加えられた。基本計画では「構造改革の立ち遅れが課題となっている土地利用型農業においては、伝統的に地域ぐるみで農地や農業用水の利用調整等が行われている実態を踏まえ、個別経営のみならず、集落を基礎とした営農組織のうち、一元的に経理を行い法人化する計画を有するなど、経営主体としての実体を有し、将来効率的かつ安定的な農業経営に発展すると見込まれるものを担い手とする」と、個別経営と並ぶ担い手の主体として集落営農が初めて明確に位置づけられた。

日本農業の特性に加え、選別農政に反対する農業団体を説得する落としどころとして対象を小規模な家族経営に広げることができる集落営農が浮上した形だが、農水省が集落営農を対象に加えた大きな理由は、集落なしには必要な担い手が確保できないし、農地の集積も減反も円滑には進まないという農業現場の実態にある。企画部会の審議半ばで水田集落の半分に担い手がいないという資料が公表されたことが、集落営農組織を認める方向に作用したという。集落営農の認定要件をめぐっても農業団体と農水省が対立、農水省が主張を通して特定農業団体認可の五要件が課されることになった。政策の効率を高めバラマキ批判を避けるためには一定の基準が必要で、農水省としては譲れない一線だった。

支援対象として営農集落が加えられたのは、農業現場の実態からみて妥当なことといえる。スケールメリットが生かせる営農集団のほうが一般に個別経営より生産コストが低く、集落機能を維持するための活動も活発にやっている例が多いので、担い手に加えて育成する積極的な意義がある。経営実態調査に基づいて、三〇ヘクタールの農地で三七戸の農家が水稲と大豆を生産した場合の経営費を個別経営、地域営農集団、集落農場型農業生産法人について比較した農水省の試算によると、個別経営は三七戸合計で四二六〇万円かかるのに対し、営農集団は二五三〇万、農業生産法人は二〇二〇万円に減るという結果が出ている。所要労働時間が個別経営の八八〇〇時間に対して営農集団は七五％、農業生産法人は五〇％に減るのに加え、農機具費が個別経営の二八一〇万円、対して営農集団は一一〇〇万円、生産法人は二八〇万円ですむのが主な理由だ。

うまくいっている集落営農が少なくないものの、支持対象として選別するには問題も多い。第一に、共同体機能が維持できなくなっている集落で果たして政策目的に合うような営農組織がつくれるのか、という点である。農水省の〇七年の「集落営農実態調査」によると、一万二〇〇〇の農村集落のうち集落内の営農を一括管理・運営するといった進んだ取り組みがなされているのは四分の一に過ぎない。農業機械の共同利用や基幹作業を受委託するオペレーター組織、認定農業者や農業生産法人に農地を集積する土地利用調整組織、農作業の共同実施などが主で、組織を活性化させるには販路の拡大など営業活動やマネージメントが必要だが、その人材を確保できるかという問題もある。

第二に、政策目的にそった集落営農活動ができるかどうかには関係なく、助成金目当てに、または数合わせのために形だけの営農組織が多くつくられていることである。個別の認定農業者になるのは簡単ではないが、集落営農は農家が集まって規定の農地をまとめ、経理を統一するなどの要件を満たせば、すぐにも立ち上げることができる。要件を克服するため、JAなどによる手取り足取りの指導、助言が行われており、申請事務や経理事務を代行するところも多い。そうした動きが広がり、経営の実態がともなわない組織がたくさんできると、バラマキ批判が出て制度そのものが崩壊する恐れがある。

第三に、担い手となる規模要件を満たすため、集落内で担い手対象である個別の認定農業者と集落営農組織が農地を奪い合い、個別の認定農業者育成に悪影響が出ているところもある。大規模農家の集まりである日本農業法人協会が〇六年三月にまとめた緊急調査（回答率は四六四会員のうち一七％の七一）によると、一二五％の法人が「貸しはがし（貸した農地を取り返す）の動きがすでにある」五八％が「出てくる懸念・不安がある」と答えている。

「関係機関の指導があったためか、集落で営農組織を立ち上げるために認定面積に足りないから返してもらいたいとの申し入れがあった」（愛媛県）、「五ヘクタール借りている地主から一・三ヘクタールを集落営農に貸す必要があるので返してほしいと申し入れがあった。来年度に更新時期が来る六六アールの解除申し出もある。自立している経営体に悪影響が出ないよう農水省は強く指導してほしい」（長野県）、「他集落の地主から『うちの集落に貸さないと責められる』と借りていた農地をはがされた」（秋田、宮城、富山、島根県）などなど、調査票には借地によって営々と規模拡大を進めてきた担い手法人に対する貸しはがしの実態が切々と綴ってある。

経済合理性に基づく経営組織とムラ機能を結びつける困難な役割を担わされている集落営農組織がうまく育つかどうかは、「品目横断的経営安定対策」が成功するか否かのカギである。ムラ機能のよい点を生かして集落の活性化につなげることができるか、バラマキに終わるか。集落営農支援がうまくいかないと個別の担い手も苦境に陥り、机上で担い手組織の絵を書き続けてきた構造改革は根本的な出直しを迫られることになる。

4　どうなるコメ改革

農業生産額の四分の一を占め、農家の八五％が生産にかかわっているコメ生産については、戦前生まれの「食糧管理法」に代わって九五年に施行された「食糧法」のもとで、「経営所得安定対策」の先触れとなる改革がいくつか行われてきた。その総仕上げともいえる〇二年の「コメ政策改革」が、今回の「コメ政策改革推進対策」にほとんどそのまま引き継がれており、名称が示すように「コメ政策改革」を推進する対策という位置づけになっている。

〇二年の「コメ政策改革」は、一九七〇年から五兆七〇〇〇億円もの国費を投じながらコメ以外への転作がさっぱり進まない生産調整を、官主導から「農業者・農業者団体の主体的な需給調整システム」に全面的に移行することを柱に、流通はほぼすべて自由化し、価格も「全国米穀取引・価格形成センター」（コメ価格センター）で多様な形の取引をもとに決める仕組みにするという内容である。

「推進対策」では、農業者団体など主体の生産調整への移行を予定より一年繰り上げて〇七年から実施することになった。移行に当たって、一〇近くある生産調整関連の補助金は名称を変えてほぼそのまま引き継がれたが、生産調整の達成そのものを目的とするのでなく、地域農業の構造改革を地域で総合的に実践する取り組みに転換し、この一環として生産調整を推進する、といった視点が盛り込まれた。そのために、地域の自主性や創意工夫を生かす施策や、担い手重視の施策が打ち出された。生産調整と過剰米処理を連動させる施策や、担い手対象に入らない生産者を支援する施策も追加され、一段ときめ細かく複雑な仕組みになっている。

しかし、生産調整参加者へのメリットや生産調整がうまくいかなかった場合の価格下落対策が特に強化されたわけではない。生産調整への参加者が減れば米価は関税引き下げを待つまでもなく大幅に下落する。参加者を維持するためには、これまでよりもっといびつな形で集落内での締め付けが行われ、内発的な努力で規模拡大などをはかろうと努力している生産者の足を引っ張ることになる。

コメ問題に詳しい佐伯尚美東大名誉教授の「欧米に比べて過剰対策は格段に貧困で、豊作が二、三年続けばこの制度の問題点が一挙に顕在化し、コメ政策改革の致命傷になる可能性が常にある」(日本農業研究所『農業研究』第一九号)という指摘を裏書きするように、米価は「推進対策」実施早々から値下がりが加速され、農水省は〇七年一二月に発表した農政改革三政策の見直しで、生産調整面積の拡大や米価下落緊急対策、官の関与の再強化など、改革の後退を余儀なくされた。生産調整の廃止も含めた抜本的な改革を図らない限り、稲作の再生は望めない。

その際に重要なのは、米価がいくら下落しても、最低限の農家収入は確保される岩盤のような下支え機能を確立することだ。農水省の二〇〇〇年時点での推計だと、生産調整をやめると転作目標面積約一〇〇万ヘクタールのうち転作が定着していない三分の一の三三万ヘクタールが稲作に復帰する。

コメの総生産量は一一二〇万トンとなり、米価は六〇キロ当たり八三〇〇円程度まで下がる。その後、採算に乗らない生産者が作付をやめるなどして中長期的な生産量は約一〇〇〇万トン、価格は一万二四〇〇円程度で安定する。

この推計には、価格が下がれば需要が増え在庫が生じない、などいくつかの前提条件があるが、生産調整をやめても下がり続けるということはない。学者の間からは、生産調整を全廃しても中期的には財政負担をいま程度に抑えて、生産者の受取価格を六〇キロ当たり一万二〇〇〇円台に維持できるといった試算も出ている（鈴木宣弘東大大学院教授、『農業経営研究』二〇〇五年三月号）。佐伯尚美東大名誉教授も、守られる見込みがなく稲作の空洞化が進むだけの生産調整は廃止すべきという意見で、そのためには廃止によって想定される需給均衡米価を前提に、政府が市場介入する最低支持価格帯を明確にする必要があると提言している（『コメ政策改革Ⅱ』農林統計協会、二〇〇五年刊）。

生産調整をやめるためには、短中期的にはかなりの公的支援が必要で、欧米先進国も過剰対策には巨額の国費を注ぎ込んでいる。日本の場合、欧米のような全面休耕でなく、自給率の低い作目へ転作ができるという利点がある。そうした利点を生かし、エタノール向けなど多様な需要も開拓して、農業の生産構造や地域社会が活性化し、農業の自主性も生かされる、もっと前向きな稲作再建の仕組みを構築すべきだ。それによって食糧自給率が向上し、コメの価格も下がるなら、消費者にとっても国家経済上からも、確たる見通しもなく現行の生産調整を続けるより、ずっと大きなプラスになる。

5　経営は安定するのか

品目横断的経営安定対策は国際ルールへの適合、政策効果を高めるための集中的な支援、集落営農の本格的な支援などの面で評価すべき点が少なくない。しかし、以下のような問題点があり、根本的に見直さないと政策として本当に効果を上げることはできまい。

（一）WTO規律に合うよう形だけ変えたものが多く、担い手に対する支援水準は現行並みで特に強化されたわけではない。現行の支援政策でも目立って生産構造が変わっていないし、コメ有利という構造も基本的には変わっていないので、対象品目の生産量や品質が大きく変わることは期待できない。一方で、担い手対象外の生産者に対する支援は確実に減る。過去の作付実績に応じて助成されるので、生産に適さない産地では新政策を機に、麦や大豆の生産をやめる農家が出てくることも予想される。予算も年度ごとに組まれることになっており、資金的な裏付けがはっきりしないので政策の継続性に不安がある。

（二）ゲタは過去の基準期間の販売価格と生産コストの差額がいまの市場価格に上乗せされるだけなので、市場価格が大幅に下がると下支えの機能が失われる。ナラシも過去五年間の価格を基準に補填することになっているので、価格下落が長期間続くと基準価格も下がって下支えの効果がなくなる。さらに、補填が拠出した基金の範囲内という欧米の制度にはない制約があるので、価格が急落すると資金が不足し、補填ができなくなる。ゲタもナラシもいまのままでは経営の安定した下支えにはならない。

（三）品目横断的に経営全体を対象に支援する建前なのに、コメ、飼料作物など重要品目がゲタから除外されている。高関税で保護されているコメは内外価格差が市場で顕在化していないことが除外の理由になっているが、今回の対策が「確固たる交渉の条件整備」が目的なら、EUが域内対策を練り直したうえでラウンドに臨んでいるように日本もコメの関税引き下げを視野に入れた対応策の道筋だけでも明らかにすべきだった。自給率が低い飼料作物は、狭い畜舎で工場生産に似た飼育が行われている畜産を土地に基盤を置いた生産に組み替えることを前提に、支援対象に加える必要がある。

(四) 担い手対象に加えた集落営農は、運用の仕方によっては助成のバラマキになる恐れが強いとか、認定農業者の発展を阻害するとかの弊害がある。

(五) 政策の仕組みが複雑なうえ、EUのように価格を下げた分を直接支払いで支援するといった明確な目標がないので、消費者にはなかなか理解しにくい。

(六) WTOの「緑の政策」に適合しないものがあり、政策の長期安定性に疑問がある。ただ、米国やEUの支持策も多くの問題を含んでおり、WTOの理念やルールの見直しの一環として「日本型支持」を主張することには意義がある。

農業危機は年とともに深刻化し、現状のままでは市場開放を待つまでもなく日本農業は崩壊する。耕作放棄地が最近は年間一万ヘクタールと住宅・工場への転用面積を上回る勢いで増え、〇五年には全体の一割近い三八万六〇〇〇ヘクタールに達している。食料自給率は二〇一〇年までに四五%まで引き上げる目標を立てているが持ち直す気配はない。最大の問題は後継者不足で、農業の魅力が失われたため、一九五〇年代前半まで四〇万人を超していた新規学卒就農者が、最近は二〇〇〇人程度に減っている。新規就農者全体では年間約八万人と増えてきているものの、定年などによってUターンまたはIターンした就農者がほとんどで三九歳以下は一万人弱に過ぎない。団塊世代の定年退職時期を迎え、UターンやIターンには今後力を入れていかなくてはならないが、それだけでは後継者不足は解消しない。

〇五年の農林業センサスでは「販売農家」の数が五年前より約三八万戸減って一九六万三〇〇〇戸となった。その分経営規模が拡大した生産者もいるのでマイナスだけとはいえないが、基幹的農業従事者の四割が七〇歳以上で、販売農家の維持は年齢面からも瀬戸際に立たされている。WTOルールに適合するためのつじつま合わせ的な改革でなく、内発的な努力によって、若者が希望を持って参入できるような農業環境を整えることが急務となっている。

第三節　動き出した農業環境保全支援

1　地域住民とともに

今回の農業改革三対策で最も新味があるのは、農業環境の維持・保全について直接支払いによる「農地・水・環境保全向上対策」が導入されたことである。農業・農村の衰退や農薬・化学肥料を多投する生産によって農業・農村環境は危機的状況が続いており、集落機能の低下によって用水路その他の農業資源が維持ができない地域が増えている。このため、非農家も含めた地域の人たちと共同で農業資源や農村環境を守る組織を対象に支援をすることになったもので、この対策の上乗せによって農業や地域に対する支持の厚みを増そうとのねらいがある。

〇三年一二月、農水省は「農林水産環境政策の基本方針」を公表、環境保全を重視した農林水産業を支援する政策に移行することを宣言した。その一年三カ月後に策定された「二〇〇五年基本計画」は、「農地・農業用水等の資源は、食料の安定供給や多面的機能の発揮の基盤となる社会共通資本」と位置づけ、「地域の農業者だけでなく、地域住民や都市住民も含めた多様な主体の参画を得て、これらの資源の適切な保全管理を行うとともに農村環境の保全等にも役立つ地域共同の効果の高い取り組みを促進する」ための新たな施策を〇七年度から導入するための調査を実施することを明らかにした。

約一〇億円かけ、〇五年度に全国四〇〇地区で調査してまとめたのが「農地・水・環境保全向上対策」で、これは品目横断的経営対策と「車の両輪」をなす地域振興対策と位置づけられている。地域の一般住民も参加して共同で農業資源の保全に取り組む「基礎支援」、その地域で環境保全に役立つ先進的な農業に取り組んでいる農業者を支援する「営農支援」、これらの活動の質と内容を向上させた「ステップアップ支援」の三本立てとなっている。活動組織に対して国と自治体がそれぞれ同額を直接支払いで交付する。

「基礎支援」の特色は地域住民の参加を要件としていることだ。しかし必須ではなく、一般住民が少ない純農村地帯では弾力的な扱いをする。支援を受けるには地域を特定して活動組織を立ち上げ、活動指針に基づいて地域の特性に適した年間の活動計画を盛り込んだ五年間の協定をつくって市町村の承認を得る。活動指針は資源の保全管理のために必要な基礎部分と、施設の長寿命化につながるような誘導部分に分かれており、耕作放棄地の発生防止、水路や畦の適正管理など基礎部分はすべての項目に取り組まなければならないとしている。

誘導部分は施設の破損部分の長寿命化につながるようなきめ細かい保全管理と生き物調査や水路ぞいの花の植え付けなど生態系保全や景観形成につながる活動であり、これは一定以上の項目を選択して取り組まなくてはならない。一〇アール当たりの政府の支援単価は水稲が都府県二二〇〇円、北海道一七〇〇円、畑が都府県一四〇〇円、北海道六〇〇円、草地が都府県二〇〇円、北海道一〇〇円で、これと同額が自治体から交付される。

営農活動への支援は「基礎支援」の実施地域内のある程度の広がりを持つ地域(集落が最小単位)であることと農業者が持続農業法に基づくエコファーマー(農薬や化学肥料の削減計画を都道府県知事に提出し、認定された農家。〇六年九月現在で一一万一二〇〇戸)の認定を受けていることが要件。ただ集団はエコファーマーになれないので、集落営農組織は土づくりと農薬・化学肥料低減の技術を導入する実施計画をつくれば支援する。

化学肥料・農薬を地域の慣行農法の原則半分に減らす技術導入と、化学肥料・農薬の大幅使用低減に相当する先進的な取り組みのどちらかをしている活動組織に対して、そのために余分に掛かった費用として**表4**のような交付金が取り組み面積に応じて支払われる。先進的な取り組みを行った個々の農業者へ配分してもよい。活動組織には別に技術の実証・普

表4　営農活動支援の政府交付金

(10a当たり/同額が自治体から交付される)

水稲	3,000円
麦・豆類	1,500円
いも・根菜類	3,000円
葉茎菜類	5,000円
果菜類・果実的野菜	9,000円
施設のトマト、きゅうり、なす、ピーマン、いちご	20,000円
果樹・茶	6,000円
花卉	5,000円
上記に該当しない作物	1,500円

及、土壌・生物の調査分析などの活動経費として一地区一〇万円が支給される。

ステップアップ支援は、より高度な環境保全に誘導する活動が対象で、自主施工による水路の補修や、土砂の流入防止対策、魚道の設置など質の高い農村環境保全活動とか活動組織のＮＰＯ法人化とかが具体例としてあげられている。年間の活動内容を点検して点数化し、合計点に応じて組織に政府と自治体から年に二〇万円か四〇万円が交付される。

2 支援の柱になるには

この農業環境の保全向上支援は、欧米で行われている環境直接支払いへの貴重な一歩であり、ＥＵなどの動向からみると将来的には農業保護の主流になる対策といえる。しかし、全体に手薄で、守るべき規範が現状の営農活動とあまり変わらないとか、規範を守ったかどうか検証する仕組みが弱いとかといった問題点がある。また、主な保全対象は農地、水などの農業資源であり、全体的な環境保全は従の位置づけになっている。

〇三年の農相談話では「環境保全を重視した施策の一層の推進と、食料安全保障や多面的機能発揮のために不可欠な農地・水等の地域資源の保全のための政策の確立」だったのが、「二〇〇五年基本計画」では「農地・農業用水等の資源の適切な保全管理を行うとともに農村環境の保全等にも役立つ地域共同の効果の高い取り組み」と順序が逆になった。具体的な支援策をみると農業資源の維持補修へ一段と傾斜し、一般的な環境保全の陰が薄くなっている。その理由としては、（一）基本計画づくりの最中に財政等審議会から中山間地域対策について抜本見直しが指摘されたため、対象や事業内容をより限定する必要があった、（二）農業資源保全に力点を置くことで品目横断的経営安定対策を補完する役割を強化した、（三）一般的な環境保全は農水省だけの手には余る、などの判断が働いたものと考えられる。農業資源の保全に傾斜するのはある程度やむを得ないが、今回の施策の新味である非農家住民の参加を確実に促し、事業への関心を高めるには生態系維持や景観形成など一般的な景観保全にもっと力を入れる必要がある。

農業環境保全の活動組織の軸になるのは、主要な用水路や農業用道路などを管理している土地改良区とみられる。これまで三面コンクリート張りの用水路の建設など農村の環境破壊の先兵の役割を果たしてきた土地改良区が、どこまで環境保全に向けて頭を切り替えることができるのか、という点も問題だ。もし「土地改良区の生き残り策」という一部の疑念が的中するようなことになれば、制度自体の存続が危うくなる。

交付金は国が二分の一、都道府県と市町村が四分の一ずつ負担することになっており、自治体負担がないと実施されない。財政が苦しい自治体や農業に関心が低い自治体のなかには負担を渋るところが出る恐れがある。〇七年度はほとんどの都道府県が予算を計上しているが、岩手県や広島県のように要件を国よりきびしくしたところもあり、今後の動向が注目される。品目横断的経営安定対策は法律の裏付けがあるが、農地・水・環境保全対策にはないので、協定期限が切れる五年後にどうなるかも心配されている。

ＥＵは八五年に、加盟各国が「環境保全特別地域」を指定し、その地域で環境保全型農業を実践している生産者に直接支払いができるようにした。九二年のＣＡＰ（共通農業政策）改革では付帯措置として、肥料、殺虫剤などの使用の抑制、有機農業、粗放的生産、自然公園設立などのための長期減反など環境保全、田園景観の維持に配慮した農業を五年以上（減反は二〇年以上）行う農業者に助成金を支給する、加盟国はその助成金を払うため最低五年の地域計画を作成し、計画を実施する地域を指定する、などの農業環境行動計画を実施した。〇三年のCAP改革では、直接支払いを受けるには環境基準に加え、食品の安全、動植物衛生及び動物保護に関する一八項目の法令基準を守り、農地を良好な状態に保たなくてはならない、という強制的なクロスコンプライアンスを導入した。

米国も一九八五年農業法で土壌浸食を起こしやすい農地を休耕にし、草地などに転換するための保全休耕プログラム（CRP）による直接支払いを導入した。九六年農業法では水質や土壌の汚濁防止を中心に、三段階に分けて直接支払いを拡充し、環境保全に関する規定を遵守した農家でないと農業保護が受けられないクロスコンプライアンスを導入した。〇二年農業法の保全保障プログラム（CSP）でさらに充実させ、EUのように農業生産を行いながら環境を保全する多面的機能の発揮へ向けて一歩を進めた。

日本でも、品目横断的直接支払いを受けるには、(一) 耕作放棄を行わないとか輪作や土づくりに取り組むとかの適切な営農を実施していること、(二) 農業生産活動にともなう環境負荷の低減に取り組むなど環境に配慮すること、(三) (一)、(二) などの営農内容を対外的に明らかにすること、などとコンプライアンス的考え方が取り入れられた。しかし、基準となる規範は農水省が〇五年三月に策定した「環境と調和のとれた農業生産活動規範」（農業環境規範）であり、規制内容は現在の営農状況に限りなく近い。

例えば、病害虫の防除については「病虫害・雑草が発生しにくい栽培環境づくりに努めると共に、発生予察情報等を活用し、被害が生じると判断された場合に、必要に応じて農薬や他の防除手段を組み合わせて、効果的・効率的な防除を励行する。また、農薬の使用、保管は関係法令に基づいて適正に行う」とあるが、この程度のことはたいていの農家がやっている。また、点検は規範についているチェックシートに農家が自主的に一年に一度実行状況を振り返って記入することになっており、第三者のチェックは入らない。啓蒙のための農水省のホームページには「次の七項目について農業者自らが実行状況を点検し、点検シートを提出すれば足ります」という消極的な文言が載っている（傍点筆者）。

農水省が〇七年四月にまとめた「新農政二〇〇七」で導入を打ち出した、販売農家を対象とする基礎GAP（農業生産工程管理）の厳格な実施など、検証の仕組みの充実が求められている。GAP（Good Agricultural Practice）とは、農業者が自分で（一）農作業の点検項目を決め、（二）点検項目に従って農作業を記録し、（三）それを点検・評価し、改善点を見付け、（四）次回の作付に活用するという一連の「農業生産工程の管理手法」のこと。農産物の安全確保や環境保全、農産物の品質の向上、労働安全の確保などに有効な手法だ。農水省が導入しようとしているのは「基礎」という枕言葉もついているように、カドミウム対策とか農薬・肥料の流出防止とか基本的な工程管理だけ。欧州で行われているような厳格な国際標準にそった拡充が必要だ。

農業環境対策では滋賀県、福岡県や市町村、地域で国に先駆けた対策が出てきている。〇四年から独自の環境直接支払い制度を導入した滋賀県では、知事の認定を受けた生産計画に従って生産された農産物を「環境こだわり農産物」として知事が認証する。生産計画は、（一）農薬、化学肥料の使用量が慣行の五割以下、(二)堆肥は水田では牛の厩肥は一〇アール当たり一トンなどと具体的に決めてあり、この栽培方法を守り五〇アール以上などの面積要件を満たしていれば、知事との間で「環境こだわり農業実施協定」を結ぶ。農業改良普及員やJAの営農指導員によって契約通りの栽培をしていることが確認されれば、「経済的助成」を受けることができる。

欧米では環境直接支払いの比重がしだいに高まっており、将来は農業支援の主柱になるとみられている。日本も農業生産への直接支援の足りないところを埋め、環境支援を農業・農村を再生させる大きな柱に育てるには、事業の内容が国民に理解され、支持されるものでなくてはならない。公害が激化した七〇年代に地方自治体が国に先駆けて公害規制を実施したように、地方主導で農村の環境保全が進むことを期待したい。

第四節　必要な発想の大転換

「品目横断的経営安定対策」による直接支払いを軸に、それと表裏をなす「コメ政策改革推進対策」、両輪となる「農地・水・環境保全向上対策」を三本柱とする新政策は、国際交渉をにらんだ初めての本格的な対策である。しかし、これまでみてきたようにそれぞれに問題があり、農業や地域の再生につながる柱になることができるかどうか、大きな問題がある。三対策共通の問題として以下の点があげられる。

第一は、コメ政策に象徴される仕組みの複雑さ、わかりにくさである。生産者にも理解できない政策が国民の理解と支持を得られるはずがない。現場では〇六年九月から担い手の申請受付が始まっており、すべての支持を受けるには一〇種類もの申請書を書かなくてはならない。繰り返し開かれた集落の説明会は、「いままで通り補助金をもらうためには集落営農にしなければならない」とか「大豆を作らないと補助金がもらえない」とかといったわかりやすい言葉に収斂され、いかにしてコストを下げていくかとか、この地域でどういう作物をつくっていけばよいか、といった肝心な点は二の次になっている。

第二に、この複雑さ、わかりにくさは、政策の精緻さや完成度を示すというより、大局的なビジョンを欠いたまま実態を後追いして小手先の修正を繰り返してきた結果であり、政策の統一性のなさ、ビジョンの不明確さを示しているということである。農水省の〇六年三月時点での調査によると、生産者に関係する構造改革関連の施策数は一〇四にのぼる。部局ごとの縦割りで実施されているため相互の関連も政策の効果もはっきりしない。日本の福祉政策はきめ細かな施策が並んでいる。しかし、一家の働き手が病気で倒れるなど、まさかのときの役に立たないとの批判があるが、農業政策についても同じことがいえる。この数年、担い手への集中化・重点化が進められているものの、部局間の縄張り意識に加えて成り立ちの経緯があり、どこまで一本化して強力な政策として展開できるか疑問だ。集落営農と認定農業者がいがみ合うような展開では効果は期待できない。

第三の問題点として、農政の転換といっても、実際にはWTOルールに合わせて既存の施策の仕組みや名目を変えただけのものが多く、「農地・水・環境保全向上対策」を除いて目新しい政策が打ち出されたり、対策が特に強化されたりしたわけではないということである。「品目横断的経営安定対策」

の主対象である麦や大豆にしても、これまでの助成策では自給率や品質はあまり改善されなかった。これら三対策に続いて打ち出された「農地政策」も「所有から利用への転換」など、二、三〇年遅れてやってきた対策という感じが強い。革袋を新しくしても中に入る酒が古いままでは「確固たる条件整備」とはならず、生産者も消費者も酔うわけにはいかない。

成長社会から成熟社会への移行、地域環境の悪化などにともなって消費者や生産者の関心は安全・安心とか安定供給、環境保全といったことに向き、農薬、化学肥料、機械などを多投入した規模拡大による効率化・近代化とは異なる、もう一つの道を追求する自主的な動きが広がっていることに対して、農政が的確に対応していないことが、第四の問題点としてあげられる。国政モニター課題報告「食の安全性に関する意識調査」(二〇〇五年)によると、食の安全性についての消費者の関心事項は「農薬」八九%、「食品添加物」八四%、「汚染物質」七七%などとなっている。こうした消費者の意識に応えて環境保全型農業に取り組んでいる生産者は販売農家の二二・三%、作付面積の一六・一%にのぼっている(農水省「農業構造動態調査」二〇〇二年)。生産者・消費者が交流を深めながら双方が納得する価格で安全で安心な農産物を安定的に生産し加工する自主的な運動も各地で展開されており、地域の活性化につながっているところも多い。

第五に、これが最大の問題点だが、農家の自主性や地域の特性を生かす試みがいろいろちりばめられてはいるものの、基本構造はこれまでの中央主導の全国一律的な手取り足取りの助成によって、生産者を一定の方向に引っ張っていこうとする保護政策の域を出ていないという点である。政策が複雑になっただけ、面積要件などのしばりはきつくなり、自立を目指す生産者の足かせになっている。日本農業がここまで疲弊した大きな原因は、食管法に象徴される保護と規制の国家管理によって農家の内発的発展の芽を摘んでしまったことにある。農水省の号令一下、ほとんどの農家が同じ作目を同じやり方でつくるため、政策がうまくいけばいくほど生産が過剰になって行き詰まるということの繰り返しだった。WTOの場では多様な農業の共存を訴えながら、国内政策では各地に芽生えている内発的で多様な成長の芽を摘んできたのである。だから、自主的な経営を目指す生産者のなかには、はじめから保護政策にそっぽを向く人が少なくなかった。そうした農家は、今回の経営安定対策にもあまり期待していない。

〇七年の参議院選挙で、民主党が掲げた、すべての販売農家を対象に標準的な販売価格と生産費の差額を補填する「農業者戸別所得補償」政策に農村票をかっさらわれて大敗した自民党と政府は、同年一二月、「農政改革三対策」の見直しをした。コメの生産調整強化に加え、品目横断的経営安定対策に加入できる認定農業者や集落営農組織の面積要件を市町村の判断で緩和できることにした。農地・水・環境保全向上対策についても、申請や報告、確認の事務手続きを緩和した。このため、せっかくの農政改革は大幅に後退し、ますます混迷の度を深めている。民主党の戸別所得補償は一兆円もの巨額な財源が必要なだけでなく、その年の生産物を対象に行われるのでWTOのルールにまともに違反し、農業再生の展望は政府案以上にみえない。

こうした問題点を是正するにはどうすればよいか。単純にいえばいまの逆のやり方を考えることである。

まず第一に、生産者にも国民にもわかりやすい政策にするには、こまごまとした支持政策を共通の目的を持つ強力な政策に可能な限り再編・統合する。減反という困難な問題がからむコメについては、減反をやめ価格は自由な市場に任せて価格が一定限度以下に下がっても営農が続けられるような強固でわかりやすい岩盤のような支持策を構築する。コメ以外の重要作物は「品目横断的経営安定対策」の加入率が九割以上に達する見通しなので、これを強化し、コメに比べて不利にならないような支持を行う。衰退が激しい集落については、自治体が主体になって環境保全対策はじめ農業以外の支援策を総合して地域の活性化を図る。

第二に、日本農業の構造からみて規模拡大などの構造改革は必要だし、政策の効果をあげるためには対象を絞る必要がある。しかし、これまでみてきたように選別作業は国と地方の行政事務負担を増やし、政策を複雑化し、農家の内発的な意欲を削いでいる。農水省が全国一律の基準をつくって対象を選別する方式はやめ、第一点のような内外格差・国内格差を是正するセーフティネットを構築したうえで、支持を受けるかどうか、そこでどんな農業を展開するかということは、新規参入者も含めた生産者自身に任せる。選別の要件は、農地としてしっかり活用されているか、環境基準を守っているか、の二点だけとし、後は生産者の内発的な努力に期待する。支持の水準は構造改革の進み具合や内外格差の状況に合わせて、一定水準まで時間を掛けて減らしていく。

第三に、農業施策の実施は、地域の実情に合ったきめ細かい施策が実施できるよう、原則として自治体に任せる。特に農道、用水路など農業土木関係の公共事業は、どんな農業が展開されるかにお構いなしに大規模な事業を展開するやり方をやめ、地域が本当に必要とするものを構造改革の進み具合に合わせて低利融資を基本に時間を掛けて整備していく。農業振興と地域活性化のための自治体独自の施策を増やすため、地方分権の仕上げである財源の配分に当たっては、地方への自主財源の移譲を大幅に進める。

第四に、このような政策を実施すれば、支持予算は特に施策当初の段階でかなり増える。しかし、少なくとも米価はかなり下がるので、その分を農業支持に当てる目的消費税のような施策を導入するなり、世論を盛り上げて、支持予算を増やす。行政価格や関税に基づくコメの内外価格差は二兆円以上もある。関税が削減され、仮に米価が半分に下がれば家計負担は一兆円以上減るわけだから、それを農業支持に回せば、国家経済的に見れば国民の負担をそれほど増やすことなく、農業を守るセーフティネットワークを構築することができる。

〇六、〇七年夏の豪州農業は一〇〇〇年に一度といわれる大干ばつに見舞われ、世界の穀物在庫が三〇年ぶりの低水準に落ちて国際穀物市況が高騰するなど大きな影響が出た。四〇年に一度といわれた八二年の干ばつを取材したとき、羊が枯れた牧草の根を掘り起こして食べると生えなくなるので一カ所に集めて射殺している現場に出くわし、農業大国の陰の部分にショックを受けたことがある。地球環境の悪化で食料の国際需給は窮迫が予想され、七三年の大豆騒動のように農業大国が輸出をストップする事態がいつ起きるかわからない。バイオエタノールなど新たな需要の出現が穀物需給を一変させる可能性もある。国際協調を強化して食料輸入のパイプを安定させることはもちろん大切だが、いざとなったとき自国民を飢えさせてまで食料を輸出してくれる国はない。

まさかの時にあわてることのないよう、高温多湿で生産力が高い日本の農業生産力を維持することは日本の食料安全保障のためだけでなく、地球的な責務である。素性の知れた身の回りの食料を食べることは健康にもよい。消費者の多くは食料需給の将来に大きな不安を持っており、内閣府の〇六年の食糧供給に関する世論調査によると食料自給率の四〇%を「低い」「どちらかというと低い」と見ている人が七〇%にのぼっている。少々カネが掛かっても農業を守っていくという国民的な合意をつくっていくことが最優先課題だ。

そうした国民的合意を前提に、生産者も持続的農業の守り手、農業経営者としての自覚を高めていく必要がある。国土条件から規模拡大には限界があるが、耕地は狭いけれど土地の生産性は高く、手を掛ければどんなものでも作れる。九三・四%しかない耕地利用率(〇五年)を高めれば規模拡大と同じ効果をあげることもできる。画一化、標準化、大規模化、大量化、機能化を追求して行き詰まった路線を安全化、個性化、多様化、共生化、自然循環化、地産地消化、人間化などの路線に組み替えて持続的に発展させるには、なによりも生産者自身の内発的な努力が前提になる。

注

(1) 認定農業者＝市町村が策定した目標(基本構想)に合致した農業経営改善計画を自らつくって実践し、農用地の効率的で総合的な利用を図るうえで適切と市町村が認定した生産者。

(2) 特定農業団体＝担い手が不足している地域で農作業の受託をする任意組織。(一)地域の農用地の三分の二以上の利用の集積を目標とする、(二)組織の経理を一括して行う、(三)五年以内に農業生産法人になる計画がある、など五要件をみたさなくてはならない。

第二章　中国

中国農政の新しい展開方向

章　政
（北京大学経済学院教授）

はじめに

中国農業は一九八〇年の農村経済改革、すなわち家族生産請負制の導入から今日に至るまですでに二六年を経てきた。この間に年間平均八％の経済成長が続いたことにより、地域農業、農村社会は大きな変貌を遂げた。九億の巨大な農村人口を抱え、しかも小規模な零細経営のもとで進められた農業改革は、二〇〇〇年に入ってから地域格差、人口制度、食糧需給、土地管理など従来の構造的な矛盾に加えて、市場化と自由化の荒波に打たれ、農村問題は一層拡大した。農業生産さらには地域社会の安定に影響を与え、中国農政の新しい対応が迫られている。本論はこうした中国農業の特質を踏まえながら、近年に進められた農政を分析し、その方向を明らかにする。

第一節　中国農政の展開過程

改革開放以来、中国の農業政策の展開は、その時期と内容によって貧困脱出期、構造転換期、持続発展期、制度構築期の四段階に分けられる。

第一段階は一九七八年から一九八五年までで、農業者自らの努力による貧困脱出がこの時期の特徴である。一九七八年改革開放の当初、全中国における労働力数は四億一五二二万人であったが、そのうち都市労働力は九五一四万人で二三・七％を占め、農村労働力は三億六二八万人で七六・三％を占めている。こうした大量の労働力を抱えていた農村地域では、農業者自らの創造に拠る新しい生産請負制度が導入された。この結果、中国の農業制度は従来の人民公社から一挙に家族経営に移行され、農業者の生産意欲が喚起され、地域農業の姿が大きく変貌した(1)。

第二段階の一九八六年から一九九六年の間に、地域経済と農業構造の大調整が行われた。この時期になると、中国農業は次第に良性的な循環に入った。この段階における農業生産の重点は主に以下の二つの側面に置かれた。（一）主要農産物の供給はこれまでの不足から次第に需給均衡の局面を迎え、品目によって供給過剰のものも出現した。(二) 農業者の所得構成は単一的な家族経営から次第に多様な経営活動に広がり、農村地域における多様な産業振興が見られる。[3] 一九九七年から二〇〇一年までの第三段階は、全国農村における持続発展を目指す時期であった。この時期は第二段階の好局面を引き継ぎ、主に二つの側面、すなわち農業の産業化経営と集約型の農業発展が見られる。農業の産業経営とは地域の生産、流通、加工企業および農民組織を中心に、農産物の生産、加工、流通を一体化させ、農業地域を単位に農・工・商複合型の発展方向を指向している。[4] また、二〇〇〇年に入ってから一部の経済先進地域における農業経営は、従来の労働集約型から次第に技術、資本集約型へ移行しつつ、地域経済との協調が求められた。[5]

第四段階は二〇〇一年一一月、中国のWTO正式加盟から今日に至るまでであり、この時期には貿易の自由化と市場化の流れを受け、中国農政に新しい展開方向が見られる。その特徴は食料安全保障制度の構築、土地管理制度の調整、特色ある地域農業の形成、さらには農民協同化や組織化の進展が見られ、中国農政のパラダイム転換が行われてきた。次にこうした農政転換の新しい実践の分析を試みる。

表1　中国の食糧生産状況の推移（万トン）

年次	食料生産量	増減率
1993	45,649	3.1
1994	44,510	▲2.5
1995	46,662	4.8
1996	50,454	8.1
1997	49,417	▲2.1
1998	51,230	3.7
1999	50,839	▲0.8
2000	46,218	▲9.1
2001	45,264	▲2.1
2002	45,706	1.0
2003	43,070	▲5.7
2004	46,947	9.0

資料：『中国統計年鑑』各年から整理

表2　中国の主要食品の一人当たり年間消費量の変化（kg）

年次	穀物	肉類	牛乳	鶏卵	水産品	果実
1993	385.2	27.2	4.2	10.0	15.4	25.4
1994	371.4	30.8	4.4	12.4	17.9	29.2
1995	385.2	35.2	4.6	13.1	20.8	34.8
1996	412.2	39.0	5.2	16.0	26.9	38.0
1997	399.7	34.4	5.4	17.3	29.1	41.2
1998	410.5	36.8	6.0	16.2	31.1	43.7
1999	403.8	37.8	5.7	17.0	32.7	49.8
2000	364.6	n	6.6	n	33.9	49.1
2001	365.4	50.9	8.1	18.8	34.4	52.2
2002	365.0	52.7	10.2	19.7	35.6	54.1
2003	341.7	55.0	n	20.7	36.5	n

資料：各年の『中国統計摘要』『中国農業年鑑』『中国農業発展報告』から整理

1　中国農政の新しい方向——食糧安全保障制度の構築

中国の穀物生産量は**表1**に示したように、九〇年代中期に四・五億トンに達し、食糧需給のバランスを維持することができるようになった。この間とくに一九九八年には史上最高収量の五・一億トンを記録し、食糧供給の状況は大きく緩和した。ところが二〇〇〇年代に入って以降四・五億トンの水準に止まり、年によって四・五億トンを下回って、食糧生産の不安定の問題が現れた。

一方において、近年中国の食糧消費は**表2**に示したように、一九九三年から二〇〇三年までの一〇年間に国民一人当たり穀物消費量は、三八五・二キロから三四一・七キロへと一一％減少したものの、肉類、乳製品、鶏卵、水産品、果実の消費量はそれぞれ一〇二％、一四二％、一〇七％、五七％、一一六％も増加した。今後国民所得水準の向上と食生活構造の変化に伴い、需要弾力性の高い肉類、乳製品、水産品などへの消費拡大が予想される。この結果、食糧需給の長期バランスは、とくに飼料穀物不足が懸念される。

2　食糧安全保障政策の展開

食糧需給の長期懸念に対し二〇〇〇年以降、一連の新しい動きが見られる。（一）食糧生産基地の育成、（二）農業技術制度の導入、（三）食糧備蓄体制の強化、（四）直接所得補償の実施、（五）貿易政策への対応、などである。これら一連の施策により、食糧需給の安全保障を図ろうとしている。以下ではその要点を分析する。

第一に、食糧生産基地の育成である。それは二〇〇〇年に入ってから全国の食糧供給の七割を占める一三の食料産地（河北、内モンゴル、遼寧、吉林、黒竜江、江蘇、安徽、江西、山東、河南、湖北、湖南、四川）を国家級の食料供給基地として指定し、その生産体制の強化と産業化経営を促した。これら一三地域に対して、全国で最も早く二種の税減免政策（農業税と農業特産税）を打ち出し、合計二一〇県を対象におよそ二二〇億

表3　36の国家農業科学技術エリアの人員構成（人）

区分	東部	中部	西部	合計
技術園の数	12	11	13	36
管理人員数	577	1051	2392	4020
内）一般管理	183	278	437	898
研究開発	119	352	1233	1704
技術普及	270	247	715	1232

資料：『国家農業科学技術エリア区年度報告』2005年

表4　36農業科学技術エリアによる技術開発、普及の状況（件）

区分	2002	2003	2004	2005
技術開発	363	262	350	303
技術移転	474	573	559	587
品種移転	3135	2449	2375	1585
技術普及	820	867	545	600
品種普及	784	1020	971	1050

資料：『国家農業科学技術エリア区年度報告』2005年

図１　食糧生産農家直接所得補償の制度体系

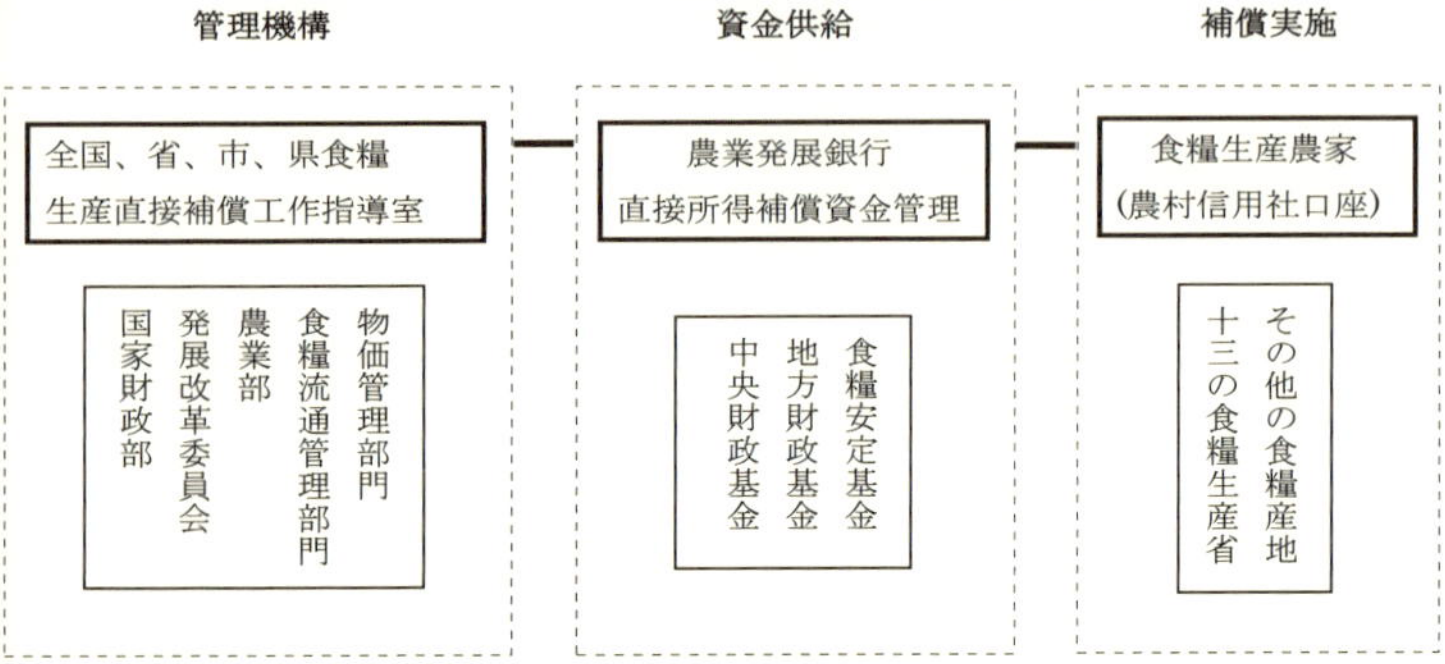

資料：食糧生産農家に対する直接支払い補助政策に関する財政省令（2005年3月）

図２　直接所得保障の支持内容

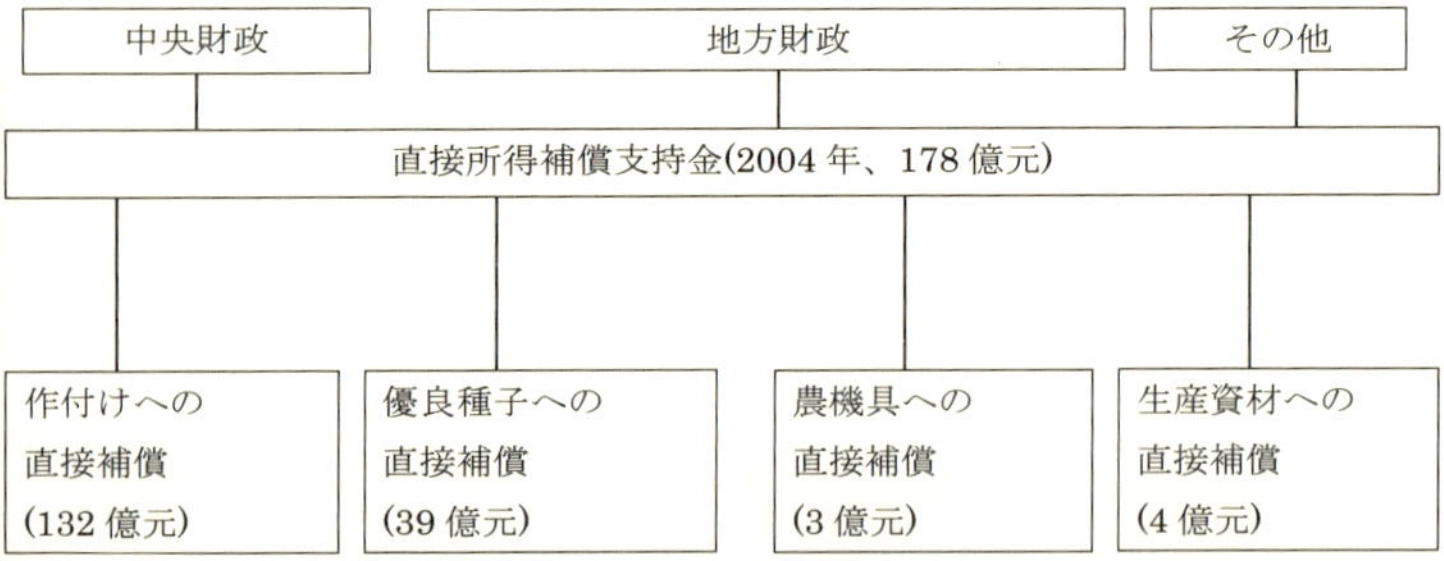

資料：食糧生産農家に対する直接支払い補助政策に関する財政省令（2005年3月）

元を軽減させた。また、それに関連して一層厳しい農地保護政策を実施し、生産基盤の整備（土壌測定や適切な施肥を行う）や流通、品質検査、認証制度を強化した。さらには農村労働者の資質向上（技術指導や研修、教育）などにも取り組み、食糧生産の安定化を図る。

第二に、農業技術普及制度の導入が挙げられる。主に国家農業部と科学技術部の指導により、全国三六の国家農業科学技術園を設置し、中央政府、地方政府、研究機関、企業の共同参加により先進的な生産技術と新しい品種を試験栽培し、成功したものを一般農家に普及し、農業の生産性と競争力の向上を目指している（**表3、表4**）。

第三は、食糧備蓄体制の強化である。中国の食糧備蓄は新中国建国後間もなく実行されたが、当時は戦争に備える「甲字糧」と称され、数量的には極めて少なかった。本格的な食糧備蓄制度は一九八九年、食料の大豊作を受けて生産農家の積極性を維持するため、国務院により政府購入を実施し、同年九月に国家食糧備蓄局を設置し、食糧備蓄制度をスタートさせた。現在は全国に食糧備蓄庫一三〇〇カ所を設置し、そのうち中央直属備蓄庫は一四カ所ある。そのほか需給調整の補完として、各食料産地では地方食糧備蓄制度も実施した。国家、省、市、県を含む総合的な食糧備蓄体制が形成された。

第四は、生産者所得対策の展開である。前述したように、一四の主産地における食糧生産を安定化させるため、二〇〇四年から財務部（日本の財務省に相当）をはじめとして幾つかの政府機関の共同参加により、「食糧生産者に対する直接所得補償政策」（二〇〇四年二

図3　食糧直接所得補償の実施プロセス

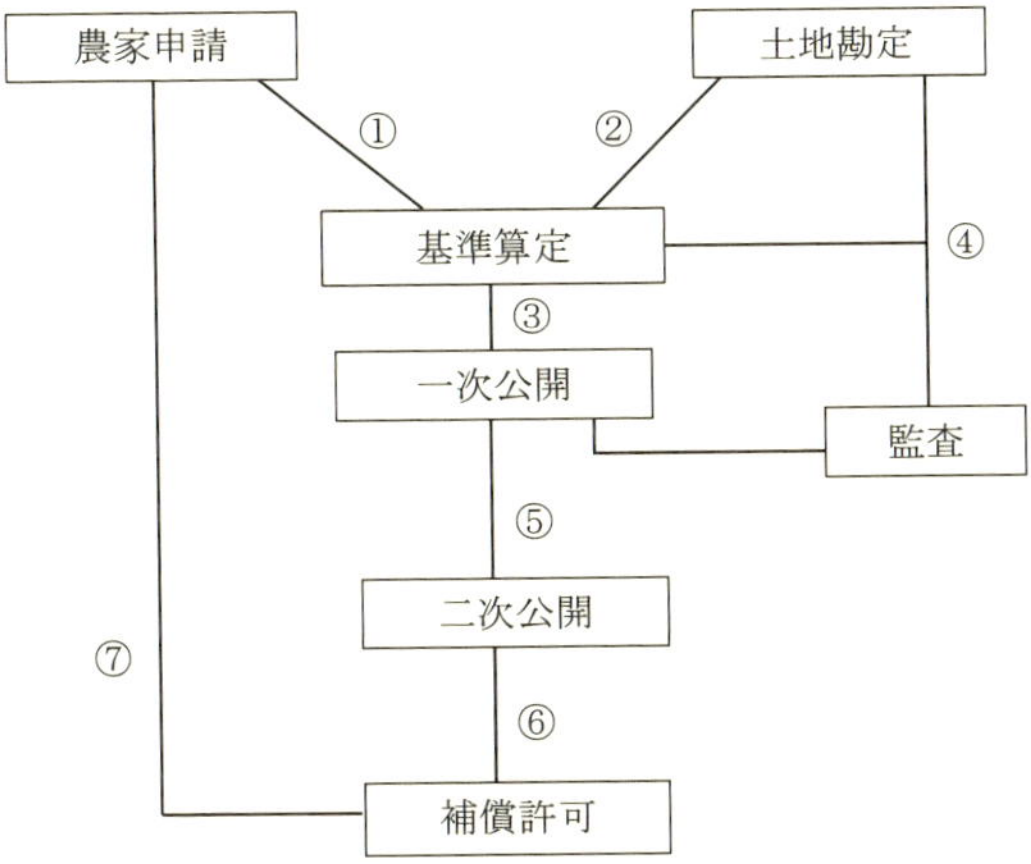

資料：食糧生産農家に対する直接支払い補助政策に関する財政省令（2005年3月）

月）を実施した。同政策は国務院の統一管理の下で、政策銀行である農業発展銀行の食糧安全基金（災害対策資金が主）から資金供給を行い、食糧農家の作付面積などを基準に直接所得補償を実施した。その結果、二〇〇四年に全国範囲で食糧作付への直接補償は一三二億元、優良種子への補償は三九億元、農機具への補償は三億元に達し、農民の生産意欲が高まった（**図1**、**図2**、**図3**）。

第五は、国際市場を積極的に利用したことである。中国は二〇〇一年のWTO加盟に伴い、食糧を含む農産物の市場開放を迫られた。それによって年間最大四〇〇〇万トンの食糧輸入割当が要請される（国内食糧消費量の八％に相当）。その対応策として、国内の流通構造の再編が進められている。つまり、生産優位性を持たない東南沿海地域や一部の大都市では、国際市場を積極的に利用して安価な穀物を輸入する一方、東北や中部の食糧産地では良質なトウモロコシ、大豆およびコメの韓国、日本、ロシアなどへの輸出を拡大し、西部地域への流通量を増やした。食糧自給の基本原則を守りながら、国際市場を取り入れることにより国内の流通体制を再編し、より効率的な食糧供給体系の構築を図ってきた。

このような食糧安全保障政策の展開は、今後中国の食糧生産と流通に大きな影響を与えよう。それは従来の単線的な農業政策に比べ、より複合的な総合政策の展開を特徴とする。中国の食糧需給バランス、さらには食糧安全戦略に結びつくものとしてその行方が注目される。

第二節　新しい土地利用制度の模索

中国の農村における土地管理は、基本的には「土地管理法」（一九九八年）、「農業法」（一九八五年）、「担保法」（一九九三年）などで定められている。所有権は国家にあるが、農地の使用権とくに生産経営権は各生産農家に帰属されている。ただし、農業経営者による農地用途の変更は原則として認められないとされる。この結果、土地の流動化はあくまでも経営規模の調整に止まり、土地利用の多元化は厳しく制限されている。

農村には生産農地だけではなく荒山、荒地さらには農家の住宅地も存在する。こうした農業生産用地以外の土地利用に関する法律は、まだ制定されていないのが現実である。近年、農村経済改革の推進によりこうした荒山、荒地などを活かした農村経済の振興事例が現れ、また最近一部の集落では、農家の住宅地を再調整し、地域経済の活性化を図る動きも見られる。こうした動きは表面上では現在の土地管理制度の枠組み内で行われたものであるが、その根底にはこれまでの国家統一所有、管理の図式から土地所有、管理、利用の機能を分離させたものとして、多元的な土地利用方式の出現につながる可能性が高く、その動きが注目される。

1　新しい土地利用制度の実践――北京市昌平県鄭各庄の事例

鄭各庄は北京市昌平県北七家鎮に所属し、北京市内から四五キロメートル北東に位置し、人口は一三五〇人、世帯数は四一二戸、耕地面積は四三三二畝（一畝《ムー》は六・七アール）であり、中国北方地域の普通農村である。一九九八年までは食糧生産（小麦＋トウモロコシ）が中心であり、人口一人当たり農業所得は三〇〇〇元に過ぎなかった。こうした状況を改善するため、一九九八年から村民委員会の共同議決でそれまでの土地利用方式を転換させ、北京市に隣接する地理的、経済的な優位性を活かして産業誘致を行い、地域社会と経済の発展を図った。

鄭各庄の行った主な改革は、これまで農家ごとに行われた農業生産を、村内一カ所五四六畝の農地に集中させた。また、これまで村内各地に分散している農家の住宅を、一〇五〇畝の住宅団地に統合させた。これにより一四七八畝の企業用地（工業団地）と四〇〇畝の公共用用地（公園や緑地用地）を創りだした。その結果二〇〇三年に二四社の企業を誘致し、工業団地の総生産額は三・五三億元（一元は約一五円）にのぼり、年間納税額三〇〇〇万元を実現した。これに関連して二〇〇三年に村民一人当たりの経済所得は一六五〇〇元に達し、一九九八年の五倍となった。また、企業誘致の成功で村に五〇〇〇人の雇用機会が創出され、二〇〇三年一二月現在、村の在住人口は五年前の一三五〇人から三万人にまで増加し、地域社会に活性化をもたらした。

この過程で最も困難な問題は、村民の居住方式を調整することであった。土地利用方式の合理化を図るため、従来の村民分散居住から「宏福苑」という住居団地の一カ所に集中させた。生活様式の変化に伴う村民の不安と宅地所有権に対する村民の懸念は強かった。村民の生活不安を解消するため、一九九九年の第一回目の団地入居者は、まず村の幹部を優先させた。そこで団地への移住条件として、まず一人当たりの年齢を問わず、無償で二五平方メートルの住宅床面積が支給された。また、移住者世帯の中での未成年者全員（一八歳以下）を対象に、一八歳になれば団地内で二LDKの新築住宅を原価で購入できる権利を与える。また、すべての入居者に対して生活用の光、熱、水道代の八割を村が補助する優遇措置を打ち出した。また宅地所有権に対する農家の心配を解消するため、土地所有権は原則として変わらないことを前提に、村民委員会は個々の農家と借地契約を結び、利用条件として誘致企業から得た年間利益の四〇％を、村民委員会の主導で各農家に還元することと、残りの六〇％を誘致企業へ再投資して配当を貰うことを約束した。その結果、一九九八年から二〇〇三年までに鄭各庄には六階建てのビル二三棟が建設され、延べ床面積三万三一七六平方メートルの住宅を完成させた。九九年に八八戸、二〇〇一年に一四四戸、二〇〇二年に二二七戸の農家を住宅団地に移住させた。五年間で村内の農家を全部住宅団地に移住させ、土地集積に成功した。

こうした土地利用方式の調整により、村民の収入も大きく増えた。これまで農業収入だけに頼ってきた村民は現在、（一）誘致企業の給料収入、（二）土地借用収入、（三）企業配当収入、（四）農業収入など多様な収入源を持った。村民委員会の紹介によれば、二〇〇四年に村民一人当たり平均二万元の収益が見込まれる。五年前までは戸建て住宅が乱立し、舗装道路は一本もなく、雨が降れば出かけることさえ困難だった村は現在、北京近郊のモデル村として工業団地、住宅施設、学校や病院、スーパー、公園など総合的な生活機能を整えた新しい農村に生まれ変わり、地域社会と経済の持続的な発展に成功を収めた例とされている。

鄭各庄の集落による農村土地の開発利用は、現行の土地制度の枠組み外で行われたものであり、その特徴は土地開発の利益が地域農業や農家収入などに帰属する形をとっている。今までの単一的な農地利用制度に新しい委託、代理関係を取り入れることによって、今後の土地利用管理体制の多元化を示唆するものでその意義は大きい。

2　特色ある地域農業体系の育成

特色ある地域農業とは、地域の比較優位な資源条件に基づき商品化、標準化、専門化を特色とする生産システムを構築することにより、高付加価値や高い競争力をもつ農業生産を図る営みである。例えば近年各地で現れた輸出型農業、有機農産物、緑色食品、さらには観光農業、体験農業などがそれである。こうした動きは従来の農業生産に新しい素地を導入し、食糧の供給だけではなく、生態系の保全や地域社会発展の効果を含めた地域構造調整の方向が見られる。それは農家所得水準の向上、さらには農村社会の持続的発展に重要な意義を持つものとして、今後中国農業の新しい展開方向を示している。

3　特色ある地域農業の展開事例——上海市近郊の野菜生産の事例

上海市近郊の野菜生産は、九〇年代に入ってから農産物需給圧力の緩和と農業構造の調整により実現した。上海市はそれまで単一の穀物生産体系を維持してきたが、一九九〇年から農業生産構造の調整が行われた。その結果、一九九〇年から二〇〇一年までに、食料穀物の作付面積は二〇一万畝から一六〇万畝に減少し、野菜の生産規模は一〇万畝から九〇万畝へと九倍に拡大した。

上海市農業委員会の資料によれば、二〇〇二年の輸出野菜の作付面積は一〇・六万畝であり、輸出

表5　2002年上海市における輸出野菜の生産規模と品種構成

括弧内は合計100%とした比率（1ha=15畝）

区分	ネギ	キャベツ	ブロッコリ	その他	合計
作付面積	29,844	24,100	25,970	26,463	106,377
（畝）	(28)	(23)	(24)	(25)	(100)
生産量	21,556	15,880	16,000	17,836	71,272
（トン）	(30)	(22)	(22)	(26)	(100)
輸出金額	5,369	986	2,389	10,288	19,032
（万元）	(28)	(5)	(12)	(55)	(100)

資料：上海市農業委員会聞き取り調査資料

規模は七・一万トン、金額は一・九億元に達した。キャベツ（二三％）、ネギ（二八％）、ブロッコリ（二四％）が三大輸出品目になっている（**表5**）。また、近郊各県の輸出規模は、金山県と奉賢県がトップを占めて第一位の輸出地帯となり、宝山、浦東、崇明島は第二位であり、青浦県、松江県の輸出は比較的少なかった。

主要輸出生産地である金山県の銀龍食品有限公司は、二〇〇〇年に県野菜弁公室と民間企業の共同出資により設立され、資本金二〇〇万元、従業員二三人の生鮮野菜加工企業である。加工施設として、七〇〇〇平方メートルの大型低温冷蔵庫一棟と一〇〇〇平方メートルの冷蔵庫二棟、カット野菜生産ライン一式を擁し、年間二万トンの加工能力を有するものである。二〇〇二年の輸出規模は九一六〇トンであり、同県輸出量の五五％を占めている。

同公司は生産加工部、原料調達部、品質検査部、市場販売部、研究センターなど五つの部門により構成されている。原料野菜の六割が県内の契約農家から集められ、残りの四割は自ら経営するモデル農場から提供される。輸出先は日本が最も多く七〇%を占め、そのほかはシンガポール、香港、カナダの市場に仕向けられる。同企業の資料によれば、二〇〇二年の野菜生産の収益は、畝当たり五〇〇〇元とこれまでの穀物食糧生産の五倍に達した。二〇〇二年には契約生産農家（二三〇戸）に一戸当たりおよそ一万七〇〇〇元を支払い、農家所得水準の向上と農業経営の安定化に大きく貢献した。

また、農薬や化学肥料等の使用を抑えるため、輸出野菜の安全性チェックも行われている。二〇〇〇年一一月に上海市は「農産品質と安全性認証センター」を設立し、野菜の安全性認証のための検査を企業申請、検査実施、結果分析、企業報告、結果公表の順で行っている。上海市農業委員会での聞き取りによれば、二〇〇八年を目途に作付面積三〇万畝、年間輸出量三〇万トンが目標であり、今後、野菜生産の拡大による地域農業の活性化が期待される。

こうした特色ある地域農業体系の出現は、きわめて新しい社会現象であるが、生産農家、地域農業さらには農村社会の発展に直接結びついたものであるため、近年各地で様々な同様の動きが見られる。それは中国農業発展の新しい段階を意味するものである。農産物の商品化、市場化により地域農業、農村発展を図る重要な方向として注目される。

第三節　農民の組織化、協同化の展開

中国農民の協同化は、一九四九年新中国建国後まもなく、政府の推進により進められてきた。一九五〇年に全国ほぼ九〇%の農家は互助組、初級合作社、高級合作社に入り、農業の合作化が極め

て早い速度で完成した。一方、この合作化は上から下への政治運動として農家の理解を得ていなかったため、結局は失敗に終わった。中国農民の本格的な組織化は、近年になってからのことであり、生産者の利益確保と地域農業の再発展を図る農民の自発活動として近年さまざまな動きが見られる。中国農業部の統計によれば、二〇〇五年一二月現在、全国で約一八〇〇〇余りの組織が設立され、参加農家数は八〇万戸にのぼり、農民の利益確保と農業経営の改善に大きな役割を果たしている。

1 農民の組織化、協同化の展開実態――海南島バナナ生産協同組織の事例

海南島は中国大陸の最南端に位置し、亜熱帯の気候に恵まれ、年間雨量は二五〇〇ミリ以上で、域内におけるバナナ栽培の歴史が古い。ただし、これまでのバナナ生産は農家の分散的栽培方式が主流であったため、品種が統一されていなく、生産規模も小さかった。近年中国経済成長と所得水準の向上に伴い、バナナの消費が拡大し、この新しい消費需要に対応するため、一九九九年から海南省バナナ生産協会を設立し、バナナ生産の拡大と品種の改良に取り組んでいる。二〇〇一年に全省におけるバナナ生産規模は五一・二万畝に達し、一九八〇年の二五倍に拡大した。

海南島バナナ協会の組織は、個々の生産農家と連携する地区生産者組織と大規模企業と提携する企業組織からなる。前者は生産者の利益を保護するために、零細な生産農家に技術指導、栽培周期指導、市場情報提供、品種改良、規格統一などのサービスを提供している。後者の企業組織は省内の大規模なバナナ生産企業と連携するものであり、その目的は大規模生産企業の技術や市場情報などを生産農家にも共有させ、生産企業の販路やブランド管理方法を生産農家に紹介し、販路利用や市場仲介など

表6　海南島におけるバナナ生産経費の構成（2003年8月現在）

	直接経費					間接経費		
	肥料代	農薬代	地代	人件賃	その他	包装代	輸送代	代理費
構成（%）	13.01	2.17	4.20	7.42	7.59	19.84	39.68	6.10
金額（元/kg）	0.158	0.026	0.051	0.090	0.092	0.241	0.481	0.074

資料：海南島バナナ協会統計資料（2003年10月）

を通して、地域バナナ生産の統合的な発展を狙うものである。

また、協会が存立する最大の理由は、バナナ生産と流通における極めて特殊な流通構造のせいである。**表6**に示したように、バナナ生産の直接経費として肥料（一三%）、農薬（二%）、地代（四%）、人件費（七%）、その他（苗代）（八%）などが挙げられる。直接経費の全体に占める比率は三二%であるのに対して、間接経費である包装代（二〇%）、運送代（四〇%）、代理費（六%）を合わせると六六%と大きい。つまり、間接経費が生産コストの三分の二を占めていることが特徴である。従って間接経費を軽減し、流通の合理化により、バナナ生産農家により大きな利益を還元することが協会成立の重要な目的である。

二〇〇二年の生産農家によるバナナ出荷量は約五四万トンであり、協会は流通段階への介入により、従来の間接経費〇・八元／キロを〇・五元／キロまでに低下させ、間接経費節約だけで生産農家におよそ一三万元の利益をもたらし、農業者利益の保護と地域経済の発展に重要な役割を果たした。

以上で見たように農家の組織化、協同化はすでに一部の地域で大きな経済効果を挙げている。五〇年代に進められた合作化運動が上から下への運動であったのに対し、今の組織化は基本的には下から上への農民の自発的な活動に属する。それは今後農家の利益確保、さらには農民の経済的、社会的な地位向上に重要な役割を持つものとしてその動きが注目される。

中国農業はこの二五年の改革開放政策の実施により、現在新しい発展段階に入ってきている。今後はここに記したようなさまざまな方向に向け、農業者の創造力と改革力が一層求められる。こうした中で、特に農産物価格の低迷、農民収入増加の減速、有効需要の不足、過剰労働力などの問題が表面化し、持続可能な発展を図ることは必ずしも容易ではない。

多大な課題を抱える中国農業、地域社会の方向を展望するのに際し、その留意点について以下の二点を指摘できよう。まず、九億農民のエネルギーを喚起し、大陸型農業と地域作りの方向、すなわち中国の特色ある持続可能な農村発展の方向を定めることが必要であろう。また、先進諸国やアジア農業の経験を借りながら、アジア農業との連携を深めていくことも重要であろう。

注

（1）農業生産は従来の単一的な食料穀物の生産から林業、畜産、養殖など多様な複合経営が展開され、貧困問題を大きく改善した。例えば、一九七八年に耕種部門を除いて林業、畜産、養殖業などの農村生産総額に占める割合はわずか一三％であったが、一九八四年になると二一％となり、農業経営の多様化は当時の貧窮した農村経済に活力を注いだ。また、この時期に政府は大幅に農産物の買付価格を引き上げ、農村経済の一層の発展を促進した。中国農業部の資料によれば、一九七八年から一九八五年までの農産物買付価格の引き上げにより、生産農家にもたらされた利益は二四九四億元に達した。物価上昇分を除いて農業者は価格政策により合計一二五七億元の収入を得た。これは同期の農家収入増加分の約一五％を占めたと試算される。

（2）例えば、一九九五年に中国の主要農産品の人口一人当たりの生産量は、初めて国際平均を超えて、穀物は三九四kg、食肉四五kg、鶏卵一四kg、水産品二三一kg、野菜二一七kg、果物三七kgに達し、農産物不足時代が終わった。

（3）一九九一年から一九九五年までの農業者の所得平均増加率は四・三％であったが、そのうち農業所得の増加率は二・三％、農村工業などの給与収入の増加率は六・四％に達し、地域産業の活性化が裏付けられる。

（4）二〇〇〇年、中国農業部による全国一一八二四の産業化組織を対象に実施した調査によれば、その形成は大きく農村加工業依存型、農村流通企業依存型、地域市場依存型、農民相互提携型という四つのタイプがあり、その比率はそれぞれ四六％、二九％、一二％、一三％となっている。

（5）この段階で中国政府は「農村経済の活性化を促す十大政策」（一九九九年一月）を打ち出し、地域経済と農村工業の統合的な発展が進められた。この時期、農村郷鎮企業の発展は約一億人の農村労働力を吸収し、農村過剰労働力の圧力を軽減させ、農村経済の安定化と農業者所得の向上に大きく寄与した。

第三章　韓国

韓国の市場開放と産業構造調整
――韓米ＦＴＡと韓国経済――

金鍾杰
（韓国漢陽大学国際学大学院副教授）

はじめに

韓国社会は一つの巨大な転換期に突入している。一九九〇年代の半ばまで相対的な高成長を遂げてきた韓国経済は、一九九七年の通貨危機以降、低成長の基調に突入した。経済成長の動力を整備しようとして推進されてきた各種の改革措置も、それが成功したか否かを別にして、韓国社会をその政策に対する百家争鳴の討論の坩堝にしてしまった。しかしこのような討論が、一つの方向性をもってこの社会を作り変えていくとは思われない。長い時間を通して論議が整理され、一定の範囲のなかに収斂していく先進諸国の経験とは違って、韓国社会はその急速な変化の故、かなり広い範囲のイデオロギーのスペクトルでの論議が噴出している。

それでは現在を取り巻く国内の、かつ国際的な状況変化は、どのような問題を露呈しているのか。今の韓国社会は何故「転換期」と言われるのか。「転換期」と言わざるを得ない状況変化はどのように整理できるのか。

まず考慮すべきことは、韓国経済が以前のような高成長ではなく、低成長期に入ったことである。高成長期における職業の安定性、人々の生活の向上に対する期待感も、消え始めた。低成長の中で雇用増加のない成長の勢いも持続されており、それはまた労働の不安定性を拡大させている。「世界化」と「科学技術革命」の進行という韓国経済を取り囲む状況も、労働の不安定さを拡大させている。「世界化」による物品と資本の自由移動は、個別国家の安定性を著しく妨げ、社会的なダンピング（social dumping）を通じて、各国の労働が一種の底辺への競争（race to the bottom）に走らせられるように作用した。また「科学技術革命」の進行と共に、知的労働の個別性・創造性が重要視され、労働市場における勝利者と敗北者との間が拡がって行った。

かかる状況の中で韓国は、二〇〇七年六月三〇日、アメリカとのＦＴＡを締結した。このことは、今までの他のＦＴＡ（韓国・シンガポールＦＴＡ、韓国・チリＦＴＡ）とは違って、韓国社会に大きな影響を及ぼすであろう。果してアメリカとのＦＴＡの締結は、韓国社会が抱えている諸問題を解決するきっかけとなるであろうか。本稿は次の三つの質問に対する筆者の答で構成されている。第一に、韓国経済は今どこにあるのか。一九九七年の通貨危機以降、韓国経済は、それ以前とはかなり異なった様子を見せている。経済的な不安定さは益々増加し、社会的な両極化と共同体の破壊現象が著しい。現在の問題を正確に認識することは、今後韓国経済が辿るべき方向性を議論する上で不可欠な作業であろう。

第二に、韓国経済は今後どこに行くべきなのか。「人間の安全保障」を、軍事的なことだけではなく、経済的・環境的・生命的な次元まで拡大するなら、議論の始まりは韓国に生きている人々の「安全保障」を如何に確保できるかということからである。また、それが「単純再生産」ではなく、「拡大再生産」されていくことを意味するであろう。そのために我々はどのような原則に基づき、経済運営に臨むべきであろうか。それが第二の課題である。

第三の課題は、具体的に韓米FTAに関わる問題である。韓米FTAは、韓国の経済問題を解決してくれるであろうか。そして韓米FTAは、果たして今後の韓国経済が進むべき方向性と合致するのか。その評価が本稿で明らかにすべき第三の課題である。

第一節　韓国経済は今どこにあるのか──「転換期」の韓国経済

1　高成長の終焉と産業構造の変化

韓国経済において高成長の時代はもう終わったようだ。一九九〇年代半ばまで相対的な高成長を維持してきた韓国経済は、一九九七年の通貨危機を境に低成長時代に転換した。一九九九年と二〇〇〇年には八%を越える高成長が見られたが、これは一九九八年のマイナス六・七%成長への反動に過ぎない。一九八〇年代まで七%台であった潜在成長率も一九九〇年代は六%台に落ち、二〇〇〇年以降は四%台に下落した。高成長の時代が終わったということは様々な現象からも確認可能である。まず、高金利から低金利の時代に変わった。過去二〇%を越していた銀行の預金金利も今は五%にも満たない。随時に支給されたボーナス、豊かな退職金、退職後の職場斡旋、住宅資金支援、子女に対する学資金のサポートなど、大企業が従業員に施行した厚い保護も大部分消えた。韓国における最近の経済成長率は、中国よりは低いが先進国よりは高く、台湾、香港、シンガポールの成長率と似ている。これは韓国が特別に経済停滞の状態にあることではなく、経済の成熟化に伴って高成長が低成長に変化したことを意味する。産業構造の変化によって、成長と雇用のバランスも非常に良くない。韓国の就業係数（人／億ウォン）は一九九〇年の六・〇三人から一九九五年、二〇〇〇年、二〇〇二年、各々四・五六人、三・七〇人、三・四八人に下落した。特に製造業の就業係数は一九九〇年の五・九一人から二〇〇二年には二・二八人に急落した。金融業を除いた韓国の上場企業が最近の五年間（一九九九—二〇〇四年）、売上高は六七・八%、営業利益は一一五・七%、当期純益は二一五%も増加したが、雇用はむしろ〇・四%減少した。人を代替する自動化投資は活発になる一方、安定した職場への就業機会は減少している。それ故、景気回復が見られても安定的な雇用の確保は段々むずかしくなる一方である。

2 「世界化」と「科学技術革命」、そして「新自由主義」

一方、急速に進行している「世界化」と「科学技術革命」のゆえ、経済の不安定さは増している。

一九八〇年代以降、経済的なイシューの重要な部分は、主に国際経済的な問題によるものが多い。通信と交通手段の発達などによって増加した物流とサービスの拡大化、そして資本の国際的な移動により、国内経済を国際経済の動向と離すことができなくなった。また巨大な国際投機資本によって、一国家の経済的な安全性も大きく損なわれるようになった。このように現在の「世界化」の過程は、過去の国民国家のフレームを遥かに超える問題を引き起こす。一方、途上国から中進国へ、あるいは先進国への生産物の輸出は一種の労働力輸出の形態を持つ。国際経済学の標準教科書で説明されているStolper-Samuelson定理を引用しなくても、相対的に安くて豊富な労働力を使って生産された物品の輸入は、直接的な労働の輸入と等しい効果を持つ。国内的に見たら労働側の交渉力弱化であることだ。これは資本の移動においても同じである。労働保護の規制は生産資本の離脱などにつながり、これも労働側の交渉力を大きく弱化させる。「世界化の過程」は一種の社会的なダンピング（social dumping）を通じて、各国の労働が底辺へ向かう競争（race to the bottom）に走り出す過程でもある。(1)

今我々を規定するもう一つの流れは、ほとんどすべての産業分野で進行している「科学技術革命」である。各産業分野における技術の外延は広く拡大しており、産業間の技術融合も活発だ。かかる状況で、先端技術を先に獲得するための多様な企業間提携により、国際かつ国内的な産業組織の流動性もかなり大きくなった。現代経済社会の流動的な性格は、企業の中の資本と労働との関係においてもそのまま適用されうる。知的労働の個別性・創造性が重要視される社会では、労働者の団結力、すなわち労働組合の力は弱くなっており、これは必然的に労働者社会の分化、労働市場における勝利者と敗北者との格差を大きくしている。

以上のすべての動きをイデオロギー的に正当化したのが、現在の「新自由主義」の議論である。一九七〇年代、資本主義世界の長期不況に対応するため登場した、レーガノミックス（Reaganomics）、サッチャリズム（Thatcherism）などは、国家領域の縮小、市場領域の拡大という結果をもたらした。ここに旧社会主義諸国の没落とも重なり、今の資本主義社会は、資本主義の発生初期の純粋な形態、すなわち資本の利潤追求と個々人の自己責任、そして競争の果てしない圧迫へ「逆流」する傾向が強い。マルクスは一八四八年の『共産党宣言』で、旧体制を揺るがす共産主義という「妖怪」がヨーロッパに現われていると宣言したが、一五〇年も経った今、共産主義という「妖怪」ではなく、「新自由主義」の市場化の「妖怪」が全世界を覆っているのである。

3　共同体の危機

韓国の国内に目を向けると、韓国社会は再び熾烈なイデオロギーの対立を見せている。

第一は、「自由」と「平等」の価値との対立である。「世界化」と「科学技術革命」の進行は、市場秩序の適用領域とその強度が強化されていくことを意味する。ここで「自由」と「平等」との対立が激しくなる。市場の開放過程は、既存の経済的な分配構造に新しい変化を引き起こす。競争力のある産業分野は、生産量の増大と国内の相対価格の上昇などで得する一方、競争力を失った産業は輸入増加による国内価格の下落、生産量の下落などで損害を被るようになる。市場主義の元祖、アダム・スミス（A. Smith）の世界では、すべての個々人が自分を愛すること（自愛 self-love）が、そのまま社会的な共同善の実現につながっていた。またそれが社会的な不平等に帰結されない理由は、正に人々の心に潜む「良心」（スミスの用語では impartial spectator）のためであった。しかし現実的には、市場主義が国内かつ国際的な貧富格差の拡大につながっていることは否定できない。

第二に、「市場中心主義」と「開発国家主義」との対立である。経済運営の基本方式を市場に任せるのか、または政府の介入をある程度みとめるのかは、長い間経済学論議の対象であった。ここで「開発国家主義」とは、市場に対する国家の統制を積極的に活用することを言う。国家の統制の程度によっては、極めて社会主義的な偏向を持った国々（旧ソ連及び中国、北朝鮮など）、資本主義的な偏向を持った国々（一時期の韓国、日本など）など多様なスペクトルが存在するであろう。理論的には自由貿易の国際経済体制に対応して、その一定の制限と戦略的な重要産業に対する保護育成の重要性を強調している。リスト（F. List）の幼稚産業保護論（infant industry protection policy）、プレビッシュ（R. Prebisch）の従属理論（dependency theory）、そして現代の戦略的貿易政策（strategic trade policy）など、それぞれが立脚している経済学の方法論上の違いを別にすると、以上の「開発国家主義」の特徴は共有されている。

第三に、「国民国家」と「世界国家」（あるいは「地域国家」）との対立である。「自由」と「平等」との対立、そして「市場中心主義」と「開発国家主義」との対立を、もし国際的に適用するならば、現実的には「国民国家」と「世界国家」（あるいは「地域国家」）との対立として現われるであろう。「世界化」を強力に進めようとする世界経済フォーラム（WEF）とそれに反撥する市民運動団体などの攻防の中には、大きく「自由」、「市場中心主義」、「世界国家」を志向する考え方と「平等」、「開発国家主義」、「国民国家」を志向する考え方との深刻な対立が潜伏している。

しかしよく考えて見ると以上のような対立の根底には、韓国社会が「世界化」と「科学技術革命」によって、不確実性と不平等性がさらに大きくなったことが潜んでいる。社会は資産及び知識を「持つ者」と「持たない者」、そして「世界化」と「科学技術革命」に適応「できる者」と「できない者」に両分されている。ここ何年間の韓国社会の変化を端的に見せているのが自殺率の急増だ。二〇〇四年現在、韓国の自殺率は人口一〇万人当たり二四・二人である。これはOECD諸国の中で最も高い水準だ。韓国に続き、ハンガリー（二二・六人、二〇〇三年）、日本（一八・七人、二〇〇二年）の順番になっている。元々韓国は自殺率が低い国であった。それが段々高くなり、特に一九九七年の通貨危機以後は一九九七年の一五・五人から一九九八年の一九・九人へと急激に上昇した。それと共に貧富格差も大きく開いている。韓国開発研究院（KDI）の報告書によると、一九九六年から二〇〇〇年までわずか四年の間に、韓国の絶対貧困層の割合は五・九二%から一一・四七%に急騰し、所得分配の程度を現わすジニ係数も〇・二九八から〇・三五八に跳ね上がった。韓国のジニ係数はOECD諸国の中でメキシコ（九八年〇・四九四）とアメリカ（二〇〇〇年〇・三六八）に次いで三番目に高い（ユ・キョンジュン、シン・サンダル［2004］）。

4　危機の韓国労働

そのすべての問題の根底には労働の危機がある。まず、失業率の増加だ。数字の上では韓国の失業率は二〇〇五年現在三・七％に過ぎない。失業率が低く出る理由は韓国統計庁が適用している失業者の分類基準が非現実的であるからだ。韓国統計庁は国際労働機構（ＩＬＯ）の失業者の分類基準に従っている。その基準によれば、一週間に一時間でも働くか、または就業の努力をあきらめれば失業者から除かれる。すなわち週何時間も働かない不完全就業者も、また求職放棄者もすべて失業者の統計には含まれず、失業率は当然低くなる。もし週労働時間が三五時間に満たない就業者、そして就職活動を放棄しているものまで含めて考えると、それを実質失業率（労働力の不完全活用度）でみれば韓国の失業は非常に深刻な水準である。韓国の実質失業率は、二〇〇〇年に一四・二％、二〇〇一年に一三・九％、二〇〇二年に一四・三％、二〇〇三年に一四・三％に上り、公式失業率の三倍ないし四倍になっている。アメリカを見れば、韓国との算定方式は若干違うが、二〇〇四年九月現在、実質失業率が八・九％であり公式失業率五・四％の二倍にはならない（『朝鮮日報』二〇〇四年一一月一三日）。

職場という共同体も最近大きく揺れている。通貨危機以前における平均的な職場の性格は、従業員が定年（一般的には五五歳）まで勤めながら、生活の安定と生きがいを実現していく一種の「共同体」的な性格が強かった。しかし通貨危機以降は早期整理解雇が拡がり、大部分の職場は共同体としての性格を喪失している。平均寿命が七〇歳を越す国で四〇歳で整理解雇されている人々は、残る人生の半分を安定した職場なしに生きて行かなければならないことになったのだ。

労働市場も正規職と非正規職に分節されている。キム・ユソン［2004］が韓国統計庁の「経済活動人口調査」をもとに計算したところによれば、韓国の非正規職労働者は二〇〇四年八月現在、八一六万人、労働者全体の五五・九％にも達する。ＯＥＣＤ諸国における非正規職はパートが大多数を占めるが、韓国のように非正規職の九六・九％（八一六万人の中七九一万名）が、正規職とほぼ同じ時間の労働を行うことは、他の国ではあまり例のない特徴である。正規職を一〇〇にした場合、非正規職の月平均賃金は五一・九％、時間当たり賃金は五三・〇％に過ぎない。

労働市場の分節化は単純に正規職・非正規職だけの問題ではない。それは大企業と中小企業の両極化にも現われる。韓国の企業規模間の賃金格差は一九八〇年代以降、広がり続けてきた。特に最近はその格差がさらに大きくなっている。大企業と比較した場合、常用労働者が五人から九人程度の事業所の月平均の賃金水準は、一九八〇年の九三％の水準から二〇〇三年には五〇・七％まで減っている。(2)

一方、韓国の労働時間と産業災害の件数は、国際的にも依然として高い。すでに法定の勤労時間が週四〇時間になり、土曜日の休日化が一般化されつつある状況において、韓国の労働時間も減少しているのは事実である。一九九〇年、年間二八〇三時間だった一人当たりの実質勤労時間は、二〇〇三年には二五六一時間に減った。しかし先進諸国との格差は依然として大きい。二〇〇三年、日本は一八〇一時間、ドイツは一四六六時間、イギリスは一六七三時間、アメリカは一七九二時間の実質労働時間である。

労働現場における災害率もかなり高い。重大災害率（人口一〇〇万人当たりの産業災害の死亡者数）は二〇〇〇年現在、イギリス一二人、アメリカ三〇人、台湾六三人に比べ、韓国は一六〇人として圧倒的に高い（韓国労働研究院「ＫＬＩ労働統計」）。

第二節　どうすべきなのか――グローバル経済の挑戦と韓国の対応

1　産業発展の基本モデル――製造業の重要さ

まず何で食べていくかが重要だ。先進国の守城と中国など途上国の激しい追い上げの中でどのような産業を韓国の中で立地させていくかという戦略的な判断は重要である。前のキム・デジュン政権での「ベンチャー立国」、また今のノ・ムヒョン政権での「北東アジア時代」などのキーワードに共通する認識は、(一)韓国経済が、情報技術、バイオテクノロジーなどを中心にした知識基盤経済に転換しなければならないこと、(二)韓半島の地理的な条件を活用し、北東アジア地域の物流および金融の拠点として発展すべきこと、であった。知識基盤経済の重要さ、そして物流および金融が持つ高い付加価値を考えると、以上のような政策は一見妥当に見える。またそれを実現するための各種の政策、特に物流と金融の拠点となるために必要な、外国人直接投資の誘致などの政策方向も間違っているとは思われない。確かに、物流と金融の国際拠点は、先進多国籍企業の本部ないし地域統括本部(regional headquarter)の立地する所に形成される場合が多く、その成功は如何に外国人直接投資を誘致できるかどうかに関わる。そのため、(一)外国企業に対する財政、金融、税制上の特恵、(二)外国企業関連の各種の規制の撤廃、(三)外国人の生活環境の改善、(四)外国語に堪能な専門人材の養成などの政策が唱えられた。

しかしそのような戦略が果たして成功するかに関しては多くの疑問がある。世界で最も企業活動をしやすいと言われるシンガポールの場合でも、金融と物流を中心とした経済発展戦略が巨大な上海の潜在力に押され、結局、経済成長に異常の兆しが見え始めたことはよく知られた事実だ。重要なことは金融と物流の発展方案ではなく、金融と物流、そして製造業が合わさった一つの総体的な産業クラスター（cluster）を形成することである。すなわち、国内資本と外国資本、そして製造業と物流と金融とが好循環構造の中で、全体的な経済のパフォーマンスを良くしていくことである。その場合、製造業の基盤が強固に存在しなければならない。国際言語としての英語に対する習得力が弱く、国全体の国際化の程度がまだ低い韓国において、物流と金融の国際的な拠点（hub）を目指すことは、例えそれが長期的な課題とは言え、現在の韓国産業の発展方向として設定することは無理があるだろう。長期的には物流、金融の国際拠点を目指しながらも、まずは製造業の基盤を強めていくこと、またそうした製造業の基盤の上、自然に物流と金融の機能を拡大させて行く戦略がより現実的であろう。

2 資本の国籍に対する考慮と産業政策の必要性

以上のような産業を育成するのに当たって、確かに外国人直接投資は重要であろう。しかし外国資本が韓国産業の中核を占めた場合、韓国産業の持続的な発展は難しくなる。いつからか外国人投資の肯定論が一般化されている。新しい雇用を創出させ、また先進の経営資源の移転を促進するという論理だ。しかしこのすべての論理はかなり楽観的な幾つかの仮定の上に成り立つ。外国人投資によって国内産業が駆逐されず、先進技術の移転も円滑に持続されるはずだという認識である。また過度な利潤の送金も行わず、投資した国に利潤を再投資しつづけていくであろうという認識もある。しかし外国資本による国内産業の蚕食とそれに伴う独寡占の市場構造が、市場効率性を低下させることも十分可能である。また本国への過度な利潤送金のゆえ、投下された資本の何倍にも達する外貨が国外に流出することもありうる。このような憂慮はただ想像のなかにあるのではない。それは南米という舞台を通じて歴史上実際に起こったことである。

戦略的な核心産業を国内人の支配の下に置くということは、ただ自尊心のためではない。それは韓国の今後の産業構造の高度化に不可欠の意味をもつからである。先進国企業の国際分業の末端に位置するのではなく、先端技術の製品を国内で生産するためには、力強い自国企業の存在は欠かせない。韓国の半導体産業が成功を遂げた理由は、それが韓国人の所有と支配のもとに属し、先進企業と競争できる「投資の自由」が確保されたからだと筆者は思う。シンガポールが外国資本を成功裏に誘致してアジアの先進国になったのは、わずか人口二〇〇万の都市国家だから可能なことだった。外国資本を成功裏に誘致したと言われるイギリスについても、金融、化学、薬品など、自らの核心産業まで外国人に掌握されているという情報は聞かれない。

韓国の工業化の過程で、必要な資金を国内の貯金と外国の借款に依存してきたことはよく知られた事実だ。主な外国の資本は借款という形態をとり、多くの場合、企業の支配権は国内資本に帰属していた。またそれが一九七〇年代の果敢な重化学工業への投資を可能にした基盤であった。しかし一九九七年の通貨危機以降、すべての状況は変化した。既に韓国の総発行株式の中で占める外国人投資の割合は世界で最も高い水準である。イ・ヘヨン［2006］も指摘しているように、かかる状況は過度な利潤配分及び株価上昇圧力をもたらし、企業の投資資金の不足につながった。ここで必要なのは、どのようにしたら国内資本が、強い成長性と競争力を備えられるかについて考慮することであろう。そしてそのような考慮の上、国内資本と外国資本との望ましい協力関係を築いていくことが重要である。

それでは力強い国内資本の形成は、どのようにして可能であろうか。直接的にそれと関連する政策は産業政策である。戦略的に重要な産業を、政府が一定程度保護・育成するような産業政策に関しては、今まで多くの批判が行われてきた。産業政策が持つ最大の弱点は、その経済学的な有効性についての論議にあるのではない。「自由で公正な競争」（free and fare competition）のもとで、経済的な効率性が保たれるという論理は、主流の経済学で最も強いメッセージであった。しかしジャン・ハジュン〔2003〕も指摘しているように、先進諸国で産業を育成してきた経験は、まさしく産業政策を通し、幼稚産業に対する保護・育成の歴史であったことも事実である。比較優位産業への特化（specialization in comparative advantage industry）だけではなく、将来、望ましい比較優位の構造、すなわち動態的な比較優位（dynamic comparative advantage）を実現するためには、ある程度の保護・育成が必要だという考えには十分な説得力がある。ポール・クルーグマンが「外部性」（externality）と「規模の経済」（economies of scale）を前提にして、「戦略的な貿易政策論」を理論化したことも同じ脈絡だ。

このように産業政策の最大の問題は、その経済学的な論理の妥当性の有無にあるのではない。むしろその政策実施過程の困難さにある。（一）どのような産業を、どの程度、いつまで支援するのか。果たして現代の経済学的な知識は、それを選定するほど十分な知識を持っているのか。（二）どのような基準で支援の差別を与えるのか。果たして今の政策担当者はそれを実施できるほど公正であるのか。(二)支援産業の選定において、社会的な合意の形成はどのように可能なのか。果たして今の政治構造は、社会的な合意形成に有効なのかなど、解決しなければならない課題が多い。

それなら次に進行すべき論理は以下の二つである。まず一方は産業政策に対する批判に重点を置き、人間理性の不完全さを理由に、産業政策そのものを否定することである。そして一方は、産業政策の経済的な妥当性を認め、政策の実効性を高めるため努力することである。筆者が最も憂慮するところは前者である。産業政策に経済的な有効性がないという論理を除けば、その実行過程の難しさを理由に、その必要性さえも認めなくなる誤りをおかすことである。またそのような認識に基づき、産業政策を実施し得る余地を制度的に潰してしまう場合(韓米FTAがそれに当たるであろうが)である。元々一九八〇年代以降流行している「小さい政府論」は「弱い政府」を意味するものではないはずであった。国際競争の激化、国際経済の不安定さの増加などの状況の下で、政府の役割は益々大きくなったとも言える。むしろ必要なことは情報を効率的に組織し、国民経済の発展を有効に導く「強い政府」であるはずだ。同じ脈絡で言うと産業政策が必要ではないのではなく、むしろ産業政策を効率的に実施できる政治・政策体系を作る過程がさらに必要ではなかろうか。

3　社会的な公共性の確保・世界化の管理方式

一つの社会の中で如何に「公共性」を維持できるかも非常に重要な問題である。世界化、自由市場化などの談論が、まるでそれが天動説のように教条化されて議論されると困ったことになる。重要なのは一つの社会に暮らしている人々が、安定かつ豊かに生活できる方法を探ることである。そしてそれと世界化・自由市場化が論理的な親和性を持つ場合に限って、その論理は意味を持つであろう。もし世界化の過程が韓国の社会経済体制の「公共性」と対立する場合には、当然それは管理されなければならない。

公正で自由な市場経済を実現することは、自由主義的な改革の最も根本にある目標である。しかし市場の「失敗」と「限界」を乗り越えることも、一社会の安全性確保のために不可欠な事項だ。多様な分野における「市場の失敗」および「市場の限界」の可能性とその解決法は、より具体的な次元で議論されるべきであろう。例えば国家の基幹産業に対する民営化は、その民営化の範囲と民営化した後の政府統制のあり方などによって異なった性格をもつであろうし、その意味ではより個別具体的な事例に即して議論しなければならない。むしろここで問題とすべきことは、市場の領域を拡大させていく考え方、しかもそれが国内かつ国際的にも唯一の経済運営原理になっていく現状に対する懸念である。国家がなすべき社会的な責任を放棄した放縦な自由、無制限に拡大していく市場主義の圧力だけでは、有機体としての一つの社会の総合的な発展は妨げられることになる。

それなら経済における国家の役割は一体どこまで認められうるのか。それに対して最も右に位置しているのがアダム・スミスであり、左にはマルクスがあるだろう。アダム・スミスの世界における政府の役割は、資本主義的な経済が運営されるための法制度的な措置（度量衡、特許権、詐欺防止など）、社会の安全と安定の確保のための措置（国防及び治安、教育及び衛生など）に限定される。しかし資本主義経済の発展が進むにつれ、現実の貧富格差が大きくなるなど、アダム・スミスの世界では解決できない多くの問題が生じる。例えば、J・S・ミルは資本主義社会の貧富格差を解決するために、最小限の生計を保障するための公共支援制度、また相続と土地の私有財産権の制限を主張したことがある（イ・クンシク［1999］［2005］）。それよりさらに左の方に行くと、主要な生産手段の共有化などを柱にした社会主義的な主張も可能であろう。現実的には市場の領域をかなり拡大させた英米モデルに、政府の役割・貧富格差の解消などに重点を置いた北欧モデルを対置させることであろう。それでは韓国は一体どのようなモデルを目指すべきでろうか。後の韓米FTAとの関連で言うならば、最低限以下のようなことは保たれるべきであろう。

第一に、これ以上、労働の質が悪くなってはいけない。前にも述べたように、韓国の労働は現在、危機状況にある。長時間の危険労働が続き、職業の安定も大きく崩れた。この状態は社会的な不安定さの原因にもなっている。標準的な経済活動を営む人々にとって、一日の大部分の生活は企業という単位で行われる。企業は多くの人々にとって生活の手段、自己実現の場として機能している。従って企業の中で、一人一人が安定した状況の下で、自己実現の機会を得ることは非常に重要であると思う。(3)

第二に、これ以上、貧富の格差が進行しては困る。韓国経済発展の最大の長所は、比較的に貧富格差のない高成長であったことである（世界銀行［1994］）。しかし既に述べたように韓国の貧富格差の水準は既にOECD諸国の中で三番目に高い。中産層の総崩れという声も聞こえる。

第三に、国民の環境・生命的な安全性を確保することである。自然環境を悪化させる形態としての世界化、国民の安全な食生活を悪化させる形態としての世界化は、社会的な公共性に反する。遺伝子操作食品（GMO）問題でアメリカとのFTA交渉を中断したスイスの場合、そうした公共性の問題を重んじた決断であったと思われる。韓国においても、韓米FTAが環境・生命的な安全性にどのような影響を及ぼすのかを綿密に検討すべき段階にきている。

4　国内調整の支援政策と社会的な合意

周知の如く、市場開放はいつも勝者（winner）と敗者（loser）を作り出す。したがって市場開放の政策が成功をするためには、敗者に対する説得過程が必ず必要になる。

理論的な観点で厳密に言うならば、自由貿易が保護貿易より優越だという結論は、一つの社会を代表する社会的な厚生関数が存在するということを前提にしている。社会的な厚生関数を使った分析で、自由貿易が保護貿易より高い厚生水準をもたらすことはよく知られた教科書的な結論だ。

しかし社会的な厚生関数が分析上有用な道具であるにもかかわらず、それは多くの社会的イシューを隠す副作用をもつ。まず、社会的な厚生関数の存在如何に関して、根本的な合意が存在しない。各個人は固有の厚生関数を持っており、社会的な厚生関数とは、各個人の厚生関数を単純に加えることで導き出せるものではない。何故ならば、すべての個々人にとって、自分を除いて国家全体が得した場合、それを必ず受容できると期待するのは無理があるからだ。自由貿易の優越性が機能するためには、自由貿易を通じて発生した利得をもって、損失を被った部門を補っていかなければならない。またそのような損失を補えるからこそ社会全体の厚生水準は増加したともいえる。言い換えれば、自由貿易は保護貿易より潜在的に（potentially）優越であるにすぎず、このような潜在力の現実化は、社会的な妥協過程を通じて行われると言える。したがってより積極的な開放政策を進めて行くためにも、社会的な妥協を円滑に行うための装置の整備が必要である。

国内調整の支援政策が必要になるもう一つ理由は、それが経済動態的に意味があるからである。貿易と投資の自由化は、それを原論的に評価するならば、資源の自由移動による生産量の増加、競争圧迫による生産性の増加、物価下落による厚生水準の増加などの肯定的な効果を持つ。しかしそのような「肯定論」は、経済学的なモデルの世界、あるいは経済学的な純粋理論の世界でのみ可能な話である。現実は貿易と投資の自由化がもたらす、社会的な影響までをも含む、より複雑な政治経済学的な問題を引き起こす。比較劣位分野に投入された生産資本が新しく比較優位分野に移動することは、大きな経済的・社会的な費用を誘発する。農業に投入された資本が半導体産業にそのまま移動できないことは、多くの資本が、実質的には投入された産業に固定された（industry-specific）形態を持っているからだ。

これは労働においても同じく言える。一職種から他の職種へ移動するには、新しい人的資源の構築、生活の根拠となっている地域の移動など、経済学的なモデルの中では説明不可能な、生きた人々の生活の変化を引き起こす。もし労働と資本の移動が円滑に行われなかった場合、その社会の成長力は深刻な危機に直面するであろう。一般的に長い時間を通して行われる産業構造調整の場合、資源の移動も長期的に調整されるであろう。しかし、FTAのように外部の衝撃によってそれが惹起されると、一つの社会の資源が充分に利用されえないことも十分可能である。もし生産可能曲線のどこかの一点で生産が行われていたとすれば、産業構造調整の過程が、別の生産可能曲線上の一点にそのまま移動していけるはずだという確信はどこにもないのだ。

以上のように考えてみると、経済開放に伴う国内の産業調整政策は必ず必要であるとも言える。それではどのような原則で産業調整政策を実施すべきであろうか。どのくらいをどのような方式で損失を補い、また開放の速度はどのように調整しなければならないのか。もし経済開放の過程を改革の過程だと見るならば、そこには「正答」があるのではなく、「正答に近づく過程」としてみるしかない。絶えることのない社会的な試行錯誤（trial and error）の過程であり、それを通して問題解決の「正答」に接近していく過程である。その際、最も重要なことは、政策実施過程の「透明性」と「漸進性」であると筆者は考える。一挙にすべてのものを解決すべきだという幻想を捨て、利害関係者の「合意」による中間的な解決を絶えず求めることが重要である。

「透明性」と「漸進性」ということが必要な理由は、それが社会構成員の相互信頼の構築に最も重要であるからだ。一つの社会が不確実な未来に対応した絶え間ない自己革新・自己進化を進めていくためには、何よりも社会構成員の間の「信頼の形成」が重要であろう。社会資本（social capital）の一形態としての「信頼」が、組織生産性および経済成長に及ぼす影響に関する研究は、一九八〇年代以降かなり活発であった（Fukuyama［1995］世界銀行［1997］）。

考えてみると、通貨危機以降の韓国社会の改革過程は、極端な「断絶」の連続であった。改革過程で合理的な代案の導出には未熟であったし、それによって極端な集団行動が蔓延した。各種の社会的なイシューに対して起こる論争が、合理的な代案の導出という問題に縮小されるなら、むしろ問題は簡単だ。技術的には様々な論争の余地はあっても、利害関係者の合理的な討論と意見収斂の過程が整備されている限り、解決できない問題ではない。しかし社会的な調整が最も難しい場合は、利害関係者の間の妥協が論理と寛容、そして忍耐に即した調整過程から脱した時である。合理的な妥協の精神と社会的な信頼感が喪失した状況では、可能な限り強硬な姿勢で自分の位置を確保するのが最も有利な交渉戦略に浮上する。従って、各利益集団は極限な闘争を通じて自分の利益を貫徹させようとする傾向が強い。重要なことはお互いの立場を理解し、相互信頼の中で、共に歩むための方案を用意することであろう。そのためになによりも必要なことは、透明な情報の中で、お互いの理解を求めながら改革を推進する、漸進的な姿勢が必要だと筆者は思う。

第三節　韓米FTAと韓国経済

それでは、以上のような韓国社会の問題点を解決するのに、韓米FTAの推進という政策は果たしてふさわしいものなのか。韓米FTAは韓国経済が今後目指すべき経済運営の基本方向ないし原則に合致するのか。ここで検討しなければならないことは次の三つの課題である。(一) 韓米FTAは、韓国経済の成長に役に立つだろうか。(二) 韓米FTAは、韓国社会の「公共性」の向上に役に立つだろうか。(三) 韓米FTAの推進過程は、「透明」で「漸進的」とも言えるか。

1　韓米FTAと経済的な活力

既存の多くの研究は韓米FTAの経済的な効果に関して肯定的な評価を下している。韓米FTAのマクロ経済への効果については、政府関連の研究機関から多くの研究結果が既に出ている。韓国産業研究院の計測 [2006] によれば、短期的 (静態的) には実質GDPが〇・四二%成長し、雇用・生産はそれぞれ八万五〇〇〇人の減少、八・五兆ウォンの増加が見込まれる。中長期的(動態的)効果では、一・九九%のGDPの増加、雇用と生産はそれぞれ一〇万四〇〇〇人、二七・〇兆ウォンの増加を予測している。韓国対外経済政策研究院の予測資料［2006］では、短期的には実質GDPの〇・四二%（約二九億ドル）の成長、対米貿易収支は四二億ドルの黒字減少、生産は〇・六一%（八・五兆ウォンの増加）、雇用はマイナス〇・五一%（八万五〇〇〇人の減少）であり、長期的にはGDPの一・九九%の成長、対米の貿易収支は五一億ドルの黒字の縮小、生産は一・九四%の増加、雇用は一〇万四〇〇〇人の増加という結論である。すなわち、韓米FTAは中長期的に雇用および生産に肯定的な影響を及ぼすという結論である。しかし、ここで中長期的（動態的）効果とは、生産性の増加及び資本投資の増加までも含めた「効果」を指すが、果たしてそれが、「どのような」経路を通じて生産性及び投資の増加につながるのか、に関する細い説明は明確ではない（ウ・ソックフン［2006］第二章）。

2　韓米FTAとアメリカ市場の確保

韓米FTAを推進しようとする韓国政府および推進論者の論理の中で最も主張されているのが、アメリカという世界最大の市場の安定的な確保が可能だという主張である。確かにアメリカの国内総生産は全世界の約三〇%を占めており、これは日本、ドイツ、そしてイギリスを合わせた規模より大きい。このような膨大な市場における韓国製品の占有率は、一九八八年の四・六%から二〇〇五年には二・六%まで低下している。もし韓米FTAによってアメリカという巨大市場における韓国の競争力が強化されるなら、韓米FTAの経済的な効果は大きいと思わざるを得ない。しかしよく考えて見ると、韓国の関税率はアメリカのそれに比べて約三倍高く、韓国の競争力が強い部分においては、ほとんど無関税に運営されている。WTOの最恵国（MFN）の関税率を基準にすると、アメリカは韓国の主力輸出商品である電子部品、特に最大の輸出品目である半導体に対しては無関税を適用している。それ以外の電気電子製品に対しても〇％から三％の低い関税率の状態である。また乗用車に対する関税率は二・五％に過ぎない。貨物車、織物、衣類、履き物などに対しては韓国より高い関税を賦課しているが、その製品の輸出もそれほど肯定的とは言えない。貨物車の場合、現在アメリカ市場で韓国車が進出している事例はなく、日本の貨物車すらその多くの努力にもかかわらず、市場占有率の向上には失敗していると言われる。すなわち貨物車の場合、アメリカのビッグ3の競争力は依然として強く、それは「価格競争力」よりは「品質競争力」の世界だ。

また織物、衣類、履き物の対米輸出には良い影響があるだろうが、これらの産業がこれから韓国産業の中枢になりえると主張する人はいないだろう。その上、少なくとも今までの六次にわたる交渉過程を見れば、アメリカの原産地規定（rule of origin）に関する厳格な適用要求によって、中国産の原糸を使った韓国繊維製品の対米輸出、または北朝鮮の開城《ケソン》公団で生産された韓国製品の対米輸出はかなり難しいと思われる。FTAを市場接近性（market access）の強化という形で理解するなら、韓米FTAによって追加的にアメリカ市場への輸出が見込まれることはあまりない。

一方、アメリカ市場における頻繁な貿易救済（trade remedy）の発動などの非関税障壁が緩和されるという主張もある。韓国の半導体、鉄鋼などの製品はアメリカの反ダンピング（anti-dumping）、相計関税（compensation duties）の措置をよって、多くの被害を蒙ってきた。二〇〇六年現在、アメリカは一八種類の韓国製品に対して反ダンピング関税を賦課している。これはアメリカが全世界を対象に発動している件数の六・七％に当該する（ソン・キホ［2006］141p.）。また一九八三—二〇〇五年の間、アメリカの反ダンピングおよび相計関税によって賦課された金額は三七三億ドルとして、同期間における全対米輸出額の七％にも達する（チェ・ビョンイル［2006］266p.）。

しかし韓米ＦＴＡによって、以上のようなアメリカの制裁が緩和されるとは思われない。

3　韓米ＦＴＡと外国人投資

アメリカあるいは第三国からの投資が増え、韓国産業の高度化に役に立つはずだという主張も多く見られる。ここでの論点は次の二つであろう。

第一に、韓米ＦＴＡが韓国の投資環境を改善させ、外国人直接投資の増大に帰結するという主張である。韓米ＦＴＡがもたらす知的財産権の保護、投資者の保護、関連規制の撤廃などで、韓国の投資環境が改善され、アメリカあるいは第三国からの投資の増大につながるはずだという点が強調される。ジャン・ユンジョン［2006］は *Invest Korea* 誌のアンケート調査をもとに、韓米ＦＴＡは外国人投資企業の不満事項の約三分の一を解決するだろうと主張している。しかし韓国は既に約八〇カ国との投資協定（ＢＩＴ）を結んでおり、そういう投資環境の変化が韓国への投資を画期的に増大させた証拠はあまり見られない。ごく楽観的なシナリオに過ぎない。

第二に、韓米間に関税が撤廃された際の影響である。アメリカ製品に対して韓国市場が開放された場合、今まで韓国市場の確保のためにアメリカから投資された資本は、直接輸出に転換される可能性も多分に存在する。すなわち投資されたアメリカ資本の撤退を意味する。またアメリカ市場への輸出のため韓国に投資する第三国の資本についても、もしアメリカ市場への輸出が大きく増加する可能性が少ないと、あまり期待するのは難しい。自由貿易協定が外国人直接投資に与える影響を理論的かつ実証的に一貫して結論づけるのは難しい。NAFTAの事例で見ると、アメリカ資本あるいは第三国資本の投資先としてのカナダおよびメキシコは、各々異なった様相を見せてきた。メキシコには外国人投資が増加したが、カナダはその逆であった。アメリカの対カナダ直接投資の累計額の比重は、一九八二→一九八九→二〇〇〇年に二〇・九→一六・七→一〇・二％へと低下しており、これは結局、NAFTAの成立によって、アメリカの在カナダ生産拠点の一部が閉鎖されたことを意味する(4)（Lorraine Eden and Dan Li［2004］）。

もう一つ、ここで検討しなければならないことは、投資の内容と関わることである。通貨危機以降のアメリカの韓国に対する投資は、主に金融部門のポートフォリオ投資または敵対的なM&Aを中心とした投資であり、その過程で莫大な差益を実現してきた。二〇〇四年の現在、株価総額を基準にした外国人の国内株式保有は四〇・一％と世界最高の水準である。投資形態で見ると、健全なFDIだといわれる工場設立型（greenfield）よりは、M&Aの比重が二〇〇五年現在四五・六％にも達する（イ・ヘヨン［2006］497-509p.）。証券投資及びM&Aなどの投資が韓国経済にあまり役に立たないと評価するのは問題であろう。証券は企業の資金調達の重要な手段であり、M&A市場の発達は企業の健全性確保のための重要な手段だ。しかし外国人直接投資を誘致しようとする目的が投資資金の調達という単純なものではなく、先進の経営技法と生産技法の移転ということだとすれば、当然、工場設立型の投資よりはその肯定的な効果が小さくなる。その上、外国人証券投資者の過度な配当圧力および株価引き上げ圧力によって、企業の投資資金が枯渇することもしばしば見られる。場合によっては通貨危機の時のように、急速な外貨の流出による韓国経済の混乱をもたらす可能性も存在する。この場合、その危険性をどのように防げるか。それは具体的に韓米FTAで外国人、特にアメリカの投資に対してどのような保護装置が敷かれているのかが関わることであろう。

アメリカとのFTAが他のFTAと異なる点は、「投資者の国家提訴制」が整っていることだ（ソン・キホ［2006］第二章）。韓国の通商交渉本部が二〇〇六年五月、韓国の国会に提出した「韓米FTA交渉の目標および韓国側の協定文草案」という報告書には、いわゆる「投資者の国家提訴制」も入っている。これはアメリカ人の投資者が、直接、韓国を国際仲裁機関に提訴することができる制度だ。この制度は一九八五年、アメリカ―イスラエルのFTAにも、そしてカナダとのFTAにも存在しなかった。EUが結んでいる各種のFTAでも存在しない。それはただ、NAFTA成立以降、アメリカが推進している各種のFTA（アメリカ―オーストラリアFTAは例外）で貫徹されている原則である。この条項の最大の問題点は、幅広く規定された「投資」の範囲のもとで、被投資国の「公共的」な事業を妨げていく毒素条項を持っている点である。韓米FTAにおける投資協定の基準になると考えられるアメリカの「BIT二〇〇四標準案」を見ると、「投資」というのは企業に対する資本投資だけではなく、各種の経営上の契約、著作権及び特許権、免許など、経済的な価値を持っているか、または、将来に持つようになる「有無形のすべての権利」を「投資」として規定している。このように規定されたすべての「投資」に対し、内国民・最恵国待遇（national and most favored nation treatment）

が与えられ、政府が如何なる場合においても、各種の履行義務（performance requirement）を強制することができない。また政府の投資資産に対する収容（expropriation）に関しても、適切な補償を義務付けている。交渉が進行されている現段階で断定するのは難しいが、今後、問題になる素地は次のとおりである。

第一に、韓国にとっての内国民待遇とは、韓国に入ってきたすべてのアメリカ資本に当該するものであるが、アメリカにとっての内国民待遇とは、各州（state）ごとに決められた内国民待遇に過ぎないという点である。連邦国家としてのアメリカの特性を考えると、例えばA州とB州とが投資者に与える待遇が異なることも随分考えられる。またこのような性格は、一九九三年一月に制定された「NAFTA移行法」でも現われている。「如何なるNAFTAの条項も、そしてその条項の適用も、アメリカの法律と衝突した場合には効力がない」（一〇二a―1条）。アメリカにおけるFTAの協定は憲法上の条約文ではなく、連邦の法律でもない。一つの行政協定、すなわち、行政府が行政的な目的のため、議会の事前承認なしに、他国の行政府と締結した協定に過ぎないのだ。従って、それが「法律」として施行されるためには、きめ細かい「FTA移行法」が必要になる。しかし韓国の場合は、膨大なFTAの内容の全部に憲法による条約締結手続きを適用する形態をとっており、もしそれが既存の韓国の法律と衝突すると、既存の法律はすべて無効になる危険性が存在する（ソン・キホ［2006］67-71p.）。

第二に、上の問題と関連するが、韓米FTAは韓国における各種の法律と衝突する可能性が大きい。それによって韓国の「公共的」な目的のため施行されている各種の規制は、大きく緩められざるを得ない。まずは、投資協定における「国籍条項」の問題である。アメリカのＢＩＴ二〇〇四の第九条では、「締約国は企業の高位経営陣に、特定の国籍の自然人を指名することができない」としている。例えば、現行の「定期刊行物の登録などに関する法律」、「放送法」などで規定している「国籍条項」は、別途の留保リストに明記されず、死文化されなくてはならない。次に、「内国民待遇」と関わる問題である。投資協定における「内国民待遇」とは、外国から投資された資本に、「自国民あるいは自国企業による投資に対して与える待遇と等しいものを付与すること」と規定されている。例えば現在の「電気通信事業法」では、ＫＴ（Korea Telecom）など、国内の基幹通信事業者における外国人の持分を四九％までに制限している。これも留保リストに含ませない限り、「内国民待遇」の条項に違反する。そして、「義務（performance requirements）の強制禁止」の条項も問題になりえる。スクリーン・クオーター（韓国の「映画振興法」によって強制された国産映画の一定期間以上の上映義務）は、現地生産品（local content）の使用義務の賦課ということになるから問題になっている。これは映画のスクリーン・クオーターだけではなく、「放送法の施行令」に基づく国産プログラムの一定の放送義務にも当てはまる。また製紙会社に対する、韓国の「リサイクル促進法」に基づく、「原料五五％以上の古紙使用の義務化」も問題になるであろう。

一方、投資協定で最も頻繁に紛争の対象となっているのは、ＮＡＦＴＡの事例で見ても、外国人資産の「収用」（expropriation）とそれに次ぐ「補償」と関連する。チェ・ビョンイル（［2006］386-388p.）も指摘しているように、政府が新しい道路を作るために私有地を買い入れる際の補償「直接補償」と、たとえば居酒屋の営業取り締まりのような場合の補償「間接補償」とが、同じレベルで議論されることは非常に困ることでもある。アメリカが進めたすべてのFTAにおいて、規制収用（regulatory taking）と同じ意味を持つ「間接収用」に対する補償を盛り込んだ「収用条項」に固執してきた。BIT二〇〇四の付属書は「ごく例外の場合を除き、公衆保健、安全、環境など正当な公共厚生のために考案・適用された被差別的な規制収容は、間接収容に当たらない」としているが、実は「間接収用」として長い法的訴訟の対象になってきたことも現実である。二〇〇五年までアメリカの投資家がNAFTAの仲裁に付した二九件には、現地国の環境政策（メタルクランド事件、マイアス事件など）、租税政策（カキル事件など）、公共政策（UPSのカナダ郵便局に対する訴訟など）に関わる事件がかなり存在する（ソン・キホ［2006］第二章）。

4　韓米FTAとサービス産業

いわゆるサービス産業の競争力が強化されるという主張も一般的だ。現在、韓国の産業構造は急速にサービス化されつつあるが、電気・ガス・水道事業と建設業を除いたその成長率は非常に低調だった（二〇〇三年と二〇〇四年の成長率は各々一・六％と一・九％）。韓国経済の成長率を引き上げるためには、サービス産業の競争力を高めて行くべきだ、という認識は広く共有されている（イ・ジュンキュ、［2006］）。では韓米FTAは韓国のサービス産業における競争力を強化するであろうか。韓国政府が強調しているところは過去、流通業を開放した際の経験である。一九九六年に開放された流通業の場合、外国人投資が先進の流通技術を韓国に伝授し、複雑かつ非効率的であった物流体系の改善につながったという評価が一般的だ。また韓国系の大型割引店の登場を促し、外国資本とのよい競争が行われるようになったと言われる。このような市場開放の効果が金融・保険・コンサルティング・法律・会計サービスにも同じく実現されるであろうか。

国際的な標準産業分類に従えば、サービス産業とは建設・流通・金融・通信・教育・法律など一二分野の一五五個の詳細業種に分類される。ここで韓米FTAにおいて争点となるのは、今まで韓国が開放していないか、または開放の程度が低かった業種である。その中で教育と医療サービスは第一次の交渉以来、アメリカがあまり関心を示しておらず、主に問題になっているところは金融と通信、知的財産権の分野である。

通信分野の最大の争点は、いわゆる「技術中立性」の問題と「基幹通信事業者の外国人持ち株率の制限」の緩和に関する問題だ。韓国では今まで、政府が主導的に通信の標準を開発し、民間企業に政府が決めた通信標準を使う条件で事業を許可してきた。技術標準化による規模の経済の実現とそれに基づく国際競争力の強化を図るためであった。ここでアメリカはそれが実質的な貿易障壁だと主張し、撤廃へ圧力をかけている。一方、現在四九%までに制限されている基幹通信事業者に対する外国人の持株率の拡大も要求しているが、それに対し韓国政府は、韓国の開放の程度が他国、とりわけアメリカよりもっと進んでいるという論理で対応している（チェ・ビョンイル［2006］230-323p.）。

知的財産権の場合、著作権の期間延長（五〇年から七〇年に）、特許権規定の緩和、医薬分野における特許保護の強化などが要求されている。アメリカは世界最大の知的財産権の強国である。二〇〇六年三月に発刊されたWTOの報告書によると、二〇〇四年の一年だけでアメリカが得たロイヤルティの収入が五一三億ドルにも達するという。もしここに知的財産権の販売収益などを入れると、その総額がロイヤルティ収入の数十倍にも達するであろう。世界銀行の報告書でも、もし、知的財産権を国際基準に沿って強化した場合、最も損を受ける国は韓国であるとの試算が出ている。もし知的財産権協定（ＴＲＩＰｓ）を完全に適用すると、韓国の特許権収支は一五三億ドルにも達することになる（ナム・フィソク［2006］）。知的財産権の適用範囲および保護の水準に関しては多くの議論が必要であろう。しかし、韓米ＦＴＡが知識強国であるアメリカとの協定であるということを考えると、それが韓国経済への圧迫要因として作用することは明らかであろう。

サービス交渉の中で最も懸念されるところは金融部門である。金融交渉の主要な争点は国境間取引の問題、新金融サービスの問題、そして郵便局保険の問題である。国境間取引の問題とは、アメリカの金融機関が韓国に国内法人ないし代理店などの商業的な駐在をせずに、インターネットや郵便などを通じて金融サービスを提供することを意味する。そして新金融サービスとは、現在提供されていない新たな金融商品の提供の権利を言う。郵便局保険は政府の支援により、民間の保険会社と公正に競争していない、という認識でアメリカから廃止を要求されている。

問題を整理すると次の通りである。

第一に、今まで韓国における金融部門の市場開放は、基本的には商業的な駐在（commercial presence）を中心に行われてきており、国境間取引を規制・監督できる制度は整備されていない。ここで、国内金融消費者の保護、金融システムの安定を目標としている金融監督当局の政策目標とは相反する問題が発生する。これは派生商品のような新金融商品の場合にも同じく言える。

第二に、国境間取引の場合、その特性上、商業的な駐在を基盤にした外国金融機関の韓国進出とは違い、新しい雇用の創出、ノウハウ(know-how)の移転などの効果を期待しにくい。金融市場開放の主要な目的が、ただの競争圧迫を強化することだけではなく、先進の金融技法の移転にあることを思えば、国境間取引の許容はそうした目的にあまり合致しない。

第三に、郵便局保険のような「公共性」の領域が大きく損なわれる可能性がある。郵便局保険の役割は、一般の保険会社が進出しない農漁村、または山間の僻地まで営業網を置いて保険サービスを与える特殊性がある。

第四に、急激な資本の流出入に対する統制がほとんど不可能になることも最も懸念すべきところである。一九九七年の韓国における通貨危機は、韓国経済の基礎的な条件(fundamental)がその危機をもたらしたことよりは、一種の金融市場におけるパニック(panic)状態からその原因を求めることが適当であると筆者は考える。サックス(Jeffrey Sachs[1998])やスティグリッツ(Joseph Stiglitz[2002])は投機資本の流動性が通貨危機の直接的な原因であると認識しており、東アジア経済の情実さ(crony capitalism)を強調していたクルーグマンさえも、段々投機資本の危険性の方に、その論理的な重点を変えていった(Paul Krugman[1994][1998][1999])。急速な資本流出によるマクロ経済全体のパニック状態が如何に経済の安定性を損なうかに対して、我々は通貨危機を通じて痛切に理解しているつもりである。

5 韓米FTAと社会的な「公共性」

以上の議論をまとめると、韓米FTAは韓国経済の活力向上にあまり役に立たないということであろう。次に韓米FTAは韓国経済の「公共性」の領域に、どのような影響を及ぼすであろうか。

まず、考えなければならないことは、韓国における「農業」がもつ意味である。単純な産業としての農業、経済的な価値を生産する担当者としての農業という範疇で物事を考えると、確かに韓国の農業は国際競争力を喪失した斜陽産業に過ぎない。しかし、もし農業―農民―農村が相互に結び付いた、一つの社会的・文化的・歴史的・環境的な実在だと考えると、農業の意味は変わる。農業をGATTで「非交易的な関心事項」(non-trade concerns) として規定されていることも、またその「多面的な機能」が強調されていることも、農業がただの単純な経済財生産の産業という範疇を超えているからであろう。現在、各種の研究結果によれば、韓国の農業は韓米FTAが結ばれた場合、米を除くと約二兆ウォン（コン・オボク［2006］）、それを入れると最大八兆八〇〇〇億ウォン（Alan Keith Fox［2001］）の生産減少が予想される。韓国農業の年間GDPが約二〇兆ウォンだとすれば、およそ一〇％から四〇％の生産減少が見込まれることは、ほとんど壊滅的な打撃を受けるということになる。アメリカの最大の関心分野が農業であることは度々強調されているところである。ロゴスキ（Rogowsky［2004］）はアメリカが絶対的な競争優位を持っている穀物、畜産および酪農品、果物類などでアメリカの輸出増大が見込まれ、韓米FTAの締結の四年後には、農産物の輸出が現在より約一〇四億ドル程度増加すると予想している。

次に、韓米FTAによって、質のよい雇用がさらに作り出されるであろうか、ということも検討すべき論点であろう。韓国対外経済政策研究院［2006］の計算結果によれば、韓米FTAによって雇用が静態的（短期的）には〇・五％の減少（八万五〇〇〇人）、動態的（長期的）には三・三％の増加

（五五万一〇〇〇人）と予測されている。しかし「動態的」効果は元々予測しにくい。韓米FTAの結果、目に見えて予想されることは輸入の増加による生産減少であり、それによる雇用の不安だ。それが中長期的には生産増加に帰結するという見方は、楽観的な可能性に過ぎない。すなわち、被害が具体的に予測される一方、予想される利得は我々の熾烈な努力の結果現われるであろうということだ。雇用係数の低下傾向を考えると、企業の生産性の増加がそのまま雇用の増加に帰結されて行くとも思われない。その上、競争の熾烈化によって、労働組合の団体行動に対する社会的な圧力の強化、解雇条項の容易化などが推進されると、労働者の職業の安定性はさらに低下するであろう。最も懸念されるところは、労働市場における柔軟性が必要だという点だけが誇大宣伝されることであろう。長期雇用による企業特殊的（firm-specific）な人的資源が育成され、従業員の積極的な生産参与（commitment）が企業の競争力を増加させうる可能性も充分に存在する（キム・チョンコル［2005］）。長期雇用の経済合理性が充分にあるにもかかわらず、「労働の柔軟性」だけがスローガンになって漂うことは、我々が最も警戒しなければならない状況であると筆者は考える。

一方、韓米FTAが韓国社会の「両極化」の解消に役立つか否かということも重要な論点である。それは韓国の「成長性」が韓米FTAによって如何に変化するのかに関わる。しかしそのような「成長性」以外にも、現在の成長の内容が社会的な「両極化」をさらに深化させているということは否定できない。一九八〇年代以降の新自由主義的な世界化の進展は、国内かつ国際的な不平等さをさらに拡大させていった。NAFTAの締結後におけるメキシコの事例で見ても、熟練労働者と非熟練労働者の格差はさらに広がった。Esquivel and Rodriguez-Lopez［2003］によれば、一九八八年から一九九四年の間、非熟練労働者の年平均実質賃金は一〇・七％の低下し、熟練労働者の実質賃金は一一・七％増加した。しかしNAFTAが発足された一九九四年から二〇〇〇年まで、非熟練労働者のそれは二七・二％も減少した一方、熟練労働者のそれは一〇・六％も増加した。すなわち、労働組合の弱体化、非熟練労働者の供給増加（農村の破壊がその理由であろうが）などで、低賃金労働者の実質賃金はさらに低下したが、技術集約的・資本集約的な製造業の比重が高くなったことで、相対的に技術水準の高い熟練労働者の実質賃金は著しく増加した。

以上のような農業問題、労働問題、社会の両極化の問題だけではなく、韓米FTAは多様な問題を提起している。周知の如く貿易と投資の自由化は単純な経済財の移動に限定されない。それは貿易と投資に係わる各種の「制度」の移動と収斂過程であることを再認識する必要がある。自動車の輸入は排気ガス関連の規制、遺伝子組み換え（GMO）農産物の輸入は一社会の健康権と関連がある。これはサービス貿易、投資関連の制度の中ではさらにはっきりするであろう。医薬品に対する知的財産権の強化、医薬品価格の算定における政府の制度変化などは、韓国の健康保険制度と関連がある。投資協定における個別投資者の国家提訴制度の認定などは、既に述べたように、政府の環境政策または文化政策とも密接に関連がある。

経済社会的な衝撃が、いわゆるグローバル・スタンダード（global standard）の受容によって、韓国の競争力の強化につながるはずだという主張は、各制度が韓国社会の中で、それなりの合理性を持ちながら機能してきたことを軽視している。教育、医療、環境、労働と係わる韓国の各制度は、この社会の構成員が多様な協議過程を通じて進化させて来た制度だ。そしてアメリカの制度が直ちにグローバル・スタンダードであることでもない。そのように考えると、韓米FTAがもたらすであろう韓国の制度の変化、その影響に対する立ち入った分析と議論、そして社会的な合意形成の過程が必要だ。また今まで韓国社会の「公共性」の領域は何であったのか、またそれをどのように維持して行かなければならないのかに対する悩みも必要だと思う。

6 結論に代えて——改革の透明性と漸進性、そしてビジョンの確立

なぜ韓米FTAによりこのように社会的な葛藤が激しくなることが予測されるのであろうか。まず指摘したいことは、二〇〇七年六月のFTA締結に先行するその推進過程における透明性と漸進性が不足だったからである。政策を実現させて行くに当たって、その法的な正当性を与えるのは、国民の合意を形成していく「透明な手続き」にある。韓国のFTAの締結においても、国民的な合意形成のための各種の制度が用意されている。まず、二〇〇四年六月に制定された「FTA締結の手続き規定」(大統領訓令一二一号)によって、政府がFTAの交渉に入る前に公聴会を開き、利害関係者の意見聴取を義務付けている。二〇〇六年四月には「製造業などの貿易調整支援に関する法律制定案」が国務会議で議決され、それは施行令などの整備の後、二〇〇七年四月から実施される予定である。

しかし実質的には相当問題があったと言わざるを得ない。政府がアメリカとのFTAの交渉を始めると宣言したのは、二〇〇六年二月三日で、公聴会が開かれたのはそのわずか一日前の二月二日であった。それも反対団体の激しい反発で会場は相当荒れた。時間をかけて説得する過程があったら、今のような不信の溝はかなり埋められたであろう。その上、アメリカ政府が議会から付託された貿易促進

法（ＴＰＡ）が、二〇〇七年六月末に満了するというアメリカ国内の時間割りに合わせ、交渉が急いで進められたことも、このような不信を助長させた原因だ。アメリカの通商協定の日程から見ると、公式交渉の開始の九〇日前に議会に通告しなければならない。また交渉が進むと大統領は、協定締結の九〇日前に貿易委員会（ＩＴＣ）にその内容を知らせなければならない。もしこのすべての過程を貿易促進法の下で行おうとすれば、二〇〇七年の三月までにはすべての交渉を終わらせなければならないことだ。実質的な交渉期間はわずか一一カ月に過ぎない。韓国がチリとＦＴＡを結んだ際は、交渉の開始から終了まで三年もかかった。シンガポールとのＦＴＡ交渉でも、約一年間、産・官・学の共同研究会が構成され、様々な問題が検討された。しかし今回の韓米ＦＴＡはそのような過程がない。アメリカの貿易促進法の下で交渉が進められることは、確かに韓国にとってかなり有利であることは事実であろう。しかし経済的・社会的な影響が大きい韓米ＦＴＡに対して、わずか一一カ月の交渉で結論を出そうとしたことは、相当無理がある発想と言わざるを得ない。

その上に、このような交渉過程を点検できる制度的な装置も用意されていない。貿易交渉の過程を監視・統制できる国会の役割は制度化されておらず、それを制度化しようとする「通商手続法」も国会に上程されたまま眠っている。すなわち、政府がいくら情報を適切に公開すると言っても、国民の代表が統制・検証できる方法がない。すべての交渉が終わってから、国会の批准過程で検証するしかなかった。

さらに大きな問題は、韓国経済のこれからの長期的な発展戦略に対する国民の理解が不足な点であろう。韓米ＦＴＡは単にアメリカとの経済協定という次元を超え、韓国が直面している国内・国際的な状況を好転させるための、「戦略的な考慮」のなかで推進されるべきである。戦略的な目標値を明確に提示することと、その根拠を積極的に国民に説得する過程をふむことは、不要な論争を払拭させるうえで不可欠であると思う。その意味で韓米FTAの問題は、一種の「哲学」の問題であるかもしれない。今我々はどこにいるのか。どこに行くべきなのか。そして韓米FTAはそのような問題設定に照らしてどんな意味を持つのだろうか。以上の問題は、単純な経済学的な論理を超えた哲学的・政治学的・社会学的な議論を必要とすることだと思う。すなわち、国家および社会の未来戦略を練っていく課程でもあるのだ。今我々に問われていることは、韓国社会の未来戦略に対する、より根本的な考察ではなかろうか。

注

（1）資本の自由化と貿易の増大、特にその不均等な展開が益々国際的な貧富の格差を大きくしているという認識は、既に世界的な共通認識になったとも言える。ここで最も重要なことは、個別国家の対応能力だけに任せるのではなく、国際的な協力の枠組みを作ることである。例えば、先進国から後進国への開発援助を現在の対GDP比〇・二三％からさらに大きく増やすことも必要であろう。国際労働機構（ILO）の委員会（The world commission on the social dimension of globalization）が発表した報告書、「A Fair Globalization: Creating Opportunity for All（二〇〇四年二月）」では、もし世界化の過程がうまく「管理」されなかった場合、途上国によって、世界化のそれ自体が否定される動きもでると懸念している。

（2）企業規模の間の賃金格差の原因を、人的属性、企業の特性、労組結成の如何などに分解し計算したジョン・ジンホ［2005］の研究結果によれば、賃金格差の約五一％は人的属性（性、教育水準、勤続年数、年齢など）に起因しており、労組結成の如何は約八％である、と説明する。企業の特性（産業及び地域）はあまり大きく影響を及ぼしていない。すなわち、大企業と中小企業の賃金格差は、大企業に相対的に優秀な人材が集中し、労組の活動も活発であり、また市場支配力などの理由によって、賃金基金が拡充されているからだと説明できる。

（3）これに関して具体的な企業調査に基づく解決法を採ったのは拙稿（キム・チョンコル［2005］）参照。

（4）Ferrantino and Hall［2001］は、理論的かつ実証的に、関税撤廃がＦＤＩに与える影響を確定することは難しいとしている。ＦＴＡの締結が、もし長期的にその市場の成長性と透明性を向上させるなら、被投資国の「立地特有の優位性」（location-specific advantage）は増加し、結果的に外国からの投資は増えるであろう。他方、市場の透明性の増大は、直接投資の「内部化」（internalization）の誘引を減少させ、直接投資の減少につながりかねない。

参考文献

イ・クンシク［1999］『自由主義社会経済思想』ハンギル出版（ハングル）、［2005］『自由と共存　新しい時代精神を目指して』図書出版エクリ（ハングル）

イ・ジュンキュ［2006］「韓米ＦＴＡのサービス部門概観」（ハングル）http://fta.go.kr

イ・ヘヨン［2006］「韓米ＦＴＡと投資」韓米ＦＴＡ阻止汎国民運動連合『韓米ＦＴＡ　国民報告書』（ハングル）グリンビ出版

ウ・ソックフン［2006］『韓米ＦＴＡの暴走をやめろ』（ハングル）ロクセク評論社

韓国産業研究院［2006］『韓米ＦＴＡと労働関連の主要イシュー』（ハングル）韓国労使政委員会発表資料

韓国対外経済政策研究院［2006］「韓米ＦＴＡの経済効果の解説」（ハングル）http://www.kiep.go.kr

韓国労働研究院『ＫＬＩ労働統計』（ハングル）

キム・チョンコル（金鍾杰）［2005］『共同体企業の成功条件――理論と事例』（ハングル）韓国労働研究院ニューパラダイム・センター

キム・ユソン［2004］「現段階における労働市場の診断と政策課題」（ハングル）民主労総政策研究院開院記念シンポジウム資料

キム・ヒョンス［2006］「ＮＡＦＴＡと韓米ＦＴＡ――一九九四年のメキシコと二〇〇六年の韓国」（ハングル）http://fta.go.kr
ク・ジャスク［2005］「組織内の信頼　概念化と研究動向」*Korean Journal of Psycological and Social Issues*, vol.11
コン・オボク［2006］「韓米ＦＴＡが韓国農業に与える影響と予想イシュー」『韓米ＦＴＡが韓国経済に与える影響』（ハングル）韓国開発研究院
ジャン・ハジュン［2003］『はしご蹴飛ばし』（ハングル）ブッキ出版
ジャン・ユンジョン［2006］『韓米ＦＴＡを通した産業構造の先進化戦略――外国人投資の誘致拡大戦略』（ハングル）韓国産業研究院
ジョン・ジンホ［2005］「賃金水準格差およびその変化」ジョン・ジンホ他『韓国の賃金と労働市場研究』韓国労働研究院
ソン・キホ［2006］『韓米ＦＴＡのマジノ線』（ハングル）ケマゴウォン出版
チェ・ビョンイル［2006］『韓米ＦＴＡ、逆転のシナリオ』（ハングル）ランダムハウス
ナム・フィソク［2006］「韓米ＦＴＡと知的財産権」韓米ＦＴＡ阻止汎国民運動連合『韓米ＦＴＡ　国民報告書』（ハングル）グリンビ出版
ユ・キョンジュン、シン・サンダル［2004］『貧困階層の保護政策の方向と課題』（ハングル）韓国開発研究院
Eden, Lorraine and Le, Dan［2004］“The new regionalism and foreign direct investment in the Americas”, *NAFTA's Impact on North America; The First Decade, Center for Strategic and International Studies*, Washington D.C.
Esquivel, Gerardo and Rodriguez-Lopez, Jose Antonio［2003］, “Technology, trade and wage inequality in Mexico before and after NAFTA”, *Journal of Development Economics*, vol.72, pp.543-565.
Ferrantino, Michael J. and H. Keith Hall［2001］,“The Direct Effects of Trade Liberalization on Foreign Direct Investment: A Partial Equilibrium Analysis”, Office of Economics Working Paper, U.S. International Trade Commission.

Fox, Alan Keith［2001］"U.S.-Korea FTA: The Economic Impact of Establishing a Free Trade Agreement［FTA］Between the United States and the Republic of Korea", USITC, Publication 3452, September.

Krugman, Paul［1994］"The Myth of Asia's Miracle", Foreign Affairs, November/December.［1998］, "Asia; what went wrong", *Fortune*, March.

——［1999］*The Return of Depression Economics*（ジュ・ミョンコン訳『ポール・クルーグマンの不況経済学』世宗書籍）

Fukuyama, F.［1995］*Trust : The Social Virtues and the Creation of Prosperity*, New York, Free Press.

Rogowsky, Robert A.［2004］"US-Korea FTA: The Economic Impact of Free Trade between the United States and Korea"（二〇〇四年一〇月、ＫＩＴＡ―ＡＥＩ共同シンポジウム発表論文）

Sachs, Jeffrey［1998］"The Onset of the East Asian Financial Crisis", Working Paper of Harvard Institute for International Development.

Stiglitz, Joseph［2002］*Globalization and Its Discontents*（ソン・チョツボク訳『スティグリッツの世界化批判』世宗研究院）

The world commission on the social dimension of globalization［2004］, *A Fair Globalization : Creating Opportunity for All.*

World Bank［1994］*The East Asian Miracle.*

——［1997］"Socoal Capital: The Missing Link?", Chap.6 in *Expanding the Measure of Wealth.*

農産物市場の開放と韓国農政の転換

朴　珍道
（忠南大学経済貿易学部教授）

はじめに

韓国が農産物市場を本格的に開放し始めたのは一九八〇年代末からである。それ以前にも韓国政府は農産物の輸入自由化を徐々に推進してきたが、一九八九年四月農産物輸入自由化例示計画の発表によって本格的な開放政策に転じた。政策転換の背景には韓国経済の対外開放と産業構造調整政策の推進、農産物市場開放に対する内外（とりわけアメリカ）の圧力の強化などがあった[1]。韓国における農産物市場自由化は、GATT・WTOの枠組で多国間交渉に従って行われ、一九九〇年までは韓国農業の国際競争力の弱さを考慮して、地域主義（FTA）による農産物市場開放には消極的に対応してきた。しかし二〇〇三年成立した新政権（いわゆる参与政府）が先進通商国家を標榜し、同時多発的FTA推進戦略を打ち出すことにより状況は一変した。

農産物市場の本格的な市場開放に対応して、政府は農業構造調整策に力を入れた。一九九二―

二〇〇三年の間に約七〇兆ウォン（約七兆円）の財政融資を投入する一方、二〇〇四年二月から一一九兆ウォンの投融資計画（二〇〇四―二〇一三年）による農業・農村総合対策を実施中である。こうした農業構造調整政策は農業経営の規模拡大などによって、農業構造の改善にある程度寄与したと評価されているが、韓国農業は依然として零細経営を脱皮することができず、農家経済はむしろ悪化したと批判されている。この一〇年間、農家の平均実質所得は減少し、農家負債は大幅に増大し、農家人口の急減と離農、高齢化による農村地域の空洞化が進んでいる。都市との所得格差が拡がる一方、農村内部での所得の格差が急速に拡がっている。

本論はまず一九九〇年代以降、韓国の農産物市場開放の流れとそれに対応した韓国政府の農政を検討してその問題点を分析する。とりわけ最近の農業・農村総合対策の意義と限界を指摘する。次に韓国政府の対応にもかかわらず、農産物市場の急速な開放のなかで、韓国農業・農村社会がおかれている深刻な解体への危機の実態を、農家経済の劣勢と農村社会の空洞化の側面から述べる。そして生産性向上至上主義農政の限界を乗り越えて、農村社会の危機と自らの力で取り組む、地域の内発的発展の動向に注目するとともに、その意義と限界を分析する。さらに農業・農村に対する国民の価値観の変化、とりわけ農業・農村の多面的機能への評価に応じるために、農政パラダイム転換の必要性を論じる。

第一節　農産物市場開放の動向と農政の対応

1　農産物市場開放の動向

一九八九年四月八日、政府は農産物自由化率を一九八八年の七一・九％から一九九一年に八四・九％へ高める「農産物輸入自由化例示計画」を発表する一方、市場開放に対応して韓国農業の国際競争力を強化するために、農漁村発展総合対策を策定した。GATT国際収支委員会の勧告にしたがって、農産物輸入自由化を一九九四年には九二・一％まで拡大した。[2] さらにGATT・ウルグアイ・ラウンド（以下略称UR）農業協定の例外なき関税化により、米をのぞいたすべての農産物市場を開放した。

二〇〇四年四月まで、政府はGATT・WTOの枠組みのなかで、多国間交渉により農産物市場を段階的に開放してきた。現政権は、先進通商国家を標榜し、FTAを多くの国と同時多発的に推進している（**表1**）。

同時多発的FTAが、農業にどのような影響をあたえるか、現段階では明確ではない。

表1　韓国におけるFTA交渉の現況

（2007年7月現在）

（1）交渉が完了したFTA
①チリ（2004.4.1発効）②シンガポール（2006.3.2発効）③EFTA（2006.9.1発効）④ASEAN（商品　2007.6.1発効）⑤米国（2007.6.30妥結）
（2）交渉中にあるFTA
④ASEAN（サービス、投資）⑤カナダ⑥メキシコ⑦インド⑧EU⑨日本：第6次（2004.11）交渉は膠着状態
（3）事前共同研究中にあるFTA
――中国、MERCOSUR
（4）その他
――イスラエル、ペルー、パナマ、ニュージーランド、オーストラリア、ロシアなどと協議中

資料：筆者作成

しかしながらASEAN、カナダ、メキシコ、アメリカなどの農業大国とのFTAが、農業に深刻な影響をあたえることは間違いないだろう。とりわけアメリカとのFTAによる農業生産の減少は、シナリオによって大きく異なるが、米国国際貿易委員会の推定によると、農業生産は最大八八億一九〇〇万ドル（韓国農業総生産額の約四五％）減少し、壊滅的な打撃をうけるとみられる。(3)

表2　投融資計画比較（名目価格）

（単位：億ウォン）

	第1次	第2次	第3次
計画期間	1992-1998	1999-2004	2004-2013
推進期間	1992-1998	1999-2003	推進中
総事業費			
計画	487,848	450,526	1,192,900
実績	486,598	409,858	推進中
国庫	362,499	326,272	1,192,900
（補助）	204,746	247,810	892,400
（融資）	157,753	83,462	300,500
地方費	56,113	52,071	166,300
民間その他	67,986	31,515	62,100

資料：農林部投資審査課

2　韓国農政の対応

一九八九年四月、農産物輸入自由化例示計画とほぼ同時に発表された農漁村発展総合対策は、農産物市場開放に対応した政府は農政の基本方向を次のように提示した。（一）経済の国際化・開放化によって、農産物の市場開放は避けられない。生き残る道は、農業構造改善を通した国際競争力のある農業を育成するしかない。（二）そのために農家類型別に選別的政策を実施して、上層農家に規模拡大のための支援を集中する。（三）零細農家は脱農を促進するが、農外所得源開発（農村工業化）と農村生活環境改善などで離農しなくて農村で都市並みの所得と生活ができるようにする。

こうした農政の基本方向にしたがって、政府は**表2**の

表３　品目別国庫支援分の配分

（単位：億 ウォン、％）

区分	金額			比重		
	第１次(92-98)	第２次(99-03)	合計	第１次(92-98)	第２次(99-03)	合計
合計	362, 499	326, 272	688, 771	100. 0	100. 0	100. 0
米	129, 599	133, 321	262, 920	35. 8	40. 9	38. 2
施設園芸	23, 499	8, 486	31, 985	6. 5	2. 6	4. 6
畜産	43, 639	27, 995	71, 634	12. 0	8. 6	10. 4
林業	20, 950	16, 019	36, 969	5. 8	4. 9	5. 4
漁業	4, 350	－	4, 350	1. 2	－	0. 6
共通	88, 561	63, 286	151, 847	24. 4	19. 4	22. 1
その他	51, 901	77, 165	129, 066	14. 3	23. 7	18. 7

資料：農林部投資審査課

ように一九九二年から二〇〇三年まで二回にわたる農山漁村投融資計画を実施し、現在は三回目の投融資計画を実行している。国庫支援は**表３**のように米作に集中している。事業別にみると**表４**のように、農業構造改善関連事業に圧倒的に使われた。つまり農漁村発展総合対策以来、農政は農業の競争力の強化、農村生活環境改善、農民福祉の増進などを主な目標にして総合的施策を推進すると公約していたが、現実は国家予算のほとんどが、農業競争力の強化のための構造改善事業（とりわけ稲作農業の構造改善）に使われ、農漁村開発や農漁民の福祉増進は、競争力強化の付随的政策として取り扱われた。このような現実から、韓国の農政は競争力（生産性）至上主義農政であるという批判を避けられなかった。

二度にわたる膨大な農漁村への投融資は、期待した成果を挙げえず、農業・農村問題は悪化の一途をたどってきた。この事態に直面し、二〇〇四年から始まった農業・農村総合対策は、農政パラダイムの転換を打ち出した。農村と都市が共生する均衡発展社会をめざして、（一）農業を持続

表4　事業分野別国庫支援分の配分

（単位：億ウォン、%）

区分	金額			比重		
	第1次(92-98)	第2次(99-03)	合計	第1次(92-98)	第2次(99-03)	合計
合計	362,499	326,272	688,771	100.0	100.0	100.0
生産基盤整備	108,316	111,327	219,643	29.9	34.1	31.9
農業機械化	26,868	10,701	37,569	7.4	3.3	5.5
施設現代化	16,844	7,122	23,966	4.6	2.2	3.5
営農規模化	23,773	14,293	38,066	6.6	4.4	5.5
技術開発及び品種改良	13,490	10,239	23,729	3.7	3.1	3.4
教育及び人力育成	24,890	8,613	33,503	6.9	2.6	4.9
畜産構造改善	39,947	28,612	68,559	11.0	8.8	10.0
流通改善及び輸出拡大	21,522	27,354	48,876	5.9	8.4	7.1
林業改善事業	23,592	21,380	44,972	6.5	6.6	6.5
経営改善及び農外所得	25,443	22,123	47,566	7.0	6.8	6.9
生活与件改善及び福祉	34,824	26,658	61,482	9.6	8.2	8.9
親環境農業育成などその他	2,990	37,760	40,750	0.8	11.6	5.9

資料：農林部投資審査課

可能な生命産業として育成、（二）都市勤労者に相当する農業所得の実現、（三）農村らしさを保つ快適な暮らしの空間づくりビジョンを提示した(4)。

表5に農政のパラダイムを転換の方向を示す。農業部門に偏ってきた政策対象を、食品・農村地域社会へ拡大する。農家全体に対する平均的な支援から、農家類型別に政策を差別化して支援する。生産基盤への投融資から所得、福祉、地域開発政策を支援する方向に転換する。農家所得の安定のためにはこれまでの価格支持は縮小し、かわりに直接支払いによる所得補填政策を拡大する。農業政策を生産から消費者安全・品質中心に転換し、農村を生産・定住・休養空間として位置づける。

農政の転換は投融資計画に顕著な変化をもたらした。二〇〇四—二〇一三年の一〇年間に農業・農村総合対策へ一一九兆ウォンが投

表５　農政パラダイムの転換

政策対象	農業　⇛　農業、食品、農村
支援方式	全体農家、平均的支援　⇛　農家類型別政策差別化
投融資方向	生産基盤など　⇛　所得、福祉、地域開発
所得安定手段	価格支持　⇛　所得補填
政策の重点	生産中心　⇛　消費者安全、品質中心
農村の役割	農業生産空間　⇛　生産、定住、休養空間

資料：農林部［2004a］

表６　投融資計画（2004―2013年）（単位：%）

	2003	2008	2013	2004-2008	2009-2013	合計
農業体質及び競争力強化	24.8	28.5	32.2	27.9	32.2	30.4
農家所得及び経営安定	20.6	26.2	30.0	25.2	28.6	27.2
農村福祉増進及び地域開発	8.6	14.4	17.2	12.8	16.2	14.8
農村社会安全網拡充	1.0	3.2	2.7	2.8	2.9	2.4
教育及び福祉インフラ	0.8	2.7	4.2	2.4	4.1	3.4
農村地域開発	6.7	8.5	10.3	7.7	9.2	8.5
農産物流通革新	6.7	9.3	6.4	9.5	6.6	7.8
山林育成	6.5	6.0	5.4	6.1	5.6	5.8
農業生産基盤整備	32.6	15.7	8.8	18.4	10.9	14.0
投融資金額（百億ウォン）	771	1092	1489	5051	6878	11929

資料：農林部［2004b］

融資された。前半期（二〇〇四―二〇〇八年）と後半期（二〇〇九―二〇一三年）にわけて、前半期に五〇兆ウォン（補助三七兆、融資一三兆ウォン）、後半期に六九兆ウォン（補助五二兆ウォン、融資一七兆ウォン）を投入することになっている。対象は生産基盤の整備などインフラ投資を縮小し、農業構造調整と所得・経営安定、農村の活力増進のための教育・福祉および地域開発投資へ拡大する。したがって**表６**にみるように、農家所得及び経営安定のための投融資の比重は、二〇〇三年の二〇・六%から二〇一三年には三〇・〇%へ大幅に増加する。農業体質及び競争力の強化と農村福祉の増進及び地域開発投資の比重は、それぞれ二四・八%か

表7　第1次農林漁業者暮らしの質の向上計画（2005―2009年）

（単位：億ウォン、%）

財源（合計）	202,731	100	分野（合計）	202,731	100
国費	115,527	57	福祉増進	34,226	16.9
―119兆ウォン総合対策	76,862	37.9	教育環境改善	31,473	15.5
―省庁予算	38,665	19.1	地域開発	112,480	55.5
地方費	81,659	40.3	複合産業	24,552	12.1
民間その他	5,545	2.7			

資料：農林部［2005］

ら三二・二%へ、八・六%から一七・二%へ増加するが、農業生産基盤整備のための投融資は三二・六%から八・八%へ大きく減少する。

韓国政府は農山漁村の福祉、教育、地域開発を総合的、体系的に推進するために「農林漁業者の暮らしの質の向上及び農山漁村地域開発に関する特別法」を制定し、二〇〇五年四月農林漁業者の暮らしの質の向上、及び農山漁村地域開発第一次五カ年計画を樹立した（**表7**）。この計画によって韓国政府は二〇〇五―二〇〇九年に二〇兆ウォンを農漁業者の福祉増進、農漁村の教育環境改善、地域開発、複合産業の活性化などにあてる。UR以降、六九兆ウォンの国費の大部分を農業競争力の強化に投資し、農村の生活環境及び福祉分野への投資を八・九%の六兆ウォンにとどめ、福祉・教育・地域開発など農漁村の生活インフラへの政策的な関心が足りなかった、という政府の反省に基づくものである。

農業・農村総合対策と農林漁業者暮らしの質の向上計画はまだ始まったばかりである。成果を評価するのは難しいが、現段階で最近の韓国農政の意義と限界を次のようにまとめることができる。第一に、**表5**が示すように農政の目標、対象、推進体系がすべて変化している。農政の目標が農業生産性の増大だけではなく農家所得、福祉、地域開発、農業・農村の多面的機能などの重視に転じている。したがって農民にとどまらず消費者と都市民を視野に入れた政策を講じ、そのためこれまでの中央集権的農政から地方分権的農政への転換を試みている。第二に、国家予算が大幅に増大した。農業・農村総合対策の一一九兆ウォン投融資計画は、以前の投融資計画に比べて規模が大きいのみならず、財源にしめる国家の比重を増やし、地方自治団体と農民の負担を減らした（**表2**）。三段階の政策期間における国家の年平均投融資を、二〇〇〇年の実質価格で比較すると、第一次期間では六兆三一九九億ウォン、第二期間では六兆二八四一億ウォン、第三期間では八兆六〇一五億ウォンである[5]。国家負担による投融資額は年平均四〇％近く増えている。

しかし新政策の限界は明らかである。第一に、過去の農政失敗に対する反省と分析が共に足りない。八〇年代末から数多くの総合対策を実施したにもかかわらず、農村の状況は悪化の一途にあること。UR農業交渉以降、農政パラダイムの転換を数度試みたが、実現されなかったこと。UR農業交渉以降の膨大な投融資にもかかわらず、農業競争力はあまり向上しなかったこと、などに対して反省が足りない。したがって農政パラダイムの転換をいいながら、実際には基本的に過去の農政パラダイムを踏襲する矛盾に陥っている。つまり農政の中心的目標は依然として農業競争力の強化にあり、農業・農村の多面的機能の実現のための具体的施策が足りない。農村政策といっても農民対策にとどまり、消費者のための施策もほとんどみられない。農政の推進に際して地域分権と住民参加を強調しているが、言葉が先行している。現実の政策は依然として中央政府が企画だけではなく、実行の主体になっていて、地域の主体性はほとんど発揮されていない。

第二に、農業・農村部門に対する安定的な予算の確保がますます難しくなっている。韓国社会では言論界をはじめ経済官僚、経済学者に農業・農村投融資の非効率性を批判する人々が多い。彼らは一九九二―二〇〇三年に九〇兆ウォン（国庫だけでは約七〇兆ウォン）の膨大な資金が農業部門に投入されたにもかかわらず、国際競争力が上がらなかったことを挙げ、農業投資は底抜けの壺であると非難、そうした声が社会一般に広がっている。国家財政（一般会計＋特別会計）に占める農山漁村予算の比重は、韓国九・〇％（二〇〇四年）、日本二・八％（二〇〇四年）、米国三・三％（二〇〇二年）、二〇〇〇年現在イギリス二・二％、ドイツ五・〇％、フランス五・五％である。そして農林業の予算の比重を農業ＧＤＰの比重で割った倍率は韓国二・四倍、日本二倍、米国三・七倍、イギリス一・三倍、ドイツ四・二倍、フランス一・七倍である。しかしこれは静態的な短期的比較であり動態的な長期的な観点からみると、韓国の農業部門の予算は先進国に比べると依然として相当に少ないといえる。たとえば、先進国のなかで農業予算の比重が低い日本とくらべてみると、日本の場合農業予算の比率が農業ＧＤＰ比率を超えたのは一九六〇年代初めであったのに、韓国では八〇年代末であったし、農業予算の比率が農業ＧＤＰ比率の二倍を超えた時が日本では六〇年代後半、韓国では二〇〇〇年代にはいってからである。つまり韓国と日本をくらべると農業投資に約三〇年ぐらいの時差がある。

第三に、ＷＴＯとＦＴＡによる農産物市場の開放により、韓国農業が攻め立てられている状況で、農業農村総合対策が期待どおりの成果をあげることは難しいだろう。とりわけ現在の農政は、アメリカとのＦＴＡを視野に入れずにつくられたので、アメリカとのＦＴＡが二〇〇七年六月に妥結されて国会の批准を待っている状況で、農政の根本的転換が避けられないだろう。

第四に、農政は相変わらず中央集権的に行われ、見せかけの政策が樹立されている。たとえば、政府が強調している農林漁業者の暮らしの質の向上計画は、国家の負担が五割強にとどまっているのみならず、そのための追加予算はなく、既存の予算を寄せ集めて計画を立てたものである(表7)。

第二節　韓国農業・農村社会の変化

1　農家戸数、農家人口、農村人口の減少と空洞化

韓国の農家人口はこの二〇年の間(一九八五―二〇〇四年)に、八五二万人から三四二万人へ約六〇%減った(表8)。しかも高齢化が急速に進み、農家人口の約三割が六五歳以上である。同じ期間で農村人口は二七%減少、六五歳以上の比率は一五・六%を占めている。高齢化社会に入った韓国でも、とり分け農村の高齢化が著しい。

高齢化の影響で多くの村では人口の自然減少(死亡者―出生者)が急速に進行している。筆者が一九八〇年から観察している忠清南道の二つの村の事例をみておく。[6] この二つの村で一九八〇―一九八五年の五年間に五二名の子供が生まれ、一二名の年寄りが死んだ。一九九六―二〇〇一年の六年間には二人の子供が生まれ、三五名の年寄りが死んだ。一九九六―二〇〇一年の六年間に三三名の自然減少があったわけであるが、これは二つの村の総人口の一〇%を越える数字である。つまりこの二つの村は近い将来消滅するであろう。

表8　農家戸数、農家人口、農村人口の減少と高齢化の推移

	農家戸数（千戸）	農家人口			農村人口	
		総人口（千名）	65歳以上（%）	戸当たり人口（名）	総人口（千名）	65歳以上（%）
1985年	1,926	8,521		4.4	11,943 (29.5%)	
1990年	1,767	6,661	11.5	3.8	10,536 (24.3%)	9.0
1995年	1,501	4,851	16.2	3.2	9,220（20.7%）	11.8
2000年	1,383	4,031	21.7	2.9	9,358（20.3%）	14.7
2005年	1,273	3,433	29.2	2.7	8,764（18.1%）	18.1

農村人口とは邑・面人口

（　）の数字は総人口に対する農村人口の比重

資料：農林部『農林業主要統計』各年度

表9　農業生産性の変化

	年平均増減率（%）				
	1980-85	85-90	90-95	95-00	00-05
農業成長率	7.6	0.5	3.1	2.1	0.4
農林業就業者	-4.3	-2.7	-5.9	-1.1	-4.1
一人当たり農業生産	11.9	3.2	8.5	3.2	4.5
農家戸当たり実質農業所得	7.5	5.6	4.8	-4.1	-2.8

農業成長率は農業付加価値（2000＝100）を基準にしたものであり、実質農業所得は平均農業所得を農家購入指数（2000＝100）で割ったもの

資料：農林部『農林業統計年報』各年度

2 農家経済の危機と農業生産の停滞――農業生産と農業所得の同伴減少

農業生産の絶対額は一九八〇年代前半までは徐々に増大してきたが、農産物市場開放が本格化した八〇年代後半以降、停滞状態に陥った。九〇年代前半に農業部門への大規模の投融資により一時成長力をとり戻したが、九〇年代後半以降ふたたび停滞あるいは減少に転じた。そして農家の実質農業所得も九〇年代後半からは減少をみせている（**表9**）。

3 農家経済の悪化と負債の急増

韓国農家の実質所得は、九〇年代なかばまでは徐々に増大してきたが、一九九七年のIMF経済危機に際して減少に転じ、以後も減少が続いている。農家実質所得は一九九五年の二七八一万ウォンから二〇〇三年には二〇二一万へ減ってしまった。それに対して実質農家負債は同じ期間で二倍以上に増えた（**表10**）。

4 都市農村間の所得格差の拡大、農村内部の不平等の深化

一九九〇年代以降の農業部門に対する大規模投資にもかかわらず、都市と農村との間の所得格差はますます拡大している。都市勤労者世帯所得に対する農家所得の相対比率は一九八五年の一一三％、九〇年の九七・四％、二〇〇〇年の八〇・六％、二〇〇五年の八二％へ急速に下がった。

政府の農業政策が少数の上層農に集中しているため、農村内部の不平等も深化した（**表11**）。たとえば、農家所得下位二〇％の平均所得に対する上位二〇％の比率は、一九九八年の七・二倍から

表 10　農家経済の主要指標の推移

	1980	1985	1990	1995	2000	2005
農業所得率（%）	74.9	67.5	69	65.4	55.8	44.6
農家交易条件（%）	115.1	109.0	113.7	116.3	100.0	89.4
実質農家所得（千ウォン）	8,631	12,551	18,625	27,810	23,072	24,402
実質農家負債（千ウォン）	1,087	4,429	7,997	11,687	20,207	21,768
農家負債 / 農家所得	0.13	0.35	0.43	0.42	0.88	0.89
農家負債 / 農家剰余	6.6	6	4.4	3.5	5.3	7.1
農家負債 / 農家資産	0.2	0.2	0.14	0.14	0.14	0.09

資料：農林部『農林業統計年報』各年度

表 11　農家所得階層別農家所得の推移（単位・千ウォン、%）

	1998 年	1999 年	2000 年	2001 年	2002 年	2003 年	年平均増減率
I（最下位 20%）	5,886	5,819	5,999	5,854	5,503	5,160	-2.0
V（最上位 20%）	42,526	46,337	45,767	46,834	49,070	62,173	7.4
V／I	7.2	8.0	7.6	8.0	8.9	12.0	-

資料：農林部『農家経済標本調査』各年度

表 12　農業生産基盤と食糧自給率の低下

	1985	1990	1995	2000	2005
耕地面積（千 ha）	2144	2109	1985	1889	1824
耕地利用率（%）	120.4	113.3	108.1	110.5	104.7
農林業就業者（千名）	3554	3100	2289	2162	1747
農業就業者中 60 歳以上の比重(%)	15.1	23.7	33.5	46.2	57.0
食糧自給率（%）	48.4	43.1	29.1	29.7	29.3

資料：農林部『農家経済標本調査』各年度

二〇〇〇年の七・六倍、二〇〇三年の一二倍に増加している。

5　農業生産基盤の低下と食糧自給率の急落

耕地面積、耕地利用率、農業就業者などすべての面で農業生産基盤が急速に崩壊している。その結果、食糧自給率がしだいに低下し、カロリーベースで三〇%にもおよばない（表12）。

第三節　韓国農民（農村住民）の主体的な対応

活気なし農村地域、希望なし農村住民、これが今日の韓国農村の自画像である。しかしすべての農村地域が厳しい状況にあるといっても、その実態は地域によって大いに異なる。ある地域は希望を失って衰退一途にある反面、ある地域は発展の新しい活路を探して積極的に取り組み、一定の成果をあげている。発展している地域の共通点は、中央政府へ依存的な態度を止揚し、自分の地域の問題を自ら苦労して解決するために努力していることである。これらの地域は、地域資源の最大限の活用と外部資源の主体的・計画的利用、地域主導の発展と住民参画を通して経済的、社会的、環境的に統合された持続可能な発展を追求し、発展の成果が地域住民に帰属するように努力している点で、内発的発展を指向しているといえる。

地域資源の活用と住民参加を通した地域の内発的発展が注目を浴びるようになった理由は、中央政府の数多くの農村発展対策が、所期の成果をあげることができず、農村の事情がますます悪化している現実のためである。とりわけGATT・UR以降、農産物市場開放に対応して推進してきた農業改善政策が、農業の国際競争力の向上や農村問題の解決に役に立たなかったからである。生産性至上主義に基づいた画一的な農業構造政策は、むしろ農村地域の衰退、環境悪化、農産物の過剰生産、農家負債の増大、農家階層間、農村地域間における格差の拡大など様々な問題を起こしたのである。

地域での自主的な取り組みは、環境保全型農業や都市農村交流が中心になっている。その主体も地域農業人が主導する（民主行従型）と自治体が主導する行主民従型、農協や宗教団体と学校が主導するケースなど多様である。[7] 本論では地域農業人が中心になった環境保全型農業の事例と自治体が中心になった農村観光・グリーン・ツーリズムの事例を紹介する。

事例一――忠清南道牙山市のプルンドル（green field）営農組合法人　プルンドル営農組合法人は一九七五年、四〇余名の青年生産者たちの有機農業生産組織として出発した。一九八〇年から無農薬米の直売をはじめ、一九九六年には「ハンサルリム」（消費者組織）と「ハンサルリム牙山市生産者連合会」を結成した。二〇〇〇年には親環境農産物の過剰供給に備え加工事業を始め、プルンドル営農組合法人を作って事業規模を拡大した。プルンドル営農組合法人は、プルンドル食品工場で豆腐をつくり、そのときに出るおからなどの副産物を、蔬菜農家と畜産農家が再活用する一方、畜産農家からでた糞尿を耕種農家に供給する、地域循環型農業生産システムを導入した。さらに親環境農産物の価格下落に備え、流通安定基金を設け自ら助成し合った。自治体と農協との協調体制をつくり、地域の長期的発展計画にも参画している。

事例二――全羅南道咸平郡の〝蝶祭り〟　全羅南道咸平郡は山間地域で営農条件が劣り、発展が遅れた奥地である。放送局プロデューサー出身の郡長は、奥地がもっている清浄な地域のイメージを生かして地域を活性化するために、清浄地域にしか繁殖しない蝶の祭りを企画した。〝蝶祭り〟によって地域への訪問客が急増したことを基盤にし、蝶を形象化したブランド〝ナルダ〟（飛ぶ）を地域の代表ブランドに開発し、地域の農産物の付加価値を高める、いわゆるOne-Source, Multi-Useの戦略を展開した。

全国でも有名な成功事例として知られているが限界もある。まず、一人のリーダー（郡長）に過度に依存し、地域社会の主体性が形成されないのではないか、また成功が住民の暮らしの向上に結びついているかどうか、が問われなければならない。

第四節　韓国農政の転換方向

農業と農村が新自由主義の世界化に対する道は二つ考えられる。一つは新自由主義的な市場秩序に加わり、積極的に国際競争に対応していくことである。いま一つは新自由主義的な市場秩序への従属的な編入を拒否し、地域が自分の運命を自ら決める内発的発展を追求することである。韓国政府は基本的に前者の道に従い、国際競争力の向上を農政の基本課題にしているが、地域での対応の基本方向は、内発的取り組みを指向している。中央政府の政策と地域の取り組みとの間の不一致がますます大きくなっている。

しかし国際競争力だけが生き残る道である、という競争力至上主義農政は、農政の目標と手段を転倒した政策である。生産性向上＝競争力強化が農政の最優先課題になると、なんのための生産性なのかという批判を避けることができない。農業構造の改善、国際競争力の強化などは、農政の目標を達成するための政策手段であって、それ自体が農政の理念なり目標にはなりえない。韓国社会や国民にとって、農業・農村の価値なり役割がなんなのかを明確にし、その価値や役割が最大に発揮されるような農業施策がとられなければならない。

今後韓国の農村と農業は、急速な構造調整を迫られるだろう。構造調整の方向は、基本的には一般国民が農業と農村になにを求めるか、によって決められるだろう。まず、市場開放が加速化されると国内農業の食料供給機能は全般的に低下するが、環境及び食品安全性に対する国民の関心が高まるにしたがって、安全で新鮮な高品質の国内農産物の需要は相当増加するだろう。農村は一方では高齢化の進展、都市との経済的格差の拡大により活力を失うだろう。しかし、他方では都市に比べ、農村がもつ優位性を積極的に評価する〝活気ある〟農村住民が徐々に増え、彼らが農村の将来の担い手になるだろう。また農村のアメニティを求め、農村を訪ねる都会人も増加するだろう。したがって農村を国民全体のための暮らしの空間と経済活動空間、環境及び景観空間としてどうやって発展させるのかが鍵である。

こうした観点から農政は農民側からは所得及び福祉水準の向上、国民側からは農業の多面的機能（食料安保、農村地域社会の維持・発展、国土及び環境の保全、伝統及び文化の継承、人間教育など）の極大化を基本目標にして、実現のために農業構造政策、価格・所得政策、生産政策、地域政策など多様な政策手段を効率的に使用することを必然的に迫られていくだろう。ここには農民と一般国民の間に、農民は環境を守り農業の多面的機能を極大化するために最善を尽くす一方、一般国民は農民の経営安定を支援する暗黙の社会契約が必要である。

今後の韓国農政は農業（農民）を対象にした農業政策の狭い枠組みを乗り越え、一般国民と消費者も視野にいれ、食品の安全性と栄養供給、環境と景観の保全、農村地域の振興などを重視しなければならない。すなわち農政の対象が農業政策から、食料安全政策、農村地域の発展計画へ拡大していかなければならない。とくに農村政策の発展計画は農村社会の生産基盤の整備中心から農村のもつ多様な機能の発揮を図る統合的な農村政策（integrated rural policy）へ転換すべきである。

注

（1）韓国における一九九〇年代以前の農産物市場開放政策の展開については朴珍道［1994］第三章参照。

（2）一九八九年一〇月GATT国際収支委員会は韓国をGATT一八条B項の対象国から卒業させて一九九七年まで農産物市場を段階的に全面開放することを勧告した。

（3）韓国農村経済研究院は米を除いた場合、シナリオによって一兆一二五二億ウォンから二兆二八三〇億ウォンの農業生産が減少すると推定した。韓国農村経済研究院の研究［2006］によると、韓米FTAが韓国農業にあたえる影響は穀物、果実、畜産、蔬菜などの順で大きい。

（4）農林部［2004a］

（5）一九九二―二〇一三年から物価が毎年四％ずつ上がると仮定して計算した。

（6）詳しいことは朴珍道［2003］を参考。

（7）朴珍道［2005a］は韓国の農村地域における内発的発展の事例を主体と発展類型の観点で分析している。

参考文献

農林部［2004a］『農業農村総合対策』二〇〇四年二月
農林部［2004b］『農業農村総合対策――細部推進計画』二〇〇四年二月
農林部［2005］「農林漁業人・의 삶의質의向上및農山漁村地域開発基本計画」
農林部『農林業主要統計』各年度
農林部『農林業統計年報』各年度
農林部『農家経済標本調査』各年度
朴珍道［1994］『韓国資本主義와農業構造』한길社
朴珍道［2003］「農村社会経済構造の変動についての事例研究」『韓国経済研究』三巻、九州大学、二〇〇三年一月
朴珍道［2005a］「地域革新과地域리더의役割」『地域革新과地域리더』地域財団、二〇〇五年七月
朴珍道［2005b］『WTO体制와農政改革』한울社、二〇〇五年八月
韓国農村経済研究院［2006］「韓米FTA의主要農産物別波及影響及및敏感品目選定方向」二〇〇六年八月四日

第四章　台湾

台湾のWTO加盟と農業政策

任　燿廷
（淡江大学日本研究所所長）

はじめに

経済の発展に従って、農業政策の方向は貧困、食糧問題から所得格差、食糧安全保障、環境保全問題に変わり、農業保護の水準が高まるにつれ、財政負担が巨額に達している。農業の保護は反面で、生産過剰を招いた。各国の政府はこの過剰生産を、輸出補助金でさばいたため、国際農産物貿易市場に歪みを引き起こした。WTOの農業規約が生産助成策の削減を加盟各国に義務付けたため、農業支持政策は生産から切り離されて、直接所得補償に切り替えられた。この方式は、WTO農業規約の「緑の政策」(green box)と呼ばれ、技術開発やインフラ整備支援と並んで国内助成削減義務の対象外となっている。WTOの加盟国は国内助成の削減とその仕組みの転換、輸入制限の関税化、輸出補助の削減などにより、農産物貿易を拡大することに合意した。

二〇〇二年、台湾はWTOに加盟した。本論文はWTO加盟後、台湾農業がどのように新しい世界農業システムに適応してきたか、その政策はどう変わったかを明らかにする。WTO加盟後、台湾の農業政策は変革を求められている。貿易自由化への対応だけではなく、マクロ経済の持続的発展と地域経済振興に農業は重要な役割を果たすと考えられている。また、自由市場に対応できる農業支持と構造調整のあり方、真の競争力を備えた農業の営み方、農工間の所得格差の解消、生活の場と多様な生物の生息地としての農村の環境作りなど、ポスト工業化の時代が抱える様々な農業に関連する課題の解決を迫られている。

第一節　世界農業システムの変化とWTO

1　自由市場原理と農業の多面的機能

世界の農業システムは、GATTのウルグアイ・ラウンド(以下略称UR)の最終合意であるマラケシュ協定、通称URAA(Uruguay Round Agreement on Agriculture)によって大きく改革された。(1)

農業改革がURで交渉の議題として取り上げられた背景には、これまでの農業の高保護政策から過剰生産、そして財政負担増という図式で、財政負担が耐えがたいものになってきた事情がある。先進国間における農業保護の仕組みは生産刺激的で、国の財政負担になるばかりだけではなく、過剰生産の処分に輸出補助金をつけてのダンピング競争を招き、貿易の歪みを引き起こした。ことにアメリカとEUは農業政策の転換を余儀なくされた。つまりURAAは農業保護の重い財政負担を抱えきれなくなった各国の妥協の結果でもある。

一九九四年、URAAの妥結によって成立した新しい農業貿易ルールは、第一には国内農業保護の手段を関税に限定すること、第二には国境措置の関税を含め、すべての国内農業保護の程度を漸次的に削減すること、の二点が基本である。[2] そして農業に対するあらゆる支持、つまり内外価格差、財政による補助金など一切の助成を金額にして表す総農業助成（AMS Aggregate Measurement of Support）を農業保護の指標として使うことになった。合意されたURAAの内容は、関税以外のすべての国境措置の関税化、国内支持や輸出補助金を自由市場化の原則にそって削減することを内容とする。これは農産物貿易ルールづくりおよび障壁削減において、新たな一歩を踏み出すものであった。

URAAで合意され、WTO・ドーハ農業交渉に持ち込まれた議題は、国境保護措置の透明化と削減以外に、過剰生産の原因となる国内生産助成の削減と仕組みの変更、そして輸出補助の抑制を含んでいる、すなわち市場アクセス、国内の農業支持と輸出競争のあり方を議題としている。ドーハ新農業交渉がこの三大議題を引き続いて織り込んだのは、これまでの農業保護が農業生産性の低下を招き、再び農業保護を必要とする悪循環から、三大議題のさらなる自由化によって離脱する必要に迫られたからである。

WTO農業規約は言い換えれば、これまで政府によって規制されてきた農業システムを、自由市場原理に基づく運営システムに転換させることを目的としている。

自由市場原理に基づき、農業支持の構造改革を行うことと、経済学の原理にそって望ましい国際分業の体系を探求することは、農業構造改革を考える際の原点である。そして、各国のそれぞれに異なる農業生産の要素と条件（土地、労働、資本）、さらに食文化や食糧安全保障を考慮した上で、農業構造の改革を進めなくてはならない。

URAA合意以降の世界の農業・農政の状況からみると、農業自体はもとより農業の持つ公益性・公共性が、市場の機能のみでは律しきれないことへの配慮がより一層重要視されてきている。二〇〇一年一一月、WTO・ドーハ・ラウンドの農業交渉宣言でも、食料の安全（food security）と環境の保全（environmental protection）等の非貿易的関心事項（non-trade concerns）の重要性を確認している。二〇〇四年八月の合意で農業交渉の枠組みにこの二つの議題を付け加えて、交渉の議題は国境措置、国内支持、輸出補助と合せて五項目としている。

その際、農産物の支持価格水準を政策的に引き下げていく場合、再生産が可能な農業所得水準を確保するため、生産から切り離された直接所得補償政策を実施しなければならない。EUの共同農業政策の直接支払い、日本の中山間地域政策の直接支払いがこのタイプの政策例である。

他方、農業の持つ公共性を、その多面的機能（Multifunctionality）から注目する動きが目立っている。農業は貿易の対象となる農産物のみを生産しているわけではなく、その持続的な生産活動により必ずしも市場取引の対象とならず、価格に反映することのできないような、多面的で公益的な価値を生産する機能があるとする考えである。OECDの農業食料政策は、農業の多面的機能の価値を維持、または強化すべきだと主張している[3]。この価値は地形、気候、歴史的経緯等により、国によって多様な形で機能しているが、一般的に次のような性格を有する。第一に、多面的機能は農産物の生産と不可分に発揮されること、第二に、その多面的機能の供給を断念することで市場の失敗、すなわち公共財としての環境の劣化が引き起こされることである。農業の多面的機能を維持するには、経済学の視点から政府の介入が正当と考えられる[4]。

EUと日本のこうした政策転換の背景には、農業の社会的役割に対する認識の変化がある。つまり自然環境や景観の保全、固有文化の伝承などの要求を満たす農業の多面的機能への評価の高まりである。

WTOの農業交渉では日本とEUが中心になって韓国、台湾などの国から構成されているG10グループが多面的機能を支持している。

理論上、農業の多面的機能を外部経済として認める場合、私的便益と社会的便益の差、つまり多面的機能の評価額の部分を政策的に補填することによって、市場の失敗を是正し、社会的に最適な資源配分を達成することになる。ただし、農業の多面的機能について政策的助成を行うことは、必ずしもWTO農業規範の「緑の政策」の生産中立性の要件に合致するとは限らない。多面的機能への助成により市場の失敗を補なうとき、一般的には多面的機能の供給量とともに、農産物の生産量にも何らかの変化が生じる。また、社会的に最適な資源配分を達成するために、多面的機能に対してインセンティブを与える必要があるが、食料と多面的機能をベストな供給量に移行させるインセンティブの適切な水準は、現段階では現実的に測定不可能と言わなければならない。限られた情報のもとで、多面的機能を理由に、政府の介入が適切な水準を超えることも大いにありうる。正確な情報がない限り、政府の失敗に対する抑制力は働きにくい。農業の多面的機能について、市場の失敗をできる限り補正するとともに、市場の失敗を根拠とする政府の失敗をも防ぐことを合わせて重視しなければならない(5)。

2　WTO加盟と台湾農業

WTO加盟に当たって台湾は関税引き下げ、国内市場開放と国内支持の削減及び仕組みの転換を承諾した。

一九九〇年、台湾はWTO加盟の申請を提出してから一二年間かかって二〇〇二年、正式な加盟が認められた。入会に当たり台湾はWTO農業規約に従い市場開放を承諾、農産物の輸入関税を切り下げた。

台湾は経済発展レベルにそって、日本と韓国の中間水準にまで関税率を引き下げることを承諾した。農産物を輸入する際の平均名目関税率を、ひとまず二〇〇一年の二〇・〇二%からWTO加盟年である二〇〇二年に一四・〇一%に切り下げる。そして一〇年間に分けて一二・八六%までに削減する。また、多数の農産物品目について、関税削減の期限を明示することを承諾した。関税割当制(TRQ)を適用する一三七品目は、加盟後の二〇〇四年に、鯖など水産品は二〇〇七年に繰り延べたが、三二品目については二〇〇〇年に繰り上げた。農産物の関税切り下げ品目数は、工業製品の三四七〇品目

表1　台湾の輸入関税の引き下げ率（%）

類別	平均名目税率（2001年）	加盟（2002年）	引き下げ目標税率	下げ幅（2001-2011）	引き下げ項目数
輸入全体	8.20	7.08	5.53	32.56	4,491
農産物	20.02	14.01	12.86	35.76	1,021
工業製品	6.03	5.78	4.15	31.18	3,470

資料：経済部国際貿易局 WTO センター
http://cwto.trade.gov.tw/kmDoit.asp?CAT312&CtNode=656 より整理

に比べて半分以下の一〇二二品目であるが、その切り下げ幅は三五・七六%に達し、工業製品よりも多かった（**表1**）。

国境保護措置として、輸入数量または地域制限を実施していた米、砂糖、落花生、小豆、豚脇腹肉など四一品目は、米以外はWTO規約に従って、関税割り当て制または関税化による輸入自由化に切り替えた。

米の輸入についてはWTOに加盟した二〇〇二年に限り、関税による制限ではなく、輸入数量の制限を取り入れた。輸入量は一九九〇―九二年消費量の八%をベースに、玄米換算一四万四七二〇トンであった。二〇〇三年からは関税割り当て制に切り替えた。輸入割当枠内の税率は米〇%、米製品一〇―二五%の低関税率を適用、枠を超える量は米キロ当たり四五元（一元は三・五六円）、米製品キロ当たり四九元の枠外税率を適用した。当該年度の枠を超える場合には、適用枠外税率はさらにその三三・三%の追加が可能である。二〇〇三年の輸入量は二〇〇二年度と同じ、一四万四七二〇トンであり、その六五%は政府、三五%は民間による輸入である。民間による輸入の枠は入札権利金方式により、年三回民間業者に配分され、民間輸入業者が入札により輸入権利を手中にした分の米量を輸入する。台湾の米輸入方式が関税割当制に切り替えられた理由は、一九九九年から日本が関税割当制に転換したこと、また二〇〇四年は韓国が輸入制限を維持する最後の年であり、台湾が輸入数量制限を維持するならば、単独でWTO交渉の圧力に直面しなければならない事情を考えたからである。

なお、WTO加盟当初においては果実、水産物、小豆等二四品目について関税割当制が実施されたが、これは国内生産者に生産調整の時間を与えるためにとられた方策である。二〇〇五年から豚脇腹肉、鶏肉、豚と禽内臓の四品目が関税割当制から外され、輸入が自由化された（**表2**）。

また、輸入地域を制限していたリンゴ、桃、ブドウ、竜眼、レイシ、柑橘類、キャベツ、大豆、小麦、牛豚肉、七面鳥など家禽肉、イカ等一八品目はWTO加盟年から輸入制限が撤廃され、関税化により輸入地域の自由化に踏み切った。関税率は二〇%から四〇%の間に設けられている。

3　市場開放と農産物貿易

WTOの統計によると、二〇〇三年の台湾の農産物輸入額は七九・六億ドル、二〇〇四年九〇億ドル、二〇〇五年九四・八億ドル、農産物輸出額は二〇〇三年三七・五億ドル、二〇〇四年四三・五億ドル、二〇〇五年四四・七億ドルとWTO加盟以来、年ごとに拡大している。農産物貿易収支の赤字は、一九八〇年代中ごろから増えているが、WTOに加盟したのち、輸入の急増に従って、さらに拡大する傾向を示している。二〇〇五年、台湾の農産物輸出は世界農産物輸出の第二一位、台湾の総輸出額の二・四%、輸入は世界農産物輸入の第一〇位、台湾の総輸入額の五・二%をそれぞれ占め、二〇〇〇年と比べてあまり変わっていない（**表2**）。

二〇〇六年、主な農産物輸出入品目は、輸出が冷凍漁産物と加工用の冷凍マグロ、牛皮、その他農

表2　WTO加盟と台湾の農産物貿易（百万ドル・%）

	金額					台湾総貿易の比重		世界ランク
	1990	2000	2003	2004	2005	2000	2005	2005
輸出	3,732	3,509	3,750	4,346	4,468	2.4	2.4	21
輸入	6,203	7,899	7,959	9,010	9,480	5.6	5.2	10
貿易収支	-2,471	-4,391	-4,209	-4,664	-5,012			
	輸入金額	世界輸入比重			輸入年平均成長率			
	2005	1990	2000	2005	2000-05	2003	2004	2005
台湾	9,480	1.40	1.32	1.05	3.71	10.40	13.21	5.21
日本	65,947	11.46	10.42	7.27	1.18	6.12	11.92	0.79
中国	45,189	1.77	3.28	4.98	18.25	39.52	38.70	6.88
韓国	16,773	2.15	2.15	1.85	5.49	6.48	11.20	4.59

作物、羽毛、冷凍鰹、羊毛など、輸入の順位は穀物、トウモロコシ、タバコ製品、大豆油菜種、綿花の順である。主な輸出先は日本、香港、中国で、輸入先は米国、オーストラリア、日本であった。

最大の輸出先である日本への農産物輸出とその輸出競争力構造は、大きく変わってきている。一九九一年から二〇〇三年にかけて、対日輸出競争力のある農産物は、加工食料品に集中している[6]。

労働集約的な生産による生鮮、冷蔵、冷凍野菜と果実産品、生鮮、冷凍、調製豚と鶏肉類、鶏卵、また所得弾力性の高い生鮮冷凍魚類、調製済みの魚貝類などの水産物に集中している。

WTO加盟後、台湾の農産物輸入は二〇〇三年一〇・四%、二〇〇四年一三・二一%、二〇〇五年五・二一%の年平均率で増えている。同じく二〇〇二年加盟の中国に比べて増加率は低いものの、一九九〇年代半ばに加盟した日本、韓国より高い増加率である。二〇〇五年の台湾の農産物輸入量は世界全体の輸入量の一・〇五%に相当し、一九九〇年の一・四%、二〇〇〇年の一・三二%より比重は低下している。この変化は日本、韓国も同じ傾向を示している。台湾の農産物輸入金額がWTO加盟後増え続けているにもかかわらず、世界全体では比重が低下しているのは、中国の比重が増加しているからである（**表2**）。

4　輸入比率、国内生産と自給率

輸入自由化により農産物の輸入量が増えているが、品目別の国内総供給に占める輸入農産物の比率は、一概に増えているとはいえない。関税割当制が適用された品目の輸入比率の変化は、総じて関税割当枠の拡大による影響が大きい。椰子、小豆の輸入比率は、国内生産量の低減に従って増えている。米、落花生の輸入比率の変化は国内生産量の増減変化以外に、落花生は需要の季節変化そして特に米は生産過剰と特別セーフガード措置の影響によるものと考えられる。

台湾がWTOに加盟して以来、関税割当制が適用されている品目のうち、実際の輸入量が割当枠量に達したのは米、東洋ナシ、椰子、小豆、鶏肉、豚の内臓などである。他の品目の輸入量は検疫、流通経路、消費者の嗜好などが輸入抑制的に働き割当枠量には達しなかった。米、小豆、ブドウ、グレープフルーツ、スモモ、リンゴなどの生産量は輸入による影響で減ったが、総じていえば、輸入の拡大による国内産農作物の生産への影響は予測より少なかった。

しかし、台湾の食料自給率は、WTOに加盟する前の二〇〇一年の三四・八％から二〇〇二年三五・八％、そして二〇〇五年には三〇・五％に低下している。農産物輸入自由化による台湾の食料自給率の低下は明らかである。本来、自給率の低い穀物、でんぷん類、砂糖、豆菜種、牛乳等は加盟後おしなべて自給率が低下した。米の自給率は二〇〇四年から一〇〇％を下回った。自給率が相対的に高い野菜、果物、肉類等もWTO加盟後低下し、特にマッシュルームの低下が顕著であった。

第二節　農産物市場開放と国内農業への支持政策

1　国内農業への支持政策

米輸入制限の関税化は、WTO加盟に踏み切った台湾の農業貿易自由化の重要な一歩である。URAAの農業規約から見ると、台湾にはいまだ国内農業支持策の削減の課題が残っている。国内支持の削減について、台湾は農業総助成（AMS）の二〇％をカットすることを承諾した。WTO加盟申請当初、台湾の国内総助成は米の買取価格保証制度、雑穀買取価格保証制度、甘蔗の作付契約価格保証制度、稲作転作補助、タバコ葉・ブドウ・小麦の作付契約価格保証制度、夏期野菜価格差補填、農業投入補助、奨励金などを合わせ、基準期一九九〇―九二年の年平均値で一七七億元に達した。削減の方法は基本的にWTO農業規約の削減対象外の支持措置に切り替えることである。

国内農業への支持の仕組みについて、日本は一九九八年米の価格支持政策を撤廃し、二〇〇〇年に中山間地域等直接支払い制、二〇〇四年に稲作農家所得直接支払い制をそれぞれ導入、韓国は二〇〇五年に稲作農家所得直接支払い制を導入した。日本、韓国に比べ、台湾の国内支持仕組みの転換は遅れている。国内生産の減反調整策が、輸入拡大への対応策とされている。

輸入拡大による国内価格の下落、そして農家所得の減少が予想される状況で、台湾は基本的に価格支持政策を維持したまま、稲作の休耕、転作直接支払いなどで国内生産を調整し、輸入量の拡大に応じている。[7] 増加する休耕支払いの財源は、減反による保証価格支出の減少分からまかなわれている。国の財政面から見ると、新たな負担を増やしていない利点がある。

休耕政策によって耕地面積は、一九九一年の八八・四万ヘクタールからWTO加盟前の二〇〇一年に八四・九万、そして二〇〇五年に八三・三万ヘクタールへと減り続けている。とりわけ水田面積の減少が顕著であり、耕地面積の減少と歩調を合わせて、一九九一年の四七・三万ヘクタールから、それぞれ四三・九万ヘクタール、四二・六万ヘクタールへと減少し続けている。米（玄米換算）の国内生産量は、一九九一年の一八一・九万トンから二〇〇一年一三九・六万トン、二〇〇五年には一一八・八万トンと急減している。従って、米の産出額は一九九一年の三八七・四億元から、二〇〇一年には三二八・三億元、二〇〇五年は二八一・四億元に低下した。

2　農業支持政策の構造

総支持推定額（TSE Total Support Estimate）は、OECDが開発した各国の農業保護と支持総量を計る尺度である。消費者、納税者そして国境措置の関税等によって支えられる農業生産者収入の総支持推定額を意味する。

OECD加盟国の農業生産総支持の構成比を**表3**に示した。黄振德・廖安定〔2006〕の推計資料によると、台湾のTSEは米、トウモロコシ、大豆、砂糖、豚肉、鳥肉、牛肉、牛乳、バナナ、ブドウ、ナシ、茶など農業生産額の六〇％以上占める一四項目を用いて行われた推計は、一九九〇から二〇〇二年の一三年間に合計一兆一六四〇億元、年平均八九四億元に達した。一九九二年以後、額が

表3　台湾と OECD の農業生産者支持構造

		1990-1992	2000-2002	2002
台湾	TSE	61,973	95,674	94,438
	PSE	48,823	51,423	68,428
	GSSE	13,149	44,251	26,009
	TSE	100.00	100.00	100.00
	PSE	76.40	54.20	72.46
	GSSE	23.60	45.80	27.54
		1986-1988	2002-2004	2004
	TSE	100.00	100.00	100.00
OECD 平均	PSE	79.50	73.52	73.96
	GSSE	13.40	17.72	17.42
	Tct	7.10	8.77	8.62
米国	PSE	56.76	41.62	42.78
	GSSE	25.28	31.59	31.42
	Tct	17.96	26.79	25.80
日本	PSE	85.06	79.69	80.09
	GSSE	15.12	20.24	19.84
	Tct	-0.19	0.07	0.07
韓国	PSE	91.54	85.84	88.11
	GSSE	7.87	13.46	11.37
	Tct	0.58	0.71	0.53
		1993-1995	2001-2003	2003
中国	PSE	87.71	43.60	48.68
	GSSE	12.37	56.23	51.18
	Tct	-0.09	0.17	0.14

農業総助成（Total Support Estimate, TSE）に占める各農業助成政策形態の比重。生産者支持・一般的な政府サービス支援・納税者から消費者への移転支出等によって構成される。生産者支持項目（PSE）は Market price support と Payments based on output, Payments based on area planted/animal numbers, Payments based on input use, Payments based on historical entitlements, Payments based on input constraints, Payments based on overall farming income, Miscellaneous payments を含む。一般的な政府サービス支援項目（GSSE）は Research and development, Agricultural schools, Inspection services, Infrastructure, Marketing and promotion, Public stockholding, Miscellaneous を含む。納税者から消費者への移転支出（Tct, Transfers to consumers from taxpayers）。

資料：OECD, PSE/CSE database［2005］
黄振德・廖安定［2006］表 5、163p.
作者計算作成
http://www.oecd.org/dataoecd/44/36/35043748.xls
http://www.oecd.org/dataoecd/44/53/35043855.xls
http://www.oecd.org/dataoecd/38/16/35700091.xls

急増し始め、消費者による移転支出（Transfers to consumers from taxpayers）の額が、納税者への移転支出の額を上回るようになっている。国内生産者支持の推定額（ＰＳＥ）は、一三年間の合計で八五八七億元、年平均六六一億元である。一般的な政府サービス支援（ＧＳＳＥ）は一三年間の合計が三〇五四億元、年平均二三五億元に達している。台湾のＰＳＥの主な部分は価格支持による支出であり、一九九〇年代中葉からその総額の低減は、休耕による価格支持への支出の減少を反映したものと考えられる。一方、休耕転作直接支払いの支出は一般的な政府サービス支援に属するため、一九九〇年代中葉からＧＳＳＥの額とＴＳＥに占める比重はとも増加している。ＷＴＯ加盟のため、政策的調整の方向が「緑の政策」のＧＳＳＥ項目に転じてきていることを示している。一般的な政府サービス支援はＷＴＯの「緑の政策」に属する科目がほとんどで、ＵＲＡＡ後、世界各国の農業生産支持の調整方向は、農産物の輸出入国、先進、後発国に関係なく、ＧＳＳＥに傾きつつある。

ウルグアイ・ラウンド農業合意（ＵＲＡＡ）後、政府のサービス支援推定額は増加しつつある。一九九〇年代前半平均の一四一億元から、一九九八年初めて三〇〇億元を超え、ＷＴＯ加盟前の二〇〇一年は六七八億元にさらに拡大、二〇〇二年は二六〇億元となった。そのほとんどがＷＴＯ規範の「緑の政策」に属する。インフラ、農業教育と訓練がその主な内容である。

３　台湾の農業支持水準

表４に示されている台湾の農業生産者への名目保護率 Producer Nominal Assistance Coefficient（ＮＡＣＰ）は、台湾の農業保護政策によって、農業生産者の収入が何パーセント引き上げられているか

を示す指標である。(8)

農業生産者への名目保護率は、ＯＥＣＤによって考案された各国の農業保護を計る尺度の一つで、農業生産や農業所得を支持している国の政策手段、すなわち消費者ないし納税者から生産者に移転した生産者支持推定額によって加算された農業生産者の収入を、国際価格評価の農業生産額で割った比率である。(9) 保護と支持がなければ、農業生産者名目保護率は一になる。この値が一より大きいほどその農業保護の程度は高いと言える。

表４　OECD の農業生産者名目保護水準（NACp）

	1990-92	1995-97	2002-04a
ＥＵ	1.55	1.52	1.52
スイス	3.70	3.13	3.41
ハンガリー	1.22	1.13	1.39
米国	1.20	1.14	1.21
メキシコ	1.31	1.06	1.26
オーストラリア	1.08	1.06	1.05
日本	2.10	2.35	2.37
韓国	3.80	3.02	2.72
ＯＥＣＤ平均	1.50	1.42	1.44
中国	—	1.01	1.01
台湾	1.25	1.30	1.24

注：1）NACp：Producer Nominal Assistance Coefficient
2）EU は 1994 年まではEU-12、その後はオーストリア、フィンランド、スウエーデンを加えて EU-15 カ国となる。
3）台湾は 2000-02 年、ハンガリーと中国は 2001-03 年の平均値である。
4）三カ年平均値。

資料：OECD, PSE/CSE database 2005（OECD 諸国）
OECD, PSE/CSE database 2006（中国）
黄振德・廖安定［2006］表 5、163p.（台湾）

台湾の農業支持水準は一九九〇年代初期一・二五、ＵＲＡＡ後一・三、二〇〇〇年代初期一・二四を示し、農業生産者収入の二五―三〇％が国内支持によって支えられていることを意味する。台湾のこの支持率はスイス、韓国、日本、ＯＥＣＤ平均より低く、米国、オーストラリアより高いレベルにある。ＯＥＣＤ諸国、特に高支持または保護を施している韓国の支持率はＵＲＡＡ後、低減してきている。台湾も二〇〇二年一月、ＷＴＯに加盟する前から、一部の農業生産者保護の削減が行われ、URAA後、農業生産者支持率は低減し続けている。

国内支持策の対策とされている農産物は、ほとんどTRQの適用ないし高関税率品目である。言い換えれば台湾の現行農業国内支持は、国境措置に依存している。しかし、WTOの新農業交渉で、(一)個別品目、例えば米の補助総額に上限を設けること、(二)交渉締結の初年度にAMSの総額、つまり国内支持(品目生産総額五%以上の補助比率)、デミニミス補助(品目生産総額五%以下の補助比率)と国内助成合計量の二〇%をカットすること、(三)関税割当枠量の拡大、(四)関税割当枠内外の関税率削減など自由化への議題が取上げられている。交渉の結果次第では、現行の国内農業支持策を国境保護措置によって維持することができなくなり、修正を施さなければならない時期がきている。

第三節　WTO加盟と農業対応策の生態環境への影響

1　台湾農業の外部経済性

WTO加盟に当たり、台湾農政は国内農産物の価格保証による買い付け量を減らし、輸入量を増やした。

国内農業生産が減少する直接的影響だけでなく、農業の規模と耕地を縮小させる政策の選択によって、生態環境への影響が生じた。稲作の場合には、水田の有する地下水涵養、洪水調節、水質浄化、土壌浸食防止、気候の微調節、土壌塩類化の防止、水鳥生息地等の環境保全の機能はその転作、休耕または転用によってプラス、マイナス両面の影響を受けることとなる。農地を宅地や商用地に転用する場合は特に洪水調節、水質浄化、気候の微調節、水鳥生息地の生態環境にマイナスの影響を与える。特に水田の場合にはその水源・地下水涵養、洪水調節の外部経済効果が、米の産出高より大きいことが実証研究の結果判明している。水田の気温微調節、塩類土壌化の防止効果も無視できない大きさである。

他方、農産物貿易の自由化が環境に対する影響は、国内生産の減少につながる耕地利用の低下による農薬、化学肥料の投入の減少により環境保全にプラス影響を与える。生産と切り離した農業を農業地域の維持策として位置づけ、間接的に環境保全または農業の多面的機能を保たせることが、農業環境政策の重要な課題となっている。一定水準の環境基準を維持している営農への環境直接支払い制度が、選択肢として重要視されている。

2　米の輸入による稲作の化学肥料・農薬の減量効果

黄宗煌［2003］は、WTO加盟による関税の切り下げが、稲作の農業資材使用量に与えた影響を計測した。農薬使用総量は一九九七年以前の年間九九五・四万トンから九二一・八万トンへ、尿素使用量は二〇・五万トンから八・五万トンへと低下した。

しかし、農薬と化学肥料使用量の減少は主に減反による結果であり、政策的に環境の汚染源である農薬と化学肥料の使用量減少に働きかけた結果ではない。農薬、肥料の使用に関しては有害成分だけが管理されており、使用量については何の基準も設けられていない。農薬・化学肥料の適当な使用量について、土壌の養分調査から投入と産出の総量制限を導入する必要がある。

3　農業政策と環境保全施策の統合へ

一九六九年、農業産出額が急低下したため、農業構造問題の改善が取上げられ、農業生産強化、流通マーケティング効率の向上、農業所得の増加、防災・水害防御・水土資源の合理的な利用などの政策目標が打ち出された。

一九七三年には「農業発展条例」が公布され、農業生産と農村生活環境を維持するため、政府機関は農業生産による環境の汚染と非農業部門からの農業生産、農村環境、水資源、土地、空気等への汚染を防止する政策を施されなければならない、と明記された。

一九八七年に公布された「農村建設政策綱要」には、環境法規を確実に実施して農村と農地の汚染を防ぐことと、濫墾、濫伐と地下水の違法吸上げを禁じて良質な農業生産環境を確保することが定められた。農業生産から生じる環境汚染を防止するため、「農薬使用管理弁法」、「飼料管理法」、「水汚染防止法」、「農薬廃棄容器回収処理弁法」などが次々と整えられた。

一九九一年の「農業綜合調整法」は、台湾で初めて農業生産による環境汚染問題の解決を主な政策目標に掲げ、農業環境保全の重要性を重視し始めた。農業構造の調整に当たって、量よりも質の追求、環境の保全と生態系の保全、レジャーなど多面的機能の発揮を目標としている。公共財的な農業の価値が法的にも認められ、社会的便益とコストの視点から農業の価値を計らなければならないとされるに到った。

一九九六年には「跨世紀農業建設方案」が公布され、農業、農民、農村の三農を主体に農業の近代化を促進、ゆとりがあり自然の豊かな農村を建設、自信と誇りある農漁民を育てることを政策目標に掲げた。新しい世紀の農業の構築に当たって、生産者と消費者権益のバランス、生産、生態、生活など農業が果たす「三生の役割」のバランスを追求すべきであると強調している。二一世紀に向かって、台湾農業は環境と調和のとれた持続的な農業経営を目指すことになった。

第四節　新農業運動へ

二〇〇六年には、「台湾新農業運動」が開始された。「明るい新農業」のビジョンが、「創造力ある農業・活力ある農民・魅力ある農村」の三つの側面から示された。生産、生活、生態のバランスがとれた農業を構築するのが究極の政策目標である。

1　新農業運動の目的と枠組

台湾はWTOに加盟してから五年目の二〇〇六年に、G10の農業交渉グループに参加し、農業の環境保全と多面的機能を主張するグループの一員となった。農業の価値は経済的な価値だけではなく、社会的価値そして環境価値を有する。農業に外部経済性を認め、社会的便益とそのコスト分担の角度からの農業への再評価が「新農業運動」の契機の一つとなった。

農業支持政策は持続的発展の可能な農業を構築し、生物多様性と生態環境そして多面的機能性の維持と強化に重点を置くように変化してきている。農業政策の調整は単に自由貿易への対応だけではなく、持続可能な農業の発展へ構造改革となるように、新農業運動の施策枠に織り込まれている。「新

表5　戦後台湾の主要農業政策と環境保全関連措置の変遷

時期	政策方案	政策目標	環境保護関連措置
1945–53		食料増産 農産物価格管理	
1954–68		農業安定成長 農業による工業育成、工業による農業発展	
1969	農業政策検討綱要	農業生産強化 流通マーケティング効率向上 農業所得向上 防災水害防御水土資源の合理利用	山村地開発、保育と利用並行
1973	加速農村建設重要措施	農村建設の促進 農業生産強化 農民所得の向上 農家生活環境の改善	
1979	提高農民所得加強農村建設方案	農民所得の向上	農業資源利用と企画の強化
1982	加強基層建設提高農民所得方案	農工間所得格差の縮小 農村都市間格差縮小・農村福祉強化 農業持続成長の維持と食料自給自足の確保	農業資源利用と企画の強化
1985	改善農業結構提高農民所得方案	農業の持続成長 農村社会の安定 農民福祉の促進	農業資源開発利用の企画強化
1987	現階段加強農村建設政策綱要	農業の発展・農村建設の強化 農民所得の向上・農民福祉の促進	環境保護の法的規定の的確な実行・農村農業汚染の防止・濫墾、濫伐と地下水の違法吸上げの禁止・良質な農業生産環境の確保

1991	農業綜合調整方案	農業労働者の質の向上・農地利用効率の向上 産業構造調整・農業生産付加価値の増加 農業流通マーケティングコストの引き下げ・農村文化の引き上げ　農村生活環境の改善・農村都市生活格差の縮小・均富の実現　資源の持続的利用の確保・農業と環境の調和　農業生態環境の維持・グリーンツーリズム機能の働き	林業経営と水利の改善・公害汚染防止・農業生産環境の改善 自然保育の推進
1996	跨世紀農業建設方案	効率と安定的な農業の推進 ゆとりと自然の裕福な農村の建設 自信と尊厳のある農漁民の培育	農業科学技術、研究開発主導型と市場需要、生態保護重視の政策 調和のある持続的な農法 農業資源の合理的な利用の促進
2000	邁進 21 世紀農業新方案	持続的発展性のある緑産業・尊厳のある元気な農民・万物共存の生態環境　知識経済化の農業発展・農業科学技術と文化の応用・農業競争力の強化と農村建設の向上　食糧安全の確保・良質、衛生、安全な農産物の生産・消費者権益の確保　農村生活環境品質の向上・農村社会安全体系の構築・農民所得と福祉の向上　農業資源品質と利用効率の向上・国土安全の維持・生態環境調和性の促進	ポテンシャルのある精緻農業とレージャ農業の推進・農業経営範疇の拡大 生物多様性の維持・山林災害防止の強化・生態環境品質の向上
2006	台湾新農業運動	全民参加、享受型・生産、生活、生態のバランスを重視する農業の発展 創造力ある農業・活力ある農民・魅力ある農村 農業構造改革・知識経済化農業推進、農業生産構造改善・グロバールなマーケッテイング展開・安全農業体系の構築・農業政策改革 優質人力資源の培育・農民生活支援体系の構築・農漁民団体変革の協力・農漁民福祉措置の強化 農村風貌改造の促進・農村の持続的発展の確保、グリーンツーリズムの推進・生態環境の持続的発展の推進・国土保育復育の強化	農村の持続的な発展 生態環境の持続的な発展・国土保育と復育の強化

資料：呉珮瑛［1997］

呉静恵［2001」表 5-2

農業運動」施策の枠組みは以下のように設定されている。

品種改良、生産加工、ブランド、マーケティング、貿易の付加価値の創出過程において、高品質、高効率、高付加価値の農業を目指す。全体の付加価値を向上させるために、資源を付加価値率の高い側に誘導するか、付加価値創造力をより高次元のレベルにシフトさせるか、いずれかの調整を行う必要がある。

こうした新付加価値農業の構築は農業の知識経済化とＩＴ化を通じて、構造改革を行い、農業競争力を育てていくことと、持続発展可能な生態環境保全型農業を目指して、農村改造を推進することを意味する。「新農業運動」による新しい国内農業支持の仕組みは、稲作所得を補填する直接支払い制、休耕転作・転用の環境直接支払い制（Agri-enviroment direct payment）、休耕地のエネルギー作物・バイオマス転作奨励制、農業保険制度の導入などである。

台湾の国内支持仕組みの改革は日本、韓国等の改革の進展に比べて遅れている。「新農業運動」による農業構造の改革は、台湾の農業生産者支持の主要な措置である価格支持政策の撤廃を、正式に宣言したことを意味する。具体的には三〇数年の歴史を有する米の買取価格保証制度を、稲作農家所得補填直接支払い制度に切り替えることである。

この構想は農業委員会が二〇〇六年に草案を作り、二〇〇七年行政院に申し入れ、社会にアピールし、二〇〇八年から実施される。

米所得補填直接支払い制度構想は二つの部分から成る。米保証価格買い付け制度を廃止し、農民の所得を維持するために所得直接支払い制に切り替えることと、食料供給の安全を保障する在庫の確保に当たっては、市場価格で政府が買い上げる制度である。

制度変更後、米価が一五％範囲内で下落しても、農家所得は影響されないことを前提として、固定と変動支払い両方式によって契約する稲作農家に所得補填支払いを支給する。契約によってこの制度に参加する農家は、一九九四年から二〇〇三年にかけて稲作を制限されなかった産地の稲作農家に限られる。また、契約する農家は補填基準価格の二・五％を出資することが条件となる。

固定支払いは価格保証制度の廃除によって農民所得が減少した分の一部を補填する。固定支払いの計算式は、固定支給額＝（買い付け価格－収穫期市場価格）×単位面積買い付け量、とされる。

変動支払いは保証価格制度の廃除により、米価の下落が引き起こした農民所得の減少分の一部を支給する。この変動支給による所得補填額の水準は、市場価格と目標基準価格の差額の五〇％である。目標基準価格は近年の市場価格の変動と稲作コストを勘案した上、農民の粗収入の確保を目指して設定する。目標基準価格は三年間固定する。変動支払いの計算式は、変動支給額＝（目標基準価格－市場価格）×単位面積生産量×五〇％、である。

食料安全在庫量は政府が市場価格で買い付ける。実施最初の三年間は二〇、一五、一〇万トンと順次に購入量の引下げを予定している。

所得補填直接支払い制度構想にはいくつかの問題点がある。まず、ＷＴＯ農業規約との整合性について、固定支給の買い付け量の決め方、変動支給の面積生産量の決め方に不明な点がある。一方、計算式から見る限り、固定型直接支払いは生産を刺激しない中立の関係なので、「緑の政策」に帰する。しかし、変動型直接支給の計算は、生産と分離していない、つまりＷＴＯ緑政策の要件である生産の中立性に違反している問題がある。[10] 変動型の直接支払い制は、生産量の制限を付け加えると「青の政策」となるが、総助成額の上限が要求される。そして、稲作農家の所得（粗収入）補填の目的であるため、固定支給分の買い付け量と価格は現行の保証価格買い付け制度の仕組みと変わらない設計となっている。問題はこの仕組みの直接支払い制が、農業構造改革を妨げないかである。WTO新農業システムの基本精神は、自由市場の競争原理による農業の活性化あるいは競争力の再生にある。農業貿易自由化による市場開放の影響に対しては、市場競争力の強化または競争力を具備する農業の育成によって対応すべきである。真の競争力を具する農業担い手の育成には、所得直接支払い政策と構造調整政策が、必ずしも整合性をもたないことを考慮に入れる必要がある。

2 「新農業運動」による農村改造

生態環境の保全と持続発展が可能な農業を目ざし、新しい農村の構築は以下四つの方向で導かれる。第一は、（一）レジャー農漁業の発展、（二）森林生態レクリエーション、そして（三）農村長期滞在（Long Stay）事業の発展を通じて、農業生態環境プラスレジャー機能の発揮、つまりグリーンツーリズムを促進することである。

第二は、（一）緑色ロビーの構築、（二）持続可能な森林経営、（三）生物多様性の保全を通じて、持続発展可能な生態環境を維持または強化する。

第三に、（一）農用地確保の空間企画、（二）新農村風景の建設、（三）農業水利建設の強化を通じて、農村の新風景を創造する。

第四に、（一）水土保持と治山、（二）土石流防災体系の強化、（三）国土災害復旧の推進を通じて、国土の保全と復原を強化する。

第五節　農業政策の目標と施策の整合性——台湾の農業発展のための提言

1　政策間の調整

台湾の産業構造に占める農業部門の産出と雇用の比重は低下し続けている。二〇〇五年のGDP比重は一・八%、農業雇用比率は五・九%にとどまる。平均関税率の保護水準、そして国内支持制度からみると、農業は相対的に大きく保護を受けている。台湾農家の平均耕地面積は一・一ヘクタールであり、兼業農家戸数が七八%を占め、生産コスト面の劣位性が明らかである。二〇〇五年の農家所得は一戸当たり八七万七千元であり、非農家所得の七五・四%にとどまる。農業所得は一八万元であり、農家所得の二〇・七%しか占めていなかった。国内支持を施すことは必要であるが、支持の仕組みについては検討の余地がある。

農業、農民、農村の三農政策を主体に、他の政策との連携が必要であり、政策間の整合性が求められる。稲作の国内支持政策に関して、一九七四年の保証価格政策、一九八四年の転作休耕直接支払い政策以外、目新しい政策変革は行われていないだけではなく、政策間の協調も欠けている。

WTO農業規約に対応するための価格支持政策の調整は、市場の歪みの是正、財政負担の軽減につながるが、農民所得の変動の緩和、農業生産を含む農業持続性の追求など諸課題を解決するには、現行の休耕支払いの政策手段だけでは不充分である。農民所得の向上の根本的な処方箋は、農業競争力の強化による農業経営収益の増大である。国境措置に過度に頼らない、構造改革を通じた競争力の強化が求められる。農業支持政策の内容を、価格支持政策から生産分離の所得直接支払い、環境支払いなど「緑の政策」に切り替えると同時に、持続可能な農業発展のために、競争力ある農業経営のあり方、その担い手となる農家の育成に如何に結び付けるか、構造政策との協調が必要となる。

休耕は農業の持続可能性を考えると、農地の適切な利用として意義がある。しかし、WTO対策としての休耕転作政策によって、休耕のため緑肥生産への転作を奨励することは、事実上耕地を大規模に粗放化させることとなり、休耕地の管理が疎かになる場合には病虫害が発生し、生態環境を損なう問題を引き起こしかねない。農地利用のバランスを保つことは、市場経済だけでは達成できないから、政府介入の必要性が生じてくる。インセンティブでその方向に誘導するためには休耕転作・転用の環境直接支払い制、休耕地のバイオマス転作奨励制について、環境保全、多面的機能そして構造政策との協調を要する。

食品の安全性の課題については、生産履歴制度を徹底的に実施する必要があるが、そのためには農業、食品加工業、流通業などとの整合性が求められる。農業の結合生産物である多面的機能の維持と発揮に当たっては、地域環境並びに経済振興政策との整合性が必要とされる。ただし、市場の失敗の是正にあたっては、政府の失敗を引き起こさないように注意を払う必要がある。

複数作物の組合せによる営農が行われている水田作及び畑作について、品目別ではなく担い手の経営全体に着目し、市場で顕在化している諸外国との生産条件の格差を是正するための、所得を補塡する直接支払を導入する必要がある。また、販売収入の変動が経営に及ぼす影響が大きい場合に、その影響を緩和するための貿易、生産、流通対策が必要となる。

環境に優しい生態農業、有機農業、レジャー農業などの推進は、農業の内発的発展によって実現が可能となる。安全、健康を求める市場のニーズに応じ、有機農業は生産の差別化と都市との交流など、新しい農業の発展空間を拓いている。経済的意義以外に、有機農業は地域の生態系、知的資源を生かした農業・農村の内発的発展を可能にすることと、その内発的発展の仕組みの形成が、台湾社会全体にとって、社会の質を刷新することになろう。

「新農業運動」は代表的な指標項目として有機農業の推進を取り上げ、三年間で有機農業の生産面積を倍増する計画である。課題は二つある。まず、化学肥料、農薬、除草剤などの大量使用によって土壌汚染の問題が深刻になっている現在、有機耕地は隣り合う耕地に影響される可能性が大きいため、集団で有機農産物を生産しない限り、本当の有機農業または有機農産物の生産は成り立たない。現段階の有機農業の推進に当たっては、まず生産物履歴制度を徹底的に行い、無公害農産物認証からスタートして、有機農産物認証を最終目標として設定することが必要である。そのためには有機農産物の認証と管理制度を強化しなくてはならない。認証機関の資金、設備、経験と専門家の不足により、認証標準と審査要求レベルが一致しない状況が生じている。罰則がないため、認証業者に真剣さが足りず、政府の指導と定期検査が必要である。

2 結びに代えて

ＷＴＯ農業協定の農産物自由貿易化の流れに対し、世界各国は国内農業保護の仕方を価格支持から直接支払いへ、消費者への支出移転から納税者への支出移転へと転換しつつある。日本は一九九八年、韓国は二〇〇五年にそれぞれ価格保証買い上げの価格支持政策を廃止し、直接所得支払い政策に切り替えた。

これらの変革は納税者への移転支出を意味するだけではなく、ＷＴＯが規定する農業保護水準を削減することにもなる。価格支持政策は市場メカニズムに歪みを引き起こし、最も削減すべき「黄の政策」となる。ＷＴＯ加盟後、台湾がいまだに価格支持政策を維持していることは、国境措置の関税割当制によって護られているからである。ＷＴＯの新しい農業交渉では、すでに関税割当制の削減議題が取上げられ、枠内外の税率の引き下げと枠量の拡大の方向で検討が進んでいる。台湾は国内価格支持政策を調整しなければならない時期にきている。

農政の米買い上げ価格保証支持は、ＷＴＯ「黄の政策」に該当する助成項目である。ＷＴＯに農業への助成を、黄から緑または青の政策に切り替えなくてはならない。圧力が大きくのしかかってきている。現行の米の価格保証の支持制度は直接所得支払い制に二〇〇八年から切り替えられる予定である。

その際、稲作農家の所得の変動に大きな影響を与えることを避けるため、固定と変動型の直接支払いを導入することで、農家所得の減少分を補填する考えである。固定型直接支払い制は、生産とは中立の関係なので「緑の政策」となる。変動型直接支払い制は、生産量の制限を付け加えると「青の政策」になるが、助成総額に上限が要求される。これら一連の調整はEU、日本、韓国を含む、世界の傾向を受け入れることを意味する。

所得直接支払い制、または「緑の政策」の環境支払いなどの所得補填策の導入は、台湾農政の施策を国際規範に合わせるだけではない。価格支持政策の撤廃により、競争メカニズムが市場活性化を喚起し、市場主導型の経営そして中長期的な貿易自由化の流れにも対応し得る、競争力の強化を台湾農政が身に付けるための戦略でもある。

開放経済体系下で農業を持続可能に発展させるには、国内のマクロ経済政策、貿易政策、農業政策、環境保全政策、市場構造・管理制度、農業・食品加工業・販売流通業の産業政策そして消費者政策等と連携して、包括的な農業発展政策を立てることが必要である。その連携には政策間の整合性、生産者・消費者利益の整合性そして国際間の政策の連携協力が要求される。

注

（1）Marrakesh Protocol to the General Agreement on Tariffs and Trade 1994.
（2）荏開津典生［2005］一一三頁。
（3）Agriculture in a Changing World: Which Policies for Tomorrow?（Meeting of the Committee for Agriculture at Ministerial Level Communiqué, OECD, 1998.3.
（4）生源寺真一［2006］二〇五頁。なお、農業の多面的機能性の概念の系統的な整理に関して、OECD［2001］。
（5）生源寺真一［2006］二〇七―二〇九頁。
（6）任燿廷［2005］二一五―二一六頁。

（7）台湾はＷＴＯ加盟申請中の一九九八年に、雑穀の買い取り価格保証制度を撤廃して、現金直接支払いに切り替えたこともあった。

（8）Agricultural Policies in OECD Countries: Monitoring and Evaluation 2005（http://www.oecd.org/document/54/0,2340,en_2649_37401_35009718_1_1_1_37401,00.html）

（9）NACp=（PwQ+PSE）/PwQ=1+（PSE/PwQ）, PSE=C+D+I, C=PdQ-PwQ.
Ｃ・国境保護や生産調整政策等の農産物価格支持による消費者負担額、Ｄ・農産物や農業投入財等への補助金等の農家に直接支給される財政支出額、Ｉ・土地改良投資への補助金等農家に間接的に支給される財政負担額、Ｑ・国内生産量、Ｐｗ・國際価格、Ｐｄ・国内生産者価格。消費者負担額（Ｃ）は国内生産量（Ｑ）に国内生産者価格（Ｐｄ）を乗じて得られる農産物の農家の庭先での評価の農業生産額（ＰｄＱ）と国際価格（Ｐｗ）で評価した農業生産額（ＰｗＱ）の差、すなわち、消費者の負担によってどれだけ生産者の所得が高められているのを示す。

（10）ＵＲＡＡの直接支払いについての規定は第一に、公的資金を用いて政府の施策によって実施されること、第二に、生産者に対する価格支持効果がないことが求められている。前者は納税者負担の農政であることを示す。生産に関連しない収入支持（Decoupled income support）が典型的な直接支払いである。その要件の一つは支払い額が基準期間以後の生産形態または生産量の基づくものであってはならない（岸康彦編［2006］一四〇―一四一頁）。

参考文献

荏開津典生［2005］『農業経済学』岩波書店
岸康彦編［2006］『世界の直接支払い制度』農林統計協会
生源寺真一［2006］『現代日本の農政改革』東大出版会
任燿廷［2005］「世界農業システムの変革における東北アジアの対日農産物輸出競争力」『問題と研究』34、一―三五頁

Jen, Eau-tin［2006］"The Implications of Japan's Domestic Reforms to Taiwan Agricultural Trade Liberalization," *Tamkang Journal of International Affairs*, X（II）41-79

Kym, Anderson, Bernard Hoekman, and Anna Strutt［2001］"Agriculture and the WTO: Next Steps," *Review of International Economics*, 9(2) 192-214

OECD［2004］SourceOECD ITS（SITC Rev.2）: Japan［1991-2003］2004

——［2001］*Multifunctionality Toward An Analytical Framework*,OECD

——［1998］Agriculture in a Changing World: Which Policies for Tomorrow?, Meeting of the Committee for Agriculture at the Ministerial level, Press Communiqué, Paris, 5-6 March

UNCTAD［2004］*Handbook of Statistics*, New York and Geneva: UN Publication

World Trade Organization. Uruguay Round's Agreement on Agriculture（URAA）. http://www. WTO.org/english/docs_e/legal_e/14-ag.pdf

Zhao, Yumin, Hongxia Wang and Linxuegui Mayu,［2004］"Analysis of Green Box Policies of Some Major WTO Members," in *Green Box Support Measures Under the WTO Agreement on Agriculture and Chinese Agricultural Sustainable Development*: 5-27, International Institute for Sustainable Development, Canada:Manitoba. http://www.tradeknowledgenetwork.net/pdf/tkn_greenbox_china.pdf

行政院農業委員會農糧署［2006］「稲米直接給付構想簡介」http://www.afa.gov.tw/Public/peasant/20069221626367055.pdf

行政院農業委員會［2006］「新農業運動施政架構」http://www.coa.gov.tw/view.php?catid=11136

行政院農業委員會［2001］『加入WTO對我國農業之影響評估』二〇〇一年一一月七日

行政院經濟建設委員會彙編［2002］『我國加入WTO後對經濟之影響及因應對策報告』二〇〇二年五月二二日　http://cwto.trade.gov.tw/kmDoit.asp?CAT312&CtNode=656

李舟生［1999］「千禧年WTO農林漁業談判可能議題簡介與因應建議」『雜糧與畜産』三一一、九—一二二頁

李舟生［2000］「千禧年農業談判重要議題之解剖」『進口救濟論叢』一六、一—一一四頁

李蕙君［1996］「稲米市場貿易自由化對環境品質影響之研究」國立中興大學資源管理研究所碩士論文
吳明敏編［2002］『台湾農業的挑戰與對策』行政院農業委員會委託計劃　台湾智庫
吳珮瑛［1997］『農業生産與環境保護』行政院國家科學委員會專題研究計劃　台湾大學農業經濟研究所
吳珮瑛、林國慶［1999］「農産貿易自由化與環境保護問題的探討」『臺灣土地金融月刊』三六（3）、一―八頁
吳靜惠［2001］「因應加入ＷＴＯ之新農業政策對台湾環境之影響」國立東華大學環境政策研究所碩士論文
陳明健、許伶蕙、王祥安［1996］「生態保育與農業政策之選擇」行政院國科學委員會專題研究計劃　台湾大學農業經濟研究所
陳希煌［2001］「農業施政一年來的回顧與展望」『農政與農情』三四〇、六―一二頁
蔡明華［1994］「水稲田之生態機能及其保護對策」『農政與農情』一二、二九―三六頁
廖春梅［2004］「加入ＷＴＯ後進口農産品量值化及其對國内價格之影響」『農政與農情』一四七、二〇〇四年八月
黃宗煌、黃瀕儀、張靜貞、徐世勳［2003］「加入ＷＴＯ對台灣農業之衝擊與因應之道」『國家政策季刊』二〇〇三年六月号、第二巻第二期
劉健哲［1996］『農業政策之原理與實務』啓英文化
黃振德、廖安定［2006］「台灣農業支持指標之估算及其政策意涵之探討」『農業與經濟』三六

ポストWTO時代の台湾農業
――地域に始まる内発的発展の展望――

洪　振義
（朝陽科技大学副教授）

第一節　農政の構造転換

1　農村から地域統合政策へ

台湾の農業政策は一九七〇年代までは「農地改革」、「農産物の価格保障と補助」に基づき、増産による食料の確保と低価格政策とにより、「農業で工業を育成し、工業で農業を発展させる」というスローガンを掲げた。しかし、八〇年代に入ると耕作部門は減少に転じ、米の生産力は衰退してきた。この時点で第二段階の農地改革に入った。これは農業生産力をあげるため、経営の「規模の経済」を狙ったものである。農産物の生産に重点を置いてきた台湾の農業政策は、九〇年代に入ると「六年経済政策」のなかで、農業の成長率をゼロと策定した。その理由は一九九〇年から政府は積極的にガット加盟を申請するため、従来手厚く保護されてきた国内産業を市場開放しなければならなくなったため、戦後から続けてきた農業の保障・保護政策を大きく転換する必要に迫られたからである。国内改革を

WTOという外圧をテコに推進し、台湾は二〇〇二年一月一日に正式にWTOへの加盟を果たした。

以来五年がたち、台湾農業は大きな転機を迎えつつある。WTOへの加盟により農産物価格の低迷、農産物作付面積の減少、農業基幹労働力の不足など新たな諸情勢が生じ、その影響は、地域経済にも広がってきている。国際競争の激化や財政の悪化、政治の対立などの厳しい社会状況で、台湾農業は新しい調整方向に移行せざるを得なくなっている。

台湾行政院農業委員会（日本の農林水産省に相当）は、「二一世紀農業新法案」（二〇〇一―二〇〇四年）、「農産品国際マーケティング強化法案」（二〇〇五年）、「新農業運動」（二〇〇六年）など一連の農業政策を講じた。この調整方向は、政府によるマクロな農業政策の調整と各地域経済における「内発的発展」戦略というミクロなものに大別することができる。本論は後者を中心に記述する。

従来、政府と農民は農産物の生産に重点を置き、販売に関しては農会（日本の農協に相当）、合作社などの系統組織に依頼する傾向が強い。したがって農産物の加工、加工品の販売といった第二次産業、第三次産業への関心がうすい。このような背景で、市場ニーズに的確に応えた農民による経営の多角化や地域内連携により経営効果を挙げるために、農民所得の向上や地域の就業機会の確保、増加を図り、豊かで活力ある農業地域に結びつける戦略的取り組みで地域を振興していく必要がある。特に地方自治体には自由化・国際化に対応した地域づくりを推進していくことが求められている。政府・民間はWTO加盟を契機に地域産業の競争力を高めるため、地域内の産業間の結び付きを強め、地域の独自性を活かした「内発的な産業の育成」を図ることが重要である。本論は政府・民間が「地域ブランド形成戦略」、「六次産業化の推進」、「一村一品」などの計画をどのように推進し、強い地域産業を育成する取り組みをどんな形で進めているか検討する。

本論ではこのような農業振興策への具体的な取り組みを、現場調査から紹介したい。地域イメージと密接に連携させた農民（生産段階）―第一次産業、農会・農民（加工段階）―第二次産業、農会・農民（販売段階）―第三次産業を中心に、地域ブランド形成による「六次産業化の推進」、「一村一品」などの高付加価値化に向けた戦略づくりの成果を確認し、農業の調整方向を検討したい。

2 産業連関表から見た産業構造の変化

（一） 農業の生産比重の低下

二〇〇一―二〇〇四年にかけて農業部門の総生産額は増加したが、全産業に占める構成比（二・二％→一・九％）はサービス業と同様に下落した。とくに米の生産指数が二〇〇一年の一〇〇から二〇〇四年の八三・三へと急低下している。

（二） 産業の投入係数（ある産業が生産物一単位を生産するために必要な各部門からの原材料投入量を示す指標）を見ると、農業部門では投入係数の低下が見られた。一九九九―二〇〇一年にかけて若干上昇したが、WTO加盟後むしろ低下した。

産業連関表によると、農産・畜産両部門はそれぞれ二・二％、一〇・九％低下している。これは、二〇〇四年に生産活動に投入された石油関連製品や機械などの購入費用が値下がりしたのが一つ要因である。換言すれば、農業部門は製造業より生産波及効果が小さいと言える。歴年の産業連関表を見る限り、サービス産業の投入係数が一番低い。工業の投入係数が当然最も高く、七〇％強である。一方で農業部門は、係数が一九八六年の四八・五%から二〇〇四年の五〇・四%（二〇〇一年五四・一%）へと上昇した。そのなかでは畜産が一番高く七八%（二〇〇一年八九%）である。畜産は加工食品産業への依存度が高い。二〇〇四年加工食品産業の農業、畜産部門への依存度はそれぞれ一八・八二%、二一・七八%（二〇〇一年二三・一九%、一九・二三%）である。

農産物需要の動向を、全産業の中間需要率と中間財的産業と最終的産業に分けて消費部門の最終需要率をみると、農産物の中間需要率は一九八六年の七三・六%から二〇〇四年の五三・九%（二〇〇一年の五七・三%）に低下している。つまり、農産物を他産業の中間需要へ投入する割合が低下している。

(三) 逆行列係数表はその列部門に対する最終需要が一単位変化した時に、各産業の生産物の生産量がどれだけ変化するかを意味し、産業全体に対する生産波及の大きさを表す。二〇〇四年の産業連関表から見ると、農産物に対する最終需要が一単位増加した場合に、農産、畜産、林産、漁産、鉱産、加工食品はそれぞれ一・一六〇八三四単位（以下同じ）、〇・〇〇八九二七単位、〇・〇〇二六一単位、〇・〇〇〇〇八九単位、〇・〇〇二三九四単位、〇・〇〇四八七六だけ増加している。漁産、鉱産、加工食品三部門の生産波及が大きくなっている。

(四)「影響力」係数と「感応度」係数による農業変化——二つの係数の低下

産業連関表からはある列部門で一単位の最終需要が変化した場合、どの列部門がそれに感応して変化するかが読み取れる。つまり、「影響力」と「感応力」である。

農業部門をみると、一九八六年の影響度係数は畜産が一以上で、産業全体に与える影響がほかの部門より大きい。しかし農産物の影響力係数は一九八六年の〇・六七八七から二〇〇四年の〇・六六〇六へ低下、感応度係数も一九八六年の一・〇六八二から二〇〇四年には〇・八三六二に一段と低下した。農産物全体の他産業へ与える影響力と他産業から受ける感応度は共に小さい。他方、加工食品の感応度係数は、一九八六年から一を上回り、他産業に比べ高くなっており、二〇〇四年に至っても依然として一以上である。畜産を除いて農業部門における影響力係数と感応度係数は小さいことを示している。WTO加盟前後の農産部門は影響力係数九・一％、感応度係数が一五・六％低下した。つまり、農産部門内部の影響、感応関係は低下したのである。

3　農産物貿易から見た農業

台湾農業はかつて経済基盤の役割を果たしていた。特に米糖中心の農業時代に農業生産が年々増加する中で、年間約三〇％の農産物が輸出されていた。しかし経済成長・発展に伴い、農産原料と食糧の輸入が急速に増加し、農産品の輸出国から輸入国へと大きく転換してきている。一九七〇年には農産物貿易は赤字となり、以来赤字基調に移行している。

日本、韓国、台湾の農業は非常に似た構造になっている。欧米に比べ、「小面積、分散的、自作農的土地所有」と「零細耕作規模で資本装備率の低さ」が共通点と言えよう。アメリカのような農業経営構造は、広大な土地を活かし、生産性の向上、コストの低下を基に競争力ある経営体に育っている。ゆえにアメリカの農業は、比較優位を持つことができる。

一国の生産品が国際市場に対して比較優位を持つかどうか表す測定指標として、顕示的比較優位指数（RCA Revealed Comparative advantage）がよく使われる。農林水産品では輸出RCAが一を下回り、輸入RCAでは一を上回っている。総合RCA（=輸出RCA−輸入RCA）ではマイナス値が常に〇・七以上で、農林水産品は台湾が比較劣位型の構造になっている。したがって、WTOに加盟することによって農産物の輸入が拡大し、農業・農民への打撃が大きいという懸念がしばしば指摘されていた。WTOに加盟してから台湾の農産物貿易は、最初の予測通りになっているであろうか。加盟する前の二〇〇一年に比べ、二〇〇三年の農林水産品は輸出RCAが〇・二一から〇・三二に上昇したが、輸入RCAも〇・九四から一・〇三へと上昇している。総合RCAはマイナス〇・七の水準を維持し、依然として競争力の足りない農産品が存在していることを示している。実際にWTO加盟後の台湾農業は、どのような影響を受けているのであろうか。

農産物の全体から見ると、WTO加盟後に輸入額は拡大した。二〇〇一年に比べ二〇〇五年の農産品の輸入伸び率は、三七%の上昇となっている。WTO加盟の影響が農産物の輸入増大と食料自給率の低下という形が同時に進んでいる。その影響は部門別に異なる。

WTO加盟前の五年間の合計数字（一九九七―二〇〇一年）と加盟後の二〇〇二―二〇〇六年の合計数字で比較すると、競争力の弱い農耕部門と畜産部門の輸入額はそれぞれ、二二〇億ドル、八二億ドルで、潜在競争力のある水産部門の輸入額は、三〇億ドルだった。加盟して五年後には、農耕部門の輸入額二四九億ドル、一一・一%増、畜産部門の輸入額八八億ドル、六・七%増となった。一方、水産部門の輸入額は、二六億ドルにとどまり、マイナス九・六%に減少すると同時に、輸出額はWTO加盟前に比べ、一九・三%増加した。

さらに台湾農産物の貿易を要素集約別に区分し、野菜、果物、園芸、水産、畜産などの労働集約型部門、穀物、綿花、大豆などの土地集約型部門に分け、それぞれの貿易推移を二〇〇一年から二〇〇六年にかけて比べると以下の傾向がみられる。

土地集約型農産物の穀物類全体の輸入額に示す数値は、二〇〇一年の九・六億ドルから二〇〇六年の一二・七億ドルとなり、約三二％の増加である。そのうち米の輸入額は二〇〇一年の四〇〇万ドルから二〇〇五年の五七〇〇万ドルへと一三倍以上に拡大した。この金額はそれほどでもないが、しかし米産業は台湾にとって非常に特異な性格を持っている。米に対して農業政策は、自給自足的営農形態をとってきた。ＷＴＯへの加盟により貿易の自由化は、従来の米自給状態を崩壊させ、国内の米需給構造は変化しつつある。トウモロコシ、小麦は、二〇〇六年の輸入額が二〇〇一年より約二九％増加した。

農産物の輸入が増加した原因は、経済が発展するにつれて所得の増加と生活水準の向上による食糧・中間原料の需要増によるものと考えられる。農産物の輸入の拡大とともに、食料の自給率は低下する一方である。なかでも米の自給率は一九九二年の一〇〇・八％から二〇〇四年の八八・一％に低下した。また総合自給率も低下した。

次に、労働集約型農産物の輸入は、伸び率が野菜三〇％、果物四六％、園芸（花）二一％、畜産二八％、水産一八％増加となっている。これらを総合すると、園芸と水産が貿易黒字の部門である。園芸と水産の両部門が、潜在的に比較優位なのは、労働集約に基づいているだけでなく、ある程度技術集約の方向に転換しているからである。したがって新たな国際貿易市場に対応して、収益性の高い新時代の農業を確立するために、従来の「経済の規模」という量的発想から技術・知識による質的な向上へと調整を早めざるを得ない。要するに台湾の農業分野を技術・知識集約型農業に転換する必要がある。

第二節　営農条件の変化

1　農産物作付面積の減少と耕地利用率の低下

一九六〇年から二〇〇五年にかけて、耕地面積は八六・九万ヘクタールから八三・三万ヘクタールまで減少した。

農産物作付面積も一六〇万ヘクタールから七三・三万ヘクタールに大幅に減少した。また耕地利用率も著しく低下した（一八四％→八八％）。その要因は、政府が休耕政策を行ったことと、非農業用途への転用によるものである。農業の生産比重の低下を国民総生産の中の農業総生産、工業総生産及びサービス総生産の比率から見ると、一九六〇年から二〇〇四年の間にそれぞれ二八・五四％、二六・八七％、四四・五九％から一・六八％、二五・五八％、七二・七三％へとその構成が激変した。農業固定資本の総固定資本に占める割合は一九六一年の一六・四二％→一九七一年の六・八八％→一九八一年の三・〇一％→一九九一年の二・二一％→二〇〇四年の〇・五六％へ急激に減っている。

2　農業人口の減少と兼業化の進行

農家戸数と農業人口はともに減少する一方である。特に八〇年代以降急速に減少し始めている。農家戸数は一九八〇年八九万戸から二〇〇四年七二万一〇〇〇戸へと、三〇%以上減少した。また、農家率と農業人口率でみてみると、六〇年代以降低下し、二〇〇四年ではそれぞれ一〇・〇九%、一四・二六%にまで減少した。急速な経済成長にともない、農村の余剰労働力が第二次産業、第三次産業へと流出していったためである。八〇年代後半まで農業人口が減少していくのと同時に、農家の兼業化も急速に進んでいる。これは農業の零細性により小農経営として専業農家の存立が困難になったことによる。さらに工業化の発展に伴う雇用機会が増加しており、兼業化に拍車をかけている。

農家の兼業形を一種兼業（農業を主体とする兼業農家）と二種兼業（兼業を主体とする兼業農家）に分けると、一九六〇年は、専業農家四九・七%、兼業農家五〇・三%、であったが、二〇〇四年になると、専業農家二四・六〇%、兼業農家七五・四〇%へとその構成が大きく変化している。一種兼業と二種兼業の構成は、六〇年代の六一%、三九%から二〇〇四年の一七%弱、八二%（二〇〇一年の一九・八八%、八〇・一二%）に激変した。こうした状況は日本と同じで、農業空洞化の懸念が高まってきている。

3　農工間の所得格差と農家所得・農業所得の乖離

農家所得は台湾の経済成長を通じて上昇し、生活水準も向上してきた。農家と非農家の一戸当たり収入を比較してみると、七〇年代後半から農家の一戸当たり所得は、非農家に比べて七五―八三%弱である。農家所得は非農家所得を常に下回っている。これにより農業労働力を流出させ、二種兼業農家の形成を助長するようになっていった。一九七六年の農業所得は農家所得全体の三八・二三%を占めていたが、二〇〇四年になると農業所得は二一・九九％に減る。

農工間の所得格差の比較は農家所得ではなく、農業所得で見るべきである。これで見るとその開きは、さらに大きくなっている。

二〇〇四年には農家の農業所得は、非農業所得全体の一七・一八％（二〇〇一年は一四・三六％）しか占めていない。

4　農業基幹労働力の不足と高齢化

六〇年代後半以降、労働集約型産業の急進展による労働需要を支えたのは、農村からの労働力の提供である。なかでも若年労働者、とくに若年女子労働者が多かった。これが農業労働力の高齢化の要因となっている。一九七〇年の六〇歳以上の農業労働者の割合は三・一一％（男女平均）であったが、九〇年代後半に入ると六五歳の高齢層の割合が、一九九四年の男性の農業就業者では五・四三％であったが、二〇〇五年には、一〇・三四％に増加した。また女性も一九九四年の一・三三％から二〇〇五年には、三・四四％に上昇した。一方、一五―二四歳の若年層は、男女ともに減少した。この現象は、農業基幹労働力の不足や高齢化の要因となり、家族協業体制の崩壊を招いている。

第三節　台湾農業の発展方向

1　風土産業としての農業

以上、産業連関と貿易統計から台湾農業が置かれた厳しい状況を検討した。台湾の経済成長は、農業に対し生産・経営構造の変化を余儀なくさせた。作付面積の減少、農家数の減少が顕著となり、兼業化・高齢化の進行も急速に進み、過去の伝統的な経営構造は崩壊へと向かっている。台湾の多くの農家は、目まぐるしく変化する市場経済に対応できないままWTO加盟を迎えた。現状では農家経営・農村社会・農業にさまざまな問題が生ぜざるを得ない。発展の方向をどう再構想するかが課題である。

台湾の農業が国際的に見て比較劣位に止まっているのは、農業を「産業」として確立するための施策・戦略が立ち遅れていたためである。農業の特質は一般産業と異なる。従って農業に対する期待・発展の方向も異なる。労働集約型農産物で比較優位を持つ中国、規模経済を生かしコスト・価格に比較優位を持つアメリカ農業などに対し、従来のような価格競争という考えだけでは対応できなくなってきている。

台湾農業の発展方向を考える場合、哲学者和辻哲郎の「風土」という考えが非常にいいヒントを提供してくれる。「風土」というのは地域の風土文化であり、その風土をつくる農業から発想すれば、地域の風土と調和して自然の特性に基づく地域資源を活かした営農により、個性豊かな地域を作り上げていくことができる。こうした風土を活かした地域農業は風土農産業とも言えるだろう。「風土の類型は同時に歴史の類型である」という考え方に立てば、地域農業資源を生かした独自の発展を目指す方向が構想されよう。

既に、風土に立脚した農業活動、文化、自然との調和に基づく地域社会の営みを再評価し、質の高い農産物の生産・農産品の製造につなげ、地域のブランド農産物に育てていく動きが進んでいる。

2 地域における農業新事業の展開

WTOへの加盟に伴い、一〇〇年近く続いた「煙・酒（煙草・酒）専売制度」が廃止され、代わりに「煙草・酒管理法」と「煙草・酒税法」が制定された。こうした専売制度の廃止は台湾国内の民間業者への市場開放だけでなく、同時に外国メーカーの進出も認めることとなった。

たばこ・酒の製造権の開放が農業部門にも大きな影響を与えている。従来の台湾農村では、生産過剰による果実の一部を利用した果実酒の製造が広く行われていたが、「煙・酒（煙草・酒）専売制度」のため、市場に流通することはなかった。「煙草・酒管理法」と「煙草・酒税法」両法の制定にともない、農村で民間（企業・農民・農民組織）による果実酒・清酒を大々的に生産し、販売しようという取り組みが始まった。

台湾では一年を通して豊富な果物が収穫でき、南部では稲作も年に三回収穫できる。しかし国際市場が厳しく、農業の一次産品では内外市場に対し中国、アメリカなどの農業大国との価格競争に耐えられなくなっている。

このような現状に対し、台湾農業委員会（日本の農林水産省に相当）が農村の酒造産業を振興させ、農民・農民団体に果実酒製造を優先的に指導、育成することになった。その後果実酒に限らず穀物から作られた清酒、ウィスキーの製造も推進している。また、WTO加盟に伴う農民・農村・農業への打撃緩和策として農業委員会が年度の予算を組み、台湾中部にある南投県と台中県に「レクリエーション型農業」のモデル地域を建設し、新たな産業育成を図ろうとしている。

外発的要因に頼るだけで農業地域の経済が発展していくには限界がある。地域から産まれてくるもの（例えば、自然資源、文化、地域の人々の創造・アイデアなど）に依拠し、市場メカニズムを通して、地域の資源を有効に利用することによって生活が豊かになり、地域なりの発展様式と文化社会の形成を自律的に創出する。このような内発的な発展様式が、地域の農産業育成にとって非常に重要である。

WTO加盟後の農村の酒造産業は、このような背景のもとで新たな「酒造文化」を発展させようとしている。農業委員会から指導・支援を受けた農民・農民団体が、一二一カ所の「酒荘」（酒蔵、ワイナリー、梅酒づくり工場などの施設）を作り上げた。これらの「酒荘」は地域の人々が誇りを持っている農産物、水などの原料を最大限生かし、地域特性と融和した酒づくりを試みている。

一例として、南投県・信義郷農会が指向している発展方向を分析してみたい。信義郷農会はWTO加盟後、第一号「酒荘」の免許を取得し、農民と農民団体が生産（第一次）に依存していた体質から脱皮し、農産加工（第二次）、販売（第三次）を密にし、経営体質を改善した。

3　内発的発展の事例分析——信義郷農会の経営転換と機能の革新

信義郷は台湾の中心部にある南投県の南部、台中市から約四〇キロの位置にあり、台湾最大の河川濁水渓に面した町である。人口は約一万八〇〇〇人、そのうち先住系の原住民が八八％を占め、漢民族系が一二％を占めている。この地域の原住民は、最も多いのがブヌン族で九五％を占め、ツオウ族などが五％である。信義郷の主要産業は農業で、梅やブドウなど果物の生産が多く、また茶、花（バラ）、野菜などの生産も盛んである。特に梅の栽培は長い歴史があり、良質の梅の加工生産が行われ、二〇〇〇年までは大量に日本へ輸出していたが、低価格の中国産の梅に押され、日本市場から退去を余儀なくされた。

このような状況で政府が「一郷一特色」（日本の「一村一品」）の戦略を立て、農業としての梅産業を継続するために、加工・直販などによる高付加価値化を全力で推進している。

表1は、信義郷における農業状況の推移である。梅栽培面積は二〇〇一年の一三三四ヘクタールで、二〇〇四年になると一二五七ヘクタールに減少した。面積の減少にもかかわらず、梅生産量が二〇〇一年の七八六八トンから二〇〇四年の八六〇九トンに増加している。南投県における梅の収穫量は約一万五〇〇〇トンで、これは全国の収穫量の三〇％以上を占めている。信義郷の年間の梅産量は全国生産量の約一八％を占めている。

信義郷地域の総世帯戸数は、一九九九年の四六六一戸から二〇〇四年の五〇五二戸に増加したが、農家世帯は、三一〇八戸から二一〇三戸に減少した。農家率も六六・七％から四三・六％に低下した。この地域は若者の大都市への流出やそれに伴う高齢化が進んでいる。農業者の高齢化や後継者不足に

表１　信義郷における農業状況の推移

	項目	1999 年	2000 年	2001 年	2002 年	2003 年	2004 年
A	土地面積（ha）	142242	142242	142242	142242	142242	142242
	耕地面積（ha）	3037	3063	3488	3940	3603	3603
	梅の栽培面（ha）	1340	1460	1334	1379	1344	1257
B	総世帯数（戸）	4661	4812	4945	5044	5074	5052
	農家世帯（戸）	3108	2573	2500	2502	2204	2203
	農家率（%）	66.7	53.5	50.6	49.6	43.4	43.6
	65 歳以上の割(%)	8.70	8.80	9.00	9.10	9.20	9.30
C	梅の生産量（トン）	6293.0	9117.5	7868.8	6179.0	9405.2	8609.2
	梅の RCA 指数	25.2	28.9	23.2	31.9	31.2	26.9

資料：農業委員会農糧署の資料により整理したもの

よる担い手の減少、農作業意欲や農業所得の低下などを要因とする耕作放棄が、信義郷地域でも生じている。

このような大きな課題に取り組むため農業委員会、原住民委員会は地方自治体、農民団体などと連携して様々な地域農業の活性化・安定化や農業環境整備などの施策を推進している。信義郷農会の「酒荘」の成立はその試みの一つである。

4　信義郷農会の経営転換――「酒荘」の成立

農会経営の特徴として、信用事業への依存体質が非常に強い。しかし、九〇年代から、銀行法の改正により、一五行の民間商業銀行の新設が許可された。また、外国銀行を含め集金・預金・信託・為替取引等の新規業務及び外国銀行の在台支店の複数設立が可能となり、金融機関の競争が促進されている。台湾農会にとって信用事業の不振は、直接的に農会の経営収支に打撃を与えた。むろん信義郷農会もこの潮流から免れることはできなかった。輸入の農産物による競争と金融自由化の進展への対応策として、農会の経営戦略の転換が必要となっている。

ＷＴＯ加盟による規制緩和を機に制定された「煙草・酒管理法」と「煙草・酒税法」に基づいて二〇〇二年五月、信義郷農会に「酒荘」が作られた。

長い間の専売制度の下で、酒造産業には酒とワインなど果実酒製造の知識や、農村の酒造産業を支える組織が整備されていなかった。このため農業委員会は大学・研究者による産学官連携のモデルを作り、「醸造技術研究チーム」を発足させた。「酒荘」の果実酒造りは、「醸造技術研究チーム」による研究成果をベースに、国立中興大学食品研究所を中心に、地域の産学連携で行われている。信義郷農会の「酒荘」は産学連携の強化と官の環境整備の下で新技術、新製品の開発に取り組んでいる。農会の「酒荘」では梅酒のほか、米から造る清酒や葡萄の発酵液を蒸留して造るブランデーも製造している。

5 「酒荘」経営の状況——「六次産業化」の形成

農会の「酒荘」の原料となる梅、ブドウは、地元の契約農家で栽培されるのが原則である。一九九四年までは、信義地域の梅が梅酒の原料として日本へ輸出されていた。信義地域の梅、ブドウなどは殆ど一次産品という形で、付加価値がつけられないまま、域外に移出されてきた。農家、農会はほんの少量の梅・ブドウを加工して梅干、梅ジュース、ジャムなどを販売する程度であった。

「酒荘」の設立により信義地域農業・農村は大きな転機を迎えている。信義農会が良質の梅という地域資源を活用し、信義の梅を広く消費者に伝え、「信義梅」ブランドを確立し、梅の関連加工品の消費拡大を図るとともに、産・学・官と緊密な連携を持つことにより、梅産地として住民の産地意識の向上を図っている。同時に原住民の伝統・文化を地域振興活動に取り入れることにより、信義農業は梅を柱とした地場産業とものづくり文化としての地場産業を指向している。

梅酒・ブランデーの製造原料は「契約売買制度」(保障価格買入れ)の下で毎年、梅農家と価格、期間等について契約を交わすことにより、農家の梅経営の安定に寄与している。契約価格は「優」級の市場価格の一・五倍に設定されている。年に二〇〇〇トン以上の梅を使用して、様々な梅加工品を製造販売している。信義地域で生産している梅を使用した安全・安心な農産品を特産品として販売することで、梅の有効活用を図るとともに、農会の収益の改善にも寄与している。「酒荘」成立以来、農会の信用事業依存体質は変わりつつあり、梅酒など加工品の販売事業の増大に伴い、新商品開発につなげることにより、新たな付加価値を創出している。こうした信義地域における農会の動きは、梅を始めとしブドウ、コメなどの生産から加工、販売に至るまでを垂直的に統合している。いわゆる「六次産業化」の形成により、一次産品の産地育成から多用途販売体制への道をたどっている。

「契約売買制度」は従前に比べ、比較的に安定収穫・収入、利益の向上につながるため梅農家に好まれている。約五〇〇戸の梅栽培農家で一九組の「生産グループ」に分けられ、毎年二月に梅の購買量や購買価格などについて農会と協議して決めている。

契約農家の梅栽培の収益は、ヘクタール当たり全国平均より八万二〇〇〇元(台湾ドル)高い。契約価格は一キログラム当たり五二元で市場の平均価格三七元を大幅に上回る。専業農家は梅だけではなく幾つかの農産物の栽培を組み合わせた「複合経営」を行っている。一方、梅農家の多くは兼業農家で、農外収入に依存しなければ農家経済を支えられない。

信義農会は地域の特産に更に付加価値をつけて販売するため、「加工工場」を数多く経営している。信義地域の梅は大粒で形もよく、果肉は厚く滑らかで梅加工に最適である。これら工場で製造された加工品が梅酒のほか、ワイン、ウィスキー、梅酢、梅エキス、ジャム、ゼリーとして販売されている。梅酒製造は二〇〇二年の一万一五〇〇リットルから二〇〇五年の八万リットルに増加し、この間に約六倍成長している。最近、梅豚足、梅ソーセージなどの農産加工品が開発された。

信義農会は「農特産品販売センター」や「信義駅――レジャー・サービス・センター」を開設し、販売は順調に伸びている。さらに消費市場に対応するため、新たな流通経路や販売拠点を開拓し（二〇〇七年二月に全国五三拠点）、梅農家と農会との共同による農産品・加工品の販売拡大及び農業生産体制の確立を図っている。

6 原住民の文化・伝説と風土をテーマにした「酒荘」の特産品

信義「酒荘」に地域のイメージを十分に反映させるため、原住民の伝説、歴史、文化など目に見えない資源をテーマにした商品を、消費市場にアピールして販売している。例えば、「迷子の猪（いのしし）」（ウィスキー）、「長老の教示」（梅酒）、「勇士の血液」（梅酒）等がある。このように「酒荘」は信義地域の独自性を生かし、特産品に地域の文化や伝統に基づく付加価値をつけることにより、地域農業の活性化を図ろうと試みている。地域の農業が活性化すれば観光の振興にも役立つ。

台湾では週休二日制が導入され、国民の生活価値観が多様化している。観光は団体旅行から家族旅行や個人旅行へと変化している。既存の観光発展モデルでは市場ニーズに対応できず、新たな観光発展モデルが求められている。信義農会は自然環境、地域の文化、風土に着目し、農業観光産業の推進を図るため、地域間(東ホ温泉地域等)・産業間と連携する仕組みを作り上げてきた。滞在型・体験型観光ニーズを重点に置き、都市住民との交流を促進するよう、農業と観光産業の連携を図るものである。グリーン・ツーリズムにより、民宿・レストラン(地域間の連携)などのサービス産業や「原住民農業文化区」、「観光農園区(梅・ブドウ・茶)」などとの交流を推進している。

信義農会を中心とする地域農業・観光産業の推進には、農村地域経済の内発的発展の形態を見ることができる。地域独自の風土・産業資源と農業、自然、歴史・文化などの観光資源とを融合し、協働することにより、「信義地域ブランド形成モデル」と「信義地域観光発展モデル」を構築することができた。

台湾のWTO加盟に伴う農業分野への打撃は予想より小さかった。新たな国際環境のもとで、農業に携わる構成員の不安を払拭し、展望を切り開くために、農業の多面的機能を考慮しながら、農業・農村・農家の三面調和を目指した農業構造の実現に向け、農産物の生産から加工・販売に至る体制の整備をはかることが重要である。信義農会のような農家・農民団体間の相互の協力は、地域農業と農業地域に、内発的な一つの発展方向を示唆している。信義農会は「一郷一特色」の梅産業を生かした「酒荘」を契機に、信用事業依存体質から「六次産業化」体質へと脱皮した。そして生産―加工―販売の一体化により、産業間の連携で高付加価値をつけて農家所得の向上を図り、信義地域ブランドを確立した。さらに地域間の連携で新たな市場を創出し、地域観光産業が新局面を迎え、農村集落の発展にも大きく寄与している。

重要なことは地域資源、文化、歴史などの風土に培われた無形の価値を活用することにより、住民の自発性を引き出す「内発的発展」が鍵となろう。信義農会の「先駆的リーダー」の役割は大きい。信義農会「酒荘」による「六次産業化」を始めとする農業発展の経験は、住民・地域の自発性を重視した成果である。

台湾農業の発展方向には「内発的発展」理論に基づき、地域農業ブランドの形成をはかることが不可欠である。

参考文献

絵所秀紀［1991］『開発経済学』法政大学出版局
神門善久［2006］『日本の食と農』ＮＴＴ出版
鶴見和子［1996］『内発的発展論の展開』筑摩書房
西川潤［2006］『アジアの内発的発展』藤原書店
野田容助［2005］『東アジア諸国・地域の貿易指数』アジア経済研究所
森嶋通夫［1956］『産業連関論入門』創文社
宮沢健一編［2005］『産業連関分析入門』日経文庫
頼平編［1987］『農業政策の基礎理論』家の光協会
和辻哲郎［1979］『風土』岩波書店
Leontief, W.W.［1966］*Input-Output Economics*, Oxford UP.
Veblen, T.［1899］*The Theory of Leisure Class, An Economic Study of Institution*（ヴェブレン、小原敬士訳［1961］『有閑階級の理論』岩波書店）

洪振義他［1997］『農会股金制度之研究』農業委員会
洪振義［2003］『進入ＷＴＯ之後対煙酒的租税調整』首席文化出版社
洪振義［2005］「グローバリゼーションの進展と日本経済の変化——産業構造と貿易構造を中心に」『全球化、民主化下日本與東亜関係』淡江大学日本研究所
行政院主計処［1986-2006］『産業連関表』主計処
行政院農業委員会［1997-2006］『農産貿易統計』農業委員会
行政院農業委員会［1980-2004］『農業年報』農業委員会

第二部

内発的・持続可能な農村発展

第一章　日本

持続可能な共生型地域社会の原型を探る
――山形県高畠町の事例分析から――

佐方靖浩
（早稲田大学アジア太平洋研究科研究員）

本論の目的は生態的、社会的に持続可能な「共生型」地域社会の原型を探求することにある。農山村部と都市部双方の地域社会を、生産地―消費地、観光保養地―情報発信地といった経済需給の論理、または二項対立的な相互補完関係ではなく、互いの共感に基づく、共生関係を基盤とする、持続可能な地域社会への発展の可能性を内蔵した相互関係を有するものとして社会に位置づける。地域に住む人々が自発的に地域の生態系の保全、社会的活動に活発に関わって農村、都市住民が共に成長し、成熟していくことのできる市民社会の原型として共生型地域社会を定義してみたい。

第一節　共生型地域社会とは

1　共生の定義

本論は日本の地域社会が抱える様々な問題を直視し、特に農山村部地域社会に視座を据えながら、生活者としての住民の目線で事柄を検証する。自発性と自主性を重視した地域社会の内発的な発展の可能性を探りたい。都市部などの地域社会とは需給的な相互補完関係によらない、新たな共感に基づいた有機的で持続可能な「共生関係の構築」の可能性を検証する。歴史的な背景から地域住民の自律、自治意識が高く、有機農業運動など住民のボランタリー活動が盛んな山形県高畠町を調査対象とする。

現代日本の持続発展可能な「共生型地域社会」の原型モデルは、文化に共通項がある東アジア地域でも類似した社会発展への参考になるであろう。

生物学や生態学では「共生」に明確な定義づけがなされているが、アナロジーとして人間社会で用いられている共生の意義は一様ではない。東西冷戦後一九九〇年代初めから文化や平和、さらに教育、環境問題などの理念や思想として、「共存」よりも主体の意思を含意する言葉として用いられるようになった。

九二年にリオデジャネイロで開かれた国連環境と開発会議で、多くの多国籍企業や国家レベルの開発政策に対し、初めて企業の論理や国家の論理を超えて、生活者・市民、あるいは先住民族から共生の観点が主張された。その後、世界的に持続可能性（sustainability）が市民社会レベルで語られるようになり、九三年日本では循環、共生、参加、国際協力を理念として環境基本法が施行され、それを受けて翌年政府が環境基本計画を作成した。その中でも「地域における多様な生態系の健全性を維持・回復、（中略）自然と人間との共生を確保する」と、「共生」が謳われている。経団連はすでに九一年に『経団連地球環境憲章』で「企業と地域住民・消費者が信頼のもとに共生する社会」と明記し、当時の平岩外四会長のもとで九二年に「共生に関する委員会」も設置されている。(1)

2 共生関係を内包する地域社会としての山形県高畠町

持続可能な「共生型地域社会」を形成するには、共感に基づく共生関係を基盤とする内発的ボランタリー・ネットワークの形成が不可欠となろう。この仮説を検証するため山形県高畠町を一つの地域社会として捉え、内発的な「内なる共生関係」のボランタリー・ネットワークの活動状況を記したい。

山形県東南部の置賜盆地に位置する高畠町は、奥羽山脈に源流をもつ屋代川と和田川が、最上川に注ぐ扇状地にある。かつては屋代郷と呼ばれた穀倉地帯で、約四〇〇〇ヘクタールの農地が広がり、盆地特有の内陸性気候により、季節の温暖差が大きく冬季には豪雪地帯となる。町の歴史は古く、約一万年前の縄文草創期から集落が存在したことを示す日向洞窟の跡などが発見され、石器、土器も多く出土している。

高畠の位置する置賜地方は古くから開発が行われ、中世から近世にかけて地方の領主は伊達氏、蒲生氏、そして江戸時代には米沢藩上杉氏が支配した。(2) 一六六四年、米沢藩は江戸幕府から半領削封を受け、以来屋代郷（現在の高畠）は幕領地となり同時に同藩の預地となった。上杉鷹山による改革が行われる以前の米沢藩は厳しい重圧政治を行い、年貢の滞る貧農は取り潰す年貢徴収第一主義を取った。[3]さらに悪政といわれた重税や専売制なども加わり、屋代郷の農民は米沢藩支配を嫌い、代官が直接支配する幕領地を望み、しばしば米沢藩から離脱運動を起こした。

このような歴史を有する高畠の住民は、権力や上からのお仕着せ的な政策に対して、自治自律ともいうべき特性を発揮してきた。高度成長期に農村が荒廃して行く状況で、高畠住民の有志は地域社会に根ざした有機農業運動という内発的な発展を試み、地域社会の持続可能な営みを追求し続けてきた。「共生型地域社会」を形成する上で、高畠町は固有の風土性を代表する場所性（トポス）を備えている地域であるといえよう。[4]

内発的発展論については、多くの論の中から本論文は主に鶴見和子の以下の論に拠る。

「近代化論は、全体社会（国民国家と境界を一つにする）を単位として組み立てられた社会変動論である。これに対して内発的発展論は、地域の生態系と調和した発展を強調する。社会構造及び人間の行動・思考様式は、工業化の進行に伴って前近代化型から近代化型へ移行するものと考えられる。これに対し、内発的発展論では、地域に集積された社会構造および精神構造の伝統を重視する。[5]」

高畠町役場などから収集した資料によると、人口約二万七〇〇〇の高畠町で住民のボランタリー・グループが約八六組織を数える。高畠の地域社会における戦後の住民運動がどのように発展し、その後の有機農業運動や環境保全、福祉など多様なボランタリー・グループ活動へと「共生」のネットワークを広げていったのか考察する。

3　青年の育成活動から有機農業へ

高畠は町行政独自の青年教育施設「農業青壮年研修所」（一九六四―七〇年）と「農業青少年研修所」（一九六六―六九年）を設け、六九年には町の社会教育課、青年団などの主催で第一回青年自治研修会（自治研）を行った。参加者は農業、商工青年の他に、町長、助役、町役場の課長も加わり、青年たちと各分野にわたる対話討論を実施した。また、七一年に対象をすべての青年層とする「高畠町青年研修所」を開設、助役を所長に運営も青年たちの自主性に任せ、宿泊研修を続けた。その背景には、五〇年代から六〇年代にかけて、「高畠町青年団」の活発な社会活動があった。「青少年問題研究会」、「地域開発青年協議会」（一九五九年）、「和田地区地域振興会」（一九六〇年）などが発足、町全体の農業研究サークル「雄飛会」（一九六四年）も登場した。[6] こうした動きは住民による内発的な地域社会開発を指向するものであったといえよう。

農薬、化学肥料の多投、作業の機械化に伴う農機具購入の負債など、農業近代化がもたらす一連の問題への反省から、高畠町青年団は七二年に「出稼ぎ拒否」を宣言、公害防止、減反拒否、カントリーエレベーターの建設計画中止などの運動へと連携し、出稼ぎ拒否による収入減に農産物自給運動で対処しようと試みた。[7] 七三年、二〇代中心の三八名の農業青年が集まり、安全な食べ物づくり、土作り、さらに自給の回復、農民の自立や環境保全を掲げて、「高畠町有機農業研究会」が発足した。「自給の思想」を基盤に、会員の粘り強い取り組みが続けられた結果、有機農業は土の本来の地力を取り戻せることを証明し、冷害や干ばつに対しても強いなどの真価が発揮された。加えて作家有吉佐和子の『複合汚染』の取材を始め、マスメディアの報道で取り上げられた結果、有機農研の地道な

取り組みが「地域に根を張る有機農業運動」として注目を集めるようになった。(8)

当時全国各地で公害対策運動や消費者運動が盛んに起きていた。内発型の有機農業運動は地域社会を超えた共感を呼び、大気や水質汚染など都市型公害に強い関心を持つ消費者グループの「食」と「環境」の安全意識が結びつき、産消提携による「顔の見える関係」が物理的、社会的距離を超えて心理的なつながりを作り出していった。生産者と消費者の認識の違いや衝突も起きた。たとえば東京の消費者グループが、和田地区の生産者側に対して農薬の空中散布を中止するよう要請、意見の違いから生産者側は内部で分裂しながら、結果的には有機無（減）農薬農法への共通認識による緩やかな結びつきができ、運動は点から面へと広がっていった。

高畠町有機農業研究会は九六年に新しい活動体「高畠町有機農業提携センター」と「四季の会」に発展、解散した。翌年町全体を網羅し、約五〇〇人の農民が加わる「高畠町有機農業推進協議会」が発足した。(9)

4　有機農業の経済性

「有機農業研究会」の三八人の有機栽培グループと、七〇年代初期に「市民運動スタイルの消費者グループ」とに限定されていた産消提携の信頼関係は、八〇年代初頭に地域内にあっては初期除草剤一回使用の減農薬有機栽培グループ「上和田有機米生産組合」（組合員一三〇人）の結成と地場産の有機農産物を原料とする食品製造業の進展、就労の場の創造に発展する。

減農薬米の販売ルートは、先行していた有機研の人脈で首都圏、関西へ、都市との人的交流の基盤

表1　環境保全を重視した農業生産と慣行栽培の経営比較

（2002年、稲作10アール当たり）

資料：農林水産省「環境保全型農業（稲作）推進農家の経営分析調査」（2004年9月公表）を基に農林水産省が試算

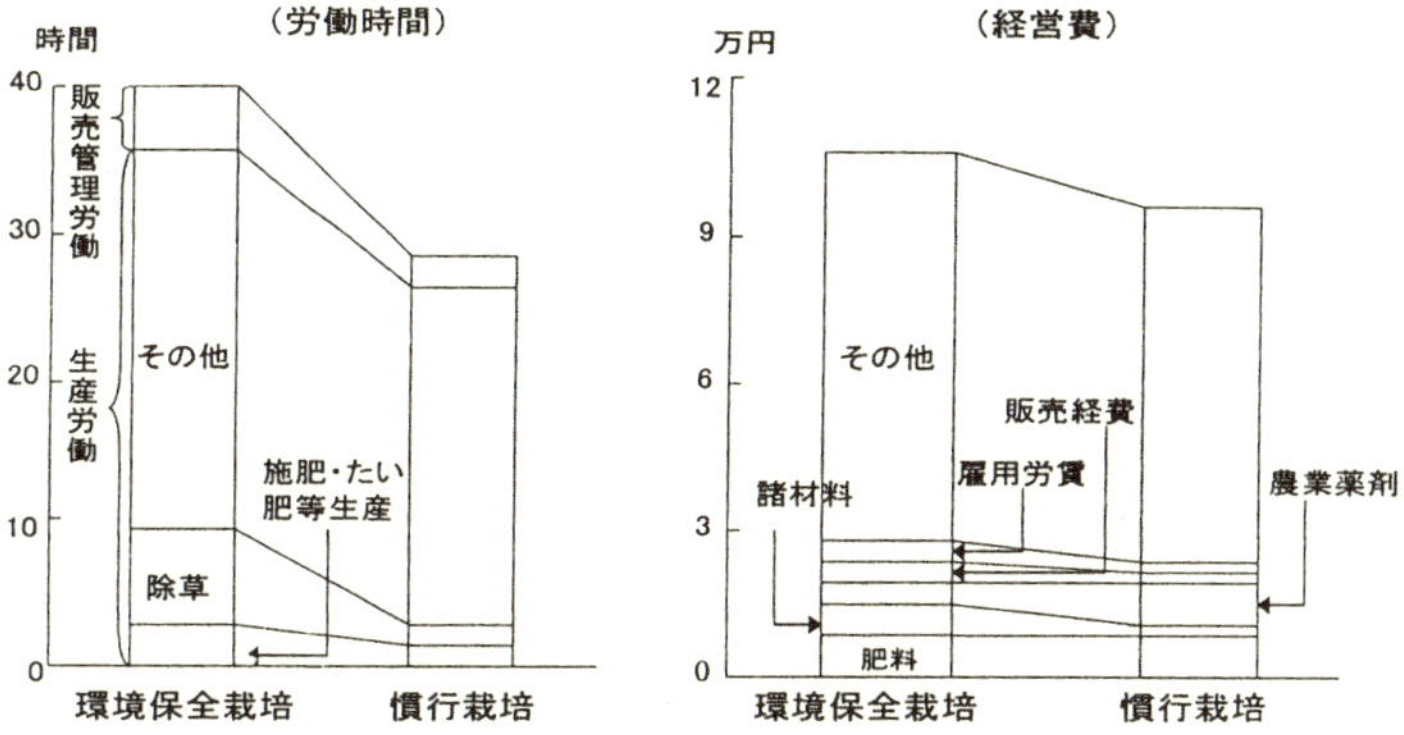

を築きつつ拡がっていく。一方で地域の地場産業に有機農産物を提供するという、新たな発想が出てきた。遠くへ発送するだけでは販売は成り立たない。地元のつくり酒屋、味噌、しょうゆの製造者、観光センターのようにビジターに大量に食事を出す所、菓子製造業などへ販路を求め働きかけた結果、地場産業との強い結びつきができ、減農薬有機栽培米を完売する地産地消の関係が確立した。

現在約二〇企業が地産地消のネットに加わり、年間約一〇〇億円の農産加工品を出荷している。

有機無（減）農薬農法への批判はその経済性の評価にある。

慣行的な農法に比べて環境保全型農業は労力や経営費の増大を伴っているとの指摘である。農水省は稲作一〇アールあたりの経営費の比較を試みている。「有機栽培」、「無農薬・無化学肥料栽培」、「無農薬栽培」、「無化学肥料栽培」及び「減農薬または減化学肥料栽培」に取り組む水稲農家について、それぞれが当該環境保全型栽培に取り組んだ場合の労働時間、経営費の平均値を、それぞれ慣行栽培に取り組んだ場合と比較したものである。慣行農業に比べて環境保全型農法の労働時間は、施肥作業で一・六倍、除草作業では四・二倍多くかかるので、経営費全体では一・一倍の増加になると計算している（**表1**）。

内容は経営費の比較にとどめられているが、稲作営農にとっての課題は米消費の減退、米価の下落が続く状況で、生産米が「いくらで売れたか」である。二〇〇四年の高畠米の六〇キロ当たりの農家の手取り価格は、有機無農薬栽培の「ゆうき米」が約三万三〇〇〇円、有機少農薬栽培の「上和田有機米」が約二万四〇〇〇円であるのに対し、慣行農法により生産されたJA経由の自主流通米は一万六〇〇〇円から一万八〇〇〇円であった。経営費が一・一倍増であるのに対してこれらの大きな価格差は、どう説明されうるのだろうか。

日本の米穀至上での消費減による価格の下落傾向を考えるとき、慣行農法でコスト合理性を追求して生産性をあげ、経営費を削減することが、果たして経営経済性を有することになるのだろうか。

高畠町の有機農法グループへの「あなたにとり有機農法とは何か」をキーワードで答えてもらう問に、最も多かった答えは「共生の思想・技術」「農のよろこび」「作物を作る感動」である。いずれもコスト合理性では説明し得ない概念である。職業としての農業の倫理というほかはない(10)。

また慣行農法のコストには農薬や化学肥料で環境に負荷をかけている、その外部不経済・社会的費用が導入されていない。慣行農法が主張するコスト合理性はこの問題をどのように解釈するのだろうか。

第二節　有機農業から

1　たかはた共生塾

農民と都市民が有機農業をベースに学び合う「たかはた共生塾」が九〇年、和田地区に発足した。有機農業関係者を中心に形成された共生塾は、「まほろば農学校」を開き、農業体験を通じて都市からの参加者が、自然や土、生き物など農の豊かさを実感できるよう交流を広げる取り組みを続けている。

2　ゲンジボタルとカジカガエル愛護会

高畠町の二井宿地区は江戸以前からの宿場町で、今もその町並みが保たれている。宿場には屋代川の支流の一つ大滝川が流れ、今では稀に見る原生に近い状態の河川が住宅地の近くを流れている。そこにはゲンジボタルと美しい鳴き声で知られるカジカガエルが生息しており、毎年五月から七月ごろにかけて、カジカの「キュルルルー」という魅力的な合唱とゲンジボタルの乱舞が観賞できる。

二井宿在住の島津憲一氏（愛護会副会長）は、自分の住んでいるこのような素晴らしい風景と自然を、まずは地元の住民に再確認してもらおうと鑑賞会、研修会などを通じ、地域の環境資源を守る意識を醸成する目的で「ゲンジボタルとカジカガエル愛護会」を立ち上げた。九八年夏、島津氏らは手作りのポスターなどを貼り、「親子で楽しむゲンジボタルとカジカガエル鑑賞会」を開き、同時に、地域の特産品であるそばや地元酒米で製造した純米酒の試飲会なども行った。予想していなかったことに、約六〇〇戸の集落に、町内及び県内外から親子連れなど約二〇〇〇人が集まった。

愛護会は他の地区の関係団体や行政とも協力し、地域の環境悪化防止やホタルの幼虫を食べてしまう恐れのあるイワナ放流の中止を漁協に申し入れ、了承された。ホタルとカエルの生育教育を守るために草刈や流域の植生調査と植生図を作成した。また、地元の二井宿小学校に川の生育環境を再現したホタル飼育専用の水槽と幼虫を送り、子どもたちに「将来の環境保全の主役」を担ってもらうための自然学習[11]にも取り組んでいる。

3 星寛治氏——内発的地域運動の先駆者

農民詩人として知られる星寛治氏は、かつては活発な町青年団運動の中心的リーダーであり、町の社会教育や学校教育、さらに有機農業運動の草分け的存在として、また高畠の内発的発展をたどる上で最も重要な人物である。星氏は自らもコメやリンゴなどの有機農業を実践しながら、町の教育委員長を一〇数年間務め、学校教育への田んぼでの実習などの取入れにもかかわった。廃校となる運命だった地元の県立高畠高校を再生する運動に取り組み、「環境」、「福祉」、「観光」の三つの柱を据えたカリキュラムを創り、新しい総合高校として再建に成功した。「環境」科に「有機農業」コースを、「観光」コースでは、グリーンツーリズムの要素を取り入れた。

4　社会福祉活動に見る共生

（一）かたくりの会　市民相互互助型在宅サービスを行うボランタリー・グループである。農山村部に暮す高齢の農業従事者には、サラリーマン層のような厚生年金はほとんどなく、月額にしてわずかな国民年金で暮らしを立てている一人暮らしの高齢者が少なくない。かたくりの会はそんな高齢者や高齢者の身内が介護をカバーしきれない部分のサービスを引き受けている。

農村の山間部には公共交通が不便な所が多く、高齢者の通院を手助けしたり、出不精の高齢者をそとに連れ出したり、いわば農山村地域における高齢者の、地域医療以外の精神的ケアに重点を置く、ボランタリー活動グループである。また高齢者だけでなく、施設の障害者のケアも行っている。

（二）ハーモニー　九七年から活動している地域ボランタリー・グループである。社会教育事業の手伝い、例えば地区の運動会、敬老会とか、かつて青年団が中心になってやって来た場面を担う。豪雪地帯の高畠で、一人暮らしの高齢者宅の除雪作業も引き受けている。

5　共生への教育　高畠小学校——循環型生態系学習と農作業を教育に

一九七五年に創立一〇〇周年を迎えたのがきっかけで、当時の教育関係者が記念行事として、学校の財産として校有田（約一ヘクタール）と校有林（約二ヘクタール）を購入した。

親たちが「畑稲作委員」を担当し、子どもたちが毎年有機栽培でもち米や野菜などを作るのを指導する。近所の畜産農家の協力で堆肥をもらい、代わりに収穫した後のわらなどを提供し、地域で子どもたちに循環型生態系を体験させている。耕作体験プログラムは一年生から六年生まで全員が分担して担当し、畑稲作委員が育苗したものを五月から三年生が堆肥をまき、五年生が田植えをし、六年生が稲刈りをするといった年間の作業の流れがある。一〇月になると四年生がせんばを使って脱穀し、一〇月には近所の住民も参加する収穫の集いを行う。またPTAのOBの指導で、子どもたちに山林で間伐する意味を教えたり、森林による環境保全の重要性も伝える。子どもたちの収穫したもち米を東京都墨田区の小学校へ送ったのがきっかけで、双方の交流も始まった。

6 和田小学校――地域内での「顔の見える給食」と世代間交流

一九六四年から和田小学校は校区内の地域の農家と協議して、「自給野菜組合」を結成した。毎朝、採りたての新鮮な野菜を学校におさめ、調理員が調理し子どもたちの給食に提供される。新鮮でおいしく、そして子どもたちの健康に役立つものをというのが組合発足のきっかけである。地元の農家（主に祖父母世代）が孫や子どもたちの食べ物を作り、「顔の見える」関係や触れ合い、さらに交流といった地域ぐるみの教育成果も見られ、子どもたちへのフィードバックも生産者自身の喜びや生き甲斐となっている。そして、地元の農家にとっても市場の規格や価格に左右されず、一定の経済的効果を生み出している。

和田小学校はまた、東京都の墨田区との間にいろんな交流を行っていて、その中の一環として、夏休みに墨田区の小学生を迎え入れる「夏休み自然体験教室」を開いている。

7　地域行政の取り組みと共生

高畠町の行政はいろんな意味で住民とは極めて近い関係にあった。とくに社会教育担当部署は長らく青年団活動と積極的に関わり、活発な高畠の青年運動の一翼を担ってきた。地域社会における内発的発展の基礎は、住民自身によるボランタリー組織づくりに加え、行政の積極的な側面からの支援とかかわりも重要な要素となる。高畠町の行政は、住民組織や地域の社会教育とかかわり、「共生」を基本理念の一つに掲げる「第四次高畠町総合計画」の土台を作ってきた。

第三節　外延する共生型地域社会

内発的なボランタリー・ネットワークと平行して、高畠外部の有機農産物消費者グループ、援農・農業体験者、学者、マスメディア、自治体関係者が有機農業を始め、高畠農村地域社会の営みに共感し、さまざまな形の連携、支援や協働を通じて共生型地域社会の原型を形成しつつある。

1　産直提携運動——有機農産物の生産者と消費者

一九七三年に始まった高畠町有機農業研究会を主とした有機農業運動は、当時、全国的な反公害運動の盛り上がりという社会背景もあり、都市部の消費者グループが安全な食べ物を求め、有機農業に取り組む高畠の生産者グループと結びついていった。

東京都内にある有機農産物の消費者グループ「大田区健康を守る会」のメンバーは、四季折々の畑

（漁場）と台所が直結した食生活をしている。

健康を守る会の前史は、一九六三年頃から取り組み始めた合成洗剤追放運動であった。最初はたまごやみかんを九州などから取り寄せていたが、高畠の星寛治氏らの有機農業研究会とつながり、コメ、野菜や果物の産直提携を増やしていった。毎年、高畠での作付会議や援農活動にも参加している。メンバーの一人は「『援農』ではない。高畠の人は『縁農』だと言ってくれている。一種の親戚付き合いのような関係だ」と話している。

会が産直提携をしている生産物の値段は、だいたい生産者の言う通りにしている。米に関しては、現在の自主流通米は一俵二万円弱の値段になっているが、高畠のコメは三万円になるように、会のメンバーが保障をしている。一万円多く出すことで無農薬米を作ってもらって、生産者にとっては市場経済よりも米価は安定している。毎年一一月末の作付会議で、約束した全額の代金を前払いする。

2　たまごの会

「たまごの会」は、一九七一年以来、たまごの共同購入から始まった消費者グループである。しかし、「たまご」は動物たんぱく質を現すものではなく、新しい公害のない社会と生活を夢みて、孵化し羽ばたく会員を指す。会は消費者運動を展開する途中から、自ら農場を会員の手で作り、現在では会員に供給する農産物の生産の他、一部は生協などへ出荷している。会は高畠の星寛治氏をリーダーとする有機農研の無農薬米作りを知り、一九七三年に産直契約した。コメの提携購入の他に、毎年欠かさず交流会と援農による交流を続けている。

3 山形野菜とたまごの会

高畠の有機農産物生産者と都会の消費者との提携運動は、首都圏などの大都市に限らず同じ山形県内の山形市や米沢市などの消費者グループとも続けられている。「山形野菜とたまごの会」は一九八二年に発足し、有機農研の取り組みを知り、高畠を訪ねたことで交流が始まった。その後はコメを中心にりんごや野菜を産直提携するようになり、援農などを通じて「顔の見える」関係が続いている。

有機農産物の消費者グループには以下の特徴がみられる。(一) 食べ物の安全性と環境問題への関心から行動を始めた。(二) 有機農産物を生命の源泉である「食べ物」と認識し、安価で大量生産される化学栽培農産物との違いを強く認識している。(三) 提携関係は一般の市場経済における通常の消費行動とは違い、「消費者運動」であるとされている。(四) 生産者との間は無機質な流通形態ではなく、「顔の見える」つながりを提携のベースとしている。

有機農業に取り組む農山村の自立を側面から支援する産直提携の試みは、反公害や食の安全性の追求、農政の矛盾や高度成長のあり方に疑問を投げかけ、市民運動として位置づけられよう。このような市民の取り組みに呼応し、農山村にも都市住民の視点を取り入れた支援態勢がとられれば、生産者対消費者、都市対農村などといった二元論的な図式ではなく、互いを主体として認識する共生への関係が生まれ、日本の農業や社会の行く末にも展望が開けるであろう。

長谷川公一は生産者と消費者の提携を重視する生消提携運動を含む有機農業運動を、新しい社会運動と位置づける。階級闘争型労働運動や体制変革志向的な運動と異なり、運動の典型的な担い手は農漁民や地域住民、一般市民や専門職層、高学歴層の人々であると規定する。目指すのはエコロジー、生態系の重視、自然との共生、持続可能な社会などの諸価値である。[12]

4 墨田区役所防災行政と高畠の交流

東京都墨田区と高畠町の交流は、墨田区の栄養士会と高畠町の有機農業研究会の交流で一九七九年から始まった。八一年に高畠の小学校児童が学校の水田で作ったもち米を墨田区内の小学校に送ったのをきっかけに、墨田区の栄養士が高畠を訪問し、教育や農業関係者が相互訪問する中で両地域の児童同士の春休みと夏休みを利用したホームステイ交流も始まった。墨田区内の小中学校への給食は、コメを中心に農協経由で高畠の農産物が用いられている。

一九二三年の関東大震災で墨田区を震度六強の地震が襲い、四万八千人が犠牲になった。墨田区は防災を最重要課題と位置づけ、九五年に起きた阪神淡路大震災をきっかけに、墨田区と高畠町は九六年に「防災相互援助協定」を結んだ。災害時の食料品をはじめ、生活必需品、衣料品の相互援助、職員の派遣、そして収容施設の提供などといった内容になっている。

この交流はとりわけ都市部住民と行政にとり、農と食と自然環境への体験と認識の場を提供し、さらにより現実的な防災対策や課題に対しても、農山村地域の持つ大きな役割を、「都市対農村」という二元論の対立的な関係でない協力や協働の関係、そして「共生の関係」で思考する文脈を提示している。

5　人・環境・コミュニティの共生関係

一九七三年に始まる有機無農薬農法を起源とする高畠農民の自律性豊かな営農は、三五年を経た現在、農業と農業地域が内在させている多面的な機能を顕在化することにより、人・環境・コミュニティの共生関係成立の可能性を示唆している。

高畠での調査結果とその分析を、以下にまとめ人・環境・コミュニティの共生を構築するための提言を試みたい。

共生型地域・高畠の農村地域社会を形成するファクターとして、歴史的にみれば場所性（トポス）に由来するとみられる住民の多彩な内発的地域ボランタリー活動と、星寛治氏に代表される内発的地域づくりの思想とが結びつき、農業地域社会にボランタリーなネットワークが形成されていった社会の動態を指摘したい。そうした人的魅力と自然風景の魅力が重なり、[13]東京や大阪から既に約八〇人が高畠へ移住し、多くは農業を営んでいる。このような現象は高畠の農業地域社会を活気づけ、持続的な内発的発展を可能にしている。

高畠の共生型地域社会の原型はなお形成途上にあるが、持続的な内発的発展が可能な社会像の新しいパラダイムを示唆しているといえよう。

ささやかな試みではあるが、本論は社会学者鶴見和子の「内発的発展」のパラダイムの有効性を事例分析により、高畠の農村地域社会で検証しようと試みた。

アジア太平洋地域の国々へ、先進的工業国家から適用された開発理論が、近代化論に基づいていることは言うまでもない。[14]鶴見は近代化論と内発的発展論とを対置して次のように説明している。

近代化論は、全体社会（国民国家と境界を一つにする）を単位として組み立てられた社会変動論である。これに対して、内発的発展論は、地域を調査の対象とする。近代化論には、自然環境についての配慮が全くない。内発的発展論は、地域の生態系と調和した発展を強調する。近代化論では、前近代と近代とを、社会構造、人間の行動・思考様式などにおいて截然と区別する。社会構造及び人間の行動・思考行動様式は、工業化の進行にともなって前近代型から近代化型へ移行するものと考えられている。これに対して、内発的発展論では、地域に集積された社会構造及び精神構造の伝統を重視する。現代の問題を解決するために、人々は伝統の中から役に立つものを選び出し、それを新しく創りなおして使うことができると考える。

近代化論は、経済成長を主要な発展の指標とする。

これに対して、内発的発展論は、人間の成長を主要目標とし、経済成長をその条件とみなす。

内発的な地域社会を指向する上で、キーパーソンの存在が重要である。

星寛治は社会学がキーパーソンと規定する、現状変革理念を有する実践活動家である。有機無農薬ないし減農薬農法は、キーパーソンにより主導された例が多い。

有機無農薬あるいは減農薬農法は、農水省が規定する近代農法に対して、伝統的な慣行農業への復帰を目指す社会運動の一面を持つ。社会運動とは一般的には現状への不満や予想される事態に関する不満に基づいてなされる変革志向的な集合行為である。

内発的な地域発展を図るために、社会学がキーパーソンと定義する人物の存在が不可欠である。有機無（減）農薬農業を志向した人々を、栽培技術と思想の両面から導いた中心人物星の思想と行動は、キーパーソンと評価されるにふさわしい。

注目すべきは地域でのこのような農民の動向が、一九九九年新農基法から二〇〇三年農業環境政策の基本方針の策定に至る、政府の農業環境政策に明確な影響を及ぼしたことである。

例えば基本方針の「基本認識」にいう「農林漁業者の主体的努力と消費者の理解・支援」「都市と農山村との共生・対流」にその関連を読み取ることができよう。

他方、一九九九年新農業基本法により導入された中山間地直接支払い制度は、それまでの政府の農政に反発し、農業と環境の統合を目指す地域づくりを先行させてきた農民グループ、農業地域が今日最も期待する農業・農村の多面的機能を維持するための経済手段として評価を高めている。

二〇〇三年、二〇〇四年の二年間、文部科学省は高畠を「総合的な学習の時間」のモデル地域に指定した。有機無農薬農法を実践し、町ぐるみで環境にやさしい「まほろばの里づくり」に取り組んできたことから、環境学習に的を絞った学習のモデルとして研究されることになった。持続可能な共生型社会への環境教育の原型（proto theory）を、文部行政が高畠に見出しているからに他ならない。

内発的発展は、それぞれ多様で個性をもつ複数の小地域の事例を記述し、比較することを通して、一般化の度合いの低い仮説あるいは類型を作っていく試みである、と鶴見は定義している。

鶴見の定義による「内発的発展」の、一つの事例分析として小論を提示したい。

（本論は佐方靖浩の研究論文「持続可能な共生型地域社会の原型を探る――人とコミュニティの持続可能な新しい関係」に原剛が加筆したものである。）

注

（1）藤江俊彦『環境コミュニケーション論』慶應大学出版会、一九九七年、一七二頁。経団連ホームページ http://www.keidanren.or.jp/japanese/journal/gekkan/gk1995z2/part0.html

（2）横山昭男ほか『山形県の歴史』山川出版社、一九九七年、四頁。

（3）伊豆田忠悦『改訂郷土史事典 山形県』一九八二年、八三頁。

（4）トポスはある問題についての論点や考え方の蓄積がされているところを指している。現在トポスが新しく重要な意味をもっているのは、トポス（場所）が人間存在を成り立たせる基体として考えられるようになったからである。見田宗介ほか編『社会学事典』弘文堂、一九九六年、六六一頁。

（5）鶴見和子『鶴見和子曼荼羅Ⅸ 環の巻』藤原書店、一九九九年、七四―七五頁。

（6）『続山形県地域開発史』上巻、山形県、一九九八年、三〇九―三一一頁

（7）前掲書、三一二頁。

（8）前掲書、三一四頁。

（9）前掲書、三二六―三二七頁。

（10）早稲田大学大学院アジア太平洋研究科、原剛研究室『農業との関連で見た自然保護と環境保全の現状』二〇〇一年、一一〇頁。

（11）『山形新聞』一九九八年一〇月二一日。

（12）早稲田大学大学院アジア太平洋研究科、原剛研究室『農業との関連で見た自然保護と環境保全の現状』二〇〇一年、一一〇頁。

（13）東に蔵王、北に朝日、南に吾妻、西南に飯豊連峰の険しい山々に囲まれた高島町は、東北の高天原と言われる。古代史跡を点綴させた近景の水田、果樹園から深い森をまとった山地へと連なる景観が作

りなす遠景、中景、近景の均衡が美しく、「まほろばの里」と評価が高い。

(14) 外発発展型の理論はハーシュマンが「経済発展の戦略」、ロストウが「経済成長の諸段階」によって展開していた開発経済の理論に代表される。ロストウは先進工業国の資本を発展の遅れた国に導入して社会資本を整備し、先行投資型の公共投資による波及効果で経済成長を図れると説く。ハーシュマンは経済の「成長拠点」(growing point) が経済的発展過程の途上で実現されなければならないとし、経済成長の国際的、地域格差の発生が成長それ自体に不可避な随伴現象であると規定し、成長の「浸透効果」(trickling point) を説く。アルバート・ハーシュマン『経済発展の戦略』巌松堂、一九六一年、三三〇―三三二頁。

第二章　中国

中国農村の内発的発展
——貴州省古勝村の実験から——

向　虎
（早稲田大学北京事務所副代表、早稲田大学非常勤講師）

はじめに

一九七九年の改革開放政策以来、中国経済は高度成長が続き、工業化・都市化が急速に進んでいる。しかし、同時に自然生態系の劣化と環境問題の深刻化、東西格差の拡大など、社会の構造に起因する問題も多発し、社会的な不安が拡大しつつある。

こうした状況を打開するため、二〇〇〇年から中国政府は「西部大開発」政策に着手した。インフラ建設、産業構造の調整及び比較優位産業の発展、科学技術・教育の振興、生態環境保護、対外開放の拡大五分野を重点的に推進していくことが決定されている。とりわけ、深刻化した地域間格差を解消する戦略として、広大な内陸部で経済開発を進めていくことに重点が置かれている。同時に、自然生態系が極めて脆弱になっている西部地域では、「生態環境保護」を開発の前提にする必要があると認識されている。

第一節　退耕還林政策の限界

1　退耕還林とは

政府が巨大な資金を投じて、貧困山村の農民に直接補助を与え、環境の修復と経済の復興を同時に求めようとする「退耕還林」政策が、西部大開発の重点策として打ち出された。二五度以上の急傾斜地や荒地を森林に戻し（退耕還林）、森林が劣化した荒れ山に人畜の立ち入りを禁止して造林し（封山育林）、農地を転換した住民へ穀物を補償する（以糧代賑）。そして、農民の個人請負による自主的な参加（個体承包）を求める史上空前の生態系修復事業である。

退耕還林政策は黄河と長江流域を主として、二〇一〇年まで三二〇〇万ヘクタールの新規造林を目指す巨大な国家プロジェクトである。(1) 計画どおりに達成されれば，わずか一〇年あまりで日本列島総面積の八〇%を超える面積に造林されることになる。

しかし、植林だけで、貧困問題を解決できるのか。二七年連続の高度成長を達成してはいるが、東・西部の地域間経済格差、農村と都市の所得格差が日増しに広がっている。果たして、退耕還林のような政府主導の造林プロジェクトを通じて、環境保全型の産業振興を実現できるか、長年にわたる農民と政府の対立を解消できるか、大きな疑問が残る。

政府が力を入れて植林すれば、自然生態系の修復に必ず一定の効果が現れる。しかし、果樹などを植えるだけでは、農民は豊かにならず、農民の政府に対する長年の不信感を増幅させることになるだろう。環境と開発を巡って既に緊張化している政府と農民の対立関係を打開しなければならない。農民と政府の協働関係を再構築するため、NGOなどの第三セクターの協力を得ながら、外部の投資や援助に依存するのではなく、農山村の地域社会資源である自然生態系と伝統文化に立脚し、農民の自発的な行動を核とする地域の内発的な発展を必要とする。

本研究は表土流失が激しく、生態系の極めて脆弱な長江流域の貴州カルスト高原の山村古勝村で、退耕還林の実態を解明し、さらに、内発的発展論を基に、山村の持続可能な発展の有り方を検証する。

2 古勝村の歴史

貴州省黔西《けんせい》県素朴鎮古勝村は貴州省の中部地域に位置し、省都貴陽市から北西八五キロに位置している。長江の支流の一つである烏江の上流に立地し、海抜は八〇〇から一五〇〇メートルで、二七一戸、約一八〇〇人が住んでいる。漢族が九二％で、苗族など少数民族住民が八％を占める。

筆者は退耕還林の始まった年である二〇〇二年八月以来、継続的に古勝村を訪れて退耕還林実施後の村落の変化を追跡調査している。記述内容は主として二〇〇二年八月―九月の三週間と二〇〇二年一二月―二〇〇三年一月の三週間、古勝村に滞在して調査を行った内容に基づいている。同期間中に、退耕還林政策を受け入れた農家の中から六三世帯をランダムに抽出し、家計調査と意識調査とを実施した。聞き取りは世帯主（男性）を対象として行った。

村は烏江の深い渓谷と急峻な山に挟まれており、一九九六年に烏江を渡る橋が建設される以前、村と外部とを結ぶ道路がなく、村を出るのには船で渡河しなければならなかった。村人はほとんど現金を持たず、外部市場との間では、卵を売って塩を買ったり、豚を売って石炭を買ったりする程度の取引しか行われていない。土壌は瘠せており、食糧はかろうじて自給できる程度で、外部に売り出すほどの余裕もなかった。

一九九三年、村で初めての大型公共事業である烏江の橋梁建設が村民に賃金労働の場を与えた。その後、西部大開発が推進される中で、高速道路建設やダム建設が相次ぎ、農家が簡単に近辺で賃金労働に従事できるようになった。一九九六年に橋が通るまでは、村から省都の貴陽まで五―六時間もかかったが、いまでは高速道路を利用して一時間ぐらいで行くことが可能になり、貴陽への出稼ぎも増えた。こうして一九九〇年代後半に、自給経済が次第に崩れていき、多くの農家が出稼ぎ収入に依存するようになった。

一九五八年、毛沢東の大号令によって始まった農業集団化（人民公社化）と農村での鉄鋼生産計画の中で、大量の木材が製鉄用燃料として伐採された。一九五八年から六九年の三年間で原生林はすべて伐採され尽くしたという。大躍進政策の過程で、穀物不足が深刻化して飢餓が発生、古勝村の一帯で一〇〇人近い餓死者が出たという。

飢餓を回避しようと、急傾斜地を開墾する農家が激増した。人々は休みの日を利用する他、人民公社への出勤をときおりサボタージュするなどして、自営農地の開墾に精を出したのである。開墾地からの収穫はすべて自分のものにできたので、人民公社化による生産性の低下の中で生き抜くためには、どうしても開墾地が必要であった。つまり人民公社時代には集団農地の他に、ほとんどの農家が個人単位の開墾地を持っていたことになる。

本調査が対象とした六四世帯の平均農地経営面積は、開墾地も含めて一・二ヘクタールであった。その中で、開墾地の割合は四〇%を占めていた。残りの六〇%は元来の人民公社の土地が分割されて各世帯に分配されたものである。

開墾地では土壌流出によって地力の低下が著しい。降雨の多い貴州省では、開墾地の土壌流出は激しく、開墾してから二〇年も経つと土層は薄くなり、基岩の石灰岩層が露出するようになる。土壌が流れ尽くして岩盤が露出し、耕作が放棄された状態は、中国で「石漠化現象」と呼ばれている。降雨量の多い長江上流域では、黄河上流のような砂漠化は生じないが、石漠化が大問題となっているのである。

石漠化の進行が進みつつある開墾地の収量は、請負地と比べて著しく低い。聞き取りをした六四世帯のデータから開墾地と請負地のトウモロコシの平均収量を比べてみると、請負地が一畝(六・七アール)当たり一四八キロであるのに対し、開墾地は六六・三キロと請負地の半分以下である。

土壌流出によってこれだけ収量が低下し石漠化が進むと、政府の指導による退耕還林を実施する前に、既に開墾地でトウモロコシを作付することは不可能になっていく。事実、退耕還林政策が始まる以前から、すでに開墾地の耕作を放棄していた農家も多かった。

古勝村で退耕還林が始まったのは二〇〇一年のことである。聞き取りした六四世帯は平均して七八％の耕地を退耕還林の対象にしていた。各世帯は平均して二割程度の耕地を残し、残りはすべて植林地に転換していたのである

政府は退耕還林を通してポプラ、マツなど水土流失防止、水源涵養保安林である生態林とリンゴやナシなど、果実から収益が期待できる経済林の比率が八対二になることを目指している。

第二節　農民は退耕還林政策をどうみているか

1　農民へのアンケート調査

退耕還林の受け入れ農家の最も不安なことは、食料補助が終了後の事態である。「八年後の食糧補助期間終了後どうするつもりですか？」という質問に対して三・八％もの人々が「また開墾する」と答えた（**表1**）。

八年後の問題に関する農家の声を具体的に見てみよう。この表を見ただけでは、農民たちが如何に不安に思っているかが伝わりにくいだろう。農民W・Tさんへの聞き取りの際、周辺の農家が大勢集まってきていた。テープに録音したその様子を紹介しよう。

筆者が「八年後にどうするつもりか」と質問したところ、W・Tさんが答える前に、近所のお婆さ

表１　８年後の補助期間終了後どうするつもりですか？（複数回答可）

	合計		50 歳未満		50 歳以上	
わからない、不安	17	26.6%	11	30.6%	6	21.4%
また開墾する	28	62.2%	15	41.7%	13	46.4%
出稼ぎに行く	17	37.8%	14	38.9%	3	10.7%
林業に転換	11	24.4%	8	22.2%	3	10.7%
畜産に転換	12	26.7%	3	8.3%	9	32.1%
果樹に転換	6	13.3%	2	5.6%	4	14.3%
子供に頼る	5	11.1%	0	0.0%	5	17.9%
もうすぐ死ぬからいい	4	8.9%	0	0.0%	4	14.3%
観光業に転換	2	4.4%	2	5.6%	0	0.0%
合計	64	215.5%	36	152.8%	28	167.9%

資料：聞き取り 64 世帯を元に作成

んが話しに割り込んで、「退耕還林って豚や鶏の餌が足りなくなるよ。補助もくれなきゃ、家畜だけじゃなくて人の餌もなくなるよ。どうしょうもないじゃないか、こんなことを聞いて」と猛然と文句を言い出した。すると部屋にいた三人の婦人たちが口をそろえて「また開墾したらいいじゃない」という。W・Tさんはそれに反対して「せっかく退耕還林をやって、森林を呼び戻すんだから、開墾はしないよ。そんな考え方は政府も許さないよ」という。女性陣は「じゃあ、お前はどうするつもり。開墾しないなんてきれいごといって」と反論。するとW・Tさんは「今は五〇を越えているから、体力もどんどん衰えて、多分食糧が足りなくなるね。俺は老人になって、死んでもいいから、関係ないよ。でもお前たち若者は何とか頑張って。木を切っちゃだめ！」と叫んだ。

農民の政策に対する不信感と政府への暗黙な対抗の状況が続く限り、八年後の食糧補助の終了とともに、生存問題に直面する農家が多く生まれ、それが再開墾を促す可能性は高いといえるだろう。政府と農民の対立構造を如何に克服するか、退耕還林の成功を決める重要なポイントになる。

2　社会的共通資本のとしての自然環境

古勝村では出稼ぎ者の割合が急速に増え、自然生態系の劣化によって愛郷心も失われ、コミュニティの求心力がなくなりつつある。農民と政府の不信感が深まり、農家は出稼ぎ以外に活路を見出せず、多くの人々が再開墾をしようとしている。

古勝村のように立地条件が悪く、環境が劣化し、若い人がほとんど村を離れ、政府の経済的支援も少なく、政府と農民の相互不信が増大している山村において、村の内発的な発展は可能であろうか。その可能性を探るために、筆者はＮＧＯに呼びかけ、退耕還林後の村の再生プロジェクトを開始しようと考えた。

環境保全および経済発展の目的を達成するのには、政府の支援のみならず、農家の主体的な参加が不可欠である。農家にとって、発展へのモチベーションはあくまでも自発的な動機づけであり、それを高める要因をも究明する必要がある。

一般論として、農家にとって以下の発展様式が理想的であろうと思われる。

（一）第一次産業、第二次産業、第三次産業を発展し、村全体が豊かになる。

（二）電気、水道、ガス、道路、住宅などインフラが整備され、生活が便利になる。

（三）自然生態系が回復され、汚染もなく、豊かな自然と美しい景観を形成する。

（四）住み慣れた村の慣習（伝統・文化・宗教など）を保ちつつ、精神面を充足する。
（五）医療・養老・災害などに対応できる社会福祉と社会保険制度を充実する。

政府の力のみでも、あるいは個々の農家の個別的な対応のみでも、これらの実現は難しい。地域経済の開発、自然生態系の回復、山村文化の保全、福祉制度の発達などについては、政府と農家全員の共同の努力が必要である。こうした農家の求めている理想に向かって、確実に行動していくプロジェクトがあれば、農家も自ら加わるだろう。

退耕還林を自然生態系の回復だけにとどまらず、より包括的な観点で、インフラ整備、マイクロクレジットなどによる資金調達、農村での農林畜産及び加工・流通産業の振興、農山村の伝統文化の復興、植林補助と社会福祉・保険制度へと連動させながら展開すれば、成功に導くことが可能かも知れない。

ここで参考になるのが、経済学者の宇沢弘文が提起した社会的共通資本（Social Common Capital）の考え方である。宇沢は資本主義が陥ってきた利潤追求一辺倒の思想がもたらした弊害、そして社会主義が陥ってきた国家主導のトップダウン・システムがもたらした誤りのそれぞれを克服するために、「社会的共通資本」の考えを提起した。世の中には決してその供給を市場原理には委ねてはならないもの、かといって国家が官僚的な発想で管理してもうまく機能しないものがある。それが社会的共通資本である。

宇沢によれば社会的共通資本には自然環境、社会的インフラストラクチャー、制度資本という三つの大きな範疇があり、自然環境とは具体的には大気、水、森林、河川、湖沼、海岸、沿岸湿地帯、土壊などを指す。社会的インフラストラクチャーは道路、交通機関、上下水道、電力・ガスなどであり、制度資本は教育、医療、金融、司法、行政などである。そして、「社会的共通資本は決して国家の統治機構の一部として官僚的に管理されたり、また利潤追求の対象として市場的な条件によって左右されてはならない(2)」。

社会的共通資本とは市場主義的でもなければ官僚主義的でもなく、住民・市民が能動的な立場で行政や専門家と対等に手を取り合い、整備し、維持・管理していくものである。社会的共通資本の三つの範疇は、それぞれ相互に有機的に結合し合って、地域の内発的な力を高めていくであろう。森林や水といった自然環境も、道路や上水道といった社会的インフラも、医療や教育といった制度も、いずれも社会的共通資本として、相互に連関し合って管理され、地域の力を高めていくことが可能となろう。

その際、これまでの農家の経験の範疇を超えた部分について、科学知識、情報通信、近代技術、資金の調達などについて、政府だけではなく専門的知見をもった第三者の協力も視野に入れるべきであろう。社会的共通資本の整備に協力する第三者は、複数の人間と組織があって、いずれも、公共性を重視する非営利的な個人か集団でなければならない。典型的な存在は、環境と開発に携わるNGOである。

第三節　内発的発展へＮＧＯの協力

1　農村開発——ＮＧＯの参加

筆者の呼びかけに応じて参加したＮＧＯは貴州省初の農民ＮＧＯ「草海農民協会」、北京の環境ＮＧＯ「自然の友」とインターネットをベースとする環境ＮＧＯ「緑網」であり、全体的なコーディネート役を、草海農民協会の事務局長鄧儀氏に依頼した。

草海農民協会は貴州省威寧県草海の農家が生み出した農民団体である。国際保護鳥黒首鶴の生息地である草海の保護と農家の生活の両立を目指して、農民が自ら団結して漁獲の自己規制や地域の発展を考えようとして組織した草の根の農民組織である。また、試行錯誤の実践活動を通じて、環境保全策の独自手法を自律的に創出してきた実績を持つ。そこで筆者は、草海農民協会に依頼して、彼らが草海で展開した手法を古勝村においても試してもらうことにした。事務局長の鄧儀氏は、草海の教訓と経験を生かして、古勝村の農家を手伝いたいと、このプロジェクトを引き受けてくれた。

自然の友は中国最大の環境ＮＧＯであり、今まで環境教育に精力的に取り込んできている。古勝村の相互参加型リサーチの資金申請及び環境教育の部分に協力してくれている。また自然の友は、この相互参加型リサーチを通じて、中国の貧困農村での生態建設のノウハウを勉強したいと考えている。

緑網はインターネットをベースとする環境ボランティアの団体であり、メンバーに都市部の学生・青年が多く、都市と農村の貧富の格差を解消して中国の環境問題に寄与しようとしている。ボランティアを派遣し、プロジェクトのアシスタントとして村に長期間駐在してくれた。

この相互参加型リサーチの目的は、古勝村の村民と地方政府を主体として、村の文化的基盤の下で、村民の潜在能力を開花させ、自立し生活向上を果たしながら生態環境改善を図ることにある。つまり、退耕還林後の地域における内発的で、かつ持続可能な発展プロジェクト成立の可能性を検証することが本プロジェクトの目的である。

2 古勝村発展プロジェクトの構成

地元の現状を把握し、農民の発展に対する欲求を解明し、退耕還林後の地元の発展はどうあるべきか、プロジェクトを展開する突破口をどこに置くべきか、などを解明するために、草海農民協会はまず村民を対象に独自の調査を行った。

調査の重点は古勝村の現在の発展状況、資源利用の状況、及び発展を妨げる支障はどこにあるか、環境保護と地元の発展の両立はあり得るか、などである。調査の実施者は鄧儀氏のほか、草海農民協会の聶恵さんと劉美碧さん、及び中山大学の人類学者王静さんが行った。

調査は二〇〇三年の六月七日から一七日にかけて行い、五県台二組、平井五組と大土四組を対象に、**表2**のような調査結果をまとめた。

NGOは次のように考えた。村民は環境意識があるか否かにかかわらず、退耕還林により傾斜地での農業を植林地に変え、伝統的な生活パターンを手放せざるをえなくなっている。また地元の森林と植生は、農民の意思によらずに回復されつつあるのも事実であろう。そして退耕還林による補助の支

表2　NGOによる調査結果

調査地	五県台2組	平井5組	大土4組
民族	漢族と苗族	漢族のみ	漢族のみ
地理的な特徴	六広河沿い、交通が不便、過去に観光開発で土地占用	果樹が多い、交通不便、山の中部で村の中心地	水源あり、耕地面積大きい、山の一番上で、交通不便
基本情況	以前は30戸以上いたが、2001年の観光開発で、21戸が土地を失い、移転、残り17戸はほとんど苗族。30歳以上の人は小卒のみ、30歳以下の人は小学校には全員通ったが、卒業者はいない。今の子供はみんな小学校まで通っているが、中学校進学者は1名のみ。	高速の直近にあるが、道路がない。トウモロコシと果樹が多い。もも、すもも、葡萄などがある。村民は果物を籠に背負って、高速道路へ運ぶ。153人、水田16畝、畑102畝、耕地面積が少なく、70%の世帯が出稼ぎ。30歳以上はほとんど文盲。	山に登るのには、道路がなくて、非常に困難。水源付近に水田がある。水源は溶岩から湧き出す泉で、十分な水量がある。キササゲの木が茂っている。ほぼ全世帯が出稼ぎ、残っているのはほとんど女性、老人、子供しかいない。
世帯及び経済状況	17世帯92人。名前は5つ、熊、羅、楊、李、袁。袁以外みんな苗族。全員貧しいが、ダムの土地賠償金によって分けると、上4戸、中7戸、下6戸に分けられる。退耕還林の樹種に不満。	34戸、153人。名前は7つ。黄（10戸）、鄧、陳、張、卞、施、袁。家屋・果樹・畜産・出稼ぎによって、上中下に分けられるはずだが、村民は上を認めたい。援助をもらいたいという。退耕還林の面積計算に不満。	19戸、98人。漢族、一人当たりの耕地面積は2畝。名前は5つ、呉、陳、李、雷、余。呉が一番多い。交通が不便、平等に貧しい。中12戸、下7戸。退耕還林地は分散されている。居住地から遠い。
憧れる生活はなにか	住宅：レンガ100平米 家電：テレビ、DVD、ステレオ、冷蔵庫 経済：道路がある、庭先に果樹がある。 交通：オートバイ、三輪車、船	住宅：レンガ150平米 家電：テレビ、ステレオ、小麦粉加工機械、洗濯機、ミシン、冷蔵庫 経済：庭があって、果樹園があって、畜産を発展 交通：自転車、車、オートバイ、手押車	住宅：レンガ2階190平米 家電：テレビ、ステレオ、冷蔵庫、扇風機 経済：水道があって、果樹園、畜産を発展 交通：道路が家の前に来て、バスと三輪車が利用できる
実現方法	政府が道路沿いに部屋を作ってくれて、移住する。畜産と農業、出稼ぎ、商業	農業を振興、畜産業を拡大、出稼ぎに行く、飼料工場を作る	畜産業、果樹園、苦丁茶の栽培、ミネラルウォーター生産工場
できること	労働力提供、時間提供	果樹栽培 畜産：養鶏、家鴨、養豚	畜舎の場所は十分にある、胡桃、栗、桃、スモモを栽培できる、水源ある
自力でできないこと	技術がない、資金がない	果樹について、肥料を買う資金が足りない、水源が足りないので、貯水池が必要 畜産業の資金と技術がない	畜産業：資金と技術がない 農業：種子、品種導入病虫害防除技術、ミネラルウォーター：資金、設備、技術
求める協力	技術トレーニング 資金提供	三キロの村に入る道路作り、爆薬、セメントをもらいたい。電気改造	畜産技術の習得 病虫害防除技術の習得
地域の組織力	すべて政府に頼る	1998年に力を出し合って道路を作ったことがある、1600平米の占用土地も独自で調整できた	1994年高速道路を作るときに、村路を作り、平井から土地を購入、労働や資金を出し合う

資料：2003年7月のＮＧＯ調査報告書を基に筆者作成

給は当面の矛盾を緩和し、開発プロジェクトの実施に絶好の条件を提供している。補助の支給期間中に地域住民が主体になって開発プロジェクトを軌道に乗せ、新しい発展戦略を見出すことは可能である。

3 農家主体のプロジェクト構成

鄧儀氏は道路や水道の整備を通じて村民の団結力を育成し、果樹の栽培と畜産を拡大して生計の向上を図ることができると考えた。その根拠は平井五組における果樹栽培の経験や、果樹と畜産を発展したいという村民の要望からである。

政府も果樹や畜産を振興しようとしているがうまくいかない。既に筆者の調査から明らかであるが、農家のほしい樹木の苗木は十分に供給されておらず、苗木の管理も行き届いていない。さらに果樹の栽培技術や病虫害防除の技術トレーニングが足りなく、畜産をやりたい農家も、獣医の医術や畜産の技術を十分に利用できず、資金も調達できていない。

政府の求めるものと農家の求めるものの間に大きなギャップがある。農家は環境のために退耕還林を引き受けたというより、むしろ補助金を獲得するため、政府の行政命令に従ったという側面の方が強い。同じように政府は農民のためにというより、表土流失防止という行政的任務を遂行するために退耕還林を実施している。当然、政府と農民の樹木に対する関心は異なる。プロジェクトを通じて村民と政府、及び村民と村民の人間関係を改善することができれば、退耕還林の目標も共通の認識になり、人間と自然の関係も改善されるであろう。自分が最も先進的な知識を持ち、貧困地域を外部から改善することができるとするNGOも少なくはないが、自らの失敗も含めて経験豊富な鄧儀氏たちの考えは全く違った。

中央政府は退耕還林を通して、多大な資金を村に注入している。NGOプロジェクトの資金力と規模は、政府とは比べ物にはならないくらい小さい。ここでNGOが政府と張り合ったり、政府を代替しようと考えてはならない、というのが鄧儀氏らNGO側の考えであった。

古勝村が属する地元の素朴鎮政府は、農家側からの要求と、上級行政の指令との間で板ばさみの状態に陥っている。植林資金以外には、他に農村を発展させるための企画も資金も備えていない中、農村のインフラ整備や住民の生計向上プロジェクトを展開しなければいけない。結局、鎮政府はなにもできず行き詰まっていたので、NGOがプロジェクトを始めるというのは、救い船を出してくれるようなありがたい話であり、鎮政府も全面的に協力すると約束したのである。

NGOの立場からみると、鎮政府も弱者的な存在であると判断した。そして、農家に接する時と同じような姿勢で、地元政府を尊重しながら、地域発展の主体の一員として、鎮政府の参加を誘導した。

こうした発想に基づき、二〇〇三年の一〇月一三日、NGOが古勝村に入った。最初に入ったチームは草海農民協会事務局長兼自然の友の専門家である鄧儀氏、草海農民協会のスタッフ李明軍氏と王卉氏、緑網のボランティア王亦慶氏の四人であった。鎮政府に協力を要請しながら、農家への呼びかけを始めた。

NGOは村民に次のように呼びかけた。

私たちはわずかな資金を持って、この村の発展のために来た。しかし、村をどう発展させるかは、皆さんにしか分からない。道路、電気、水の話が出ているが、そこからやり始めてもかまわない。ただし、一つの集落で使える金額はわずかしかないので、どれにするかは皆さんの全員の判断で決めなければいけない。今日村長も村の党書記も呼んできていないのは、プロジェクトを集落全員の投票によって決めてもらいたいからである。また、やる気のある集落からそれぞれ要望を出してもらい、その中から三つのプロジェクトを決める。選定の基準については企画の合理性、必要性、実行性などを総合的に考量するので、ほかの集落に負けないような計画を作るのも重要であろう。

4 農家の自主参加が提案能力を向上

NGOが村に入って村民大会を召集した翌日、最もやる気のある四つの集落の農家が相次いでNGOの下宿している民宿に駆けつけた。

まず午前中に来たのが大土一組の農家の一人で、特に発展のプランやアイディアを持っているわけでもないが、NGOの情報をもっと聞きたい、他の集落の企画も知りたいと望んだ。次に、平井六組の老人が三人やってきた。道路と水道を整備したいと申し入れ、助言を求めた。「ほんとに村民全員の話し合いで決めていいよ」といわれ、集落の全員と話をまとめてからまた来ると言い残して、やる気満々で帰っていった。

昼過ぎに平井五組の三人が来た。すでに道路整備計画と予算を作ったので、認めてくれるかどうかと打診に来た。この集落は果樹を経営しているが、集落までトラックが入らず果樹を運搬できないでいる。そのため道路整備の要望が最も強かった。村民大会の後、集落全員が徹夜で討論した結果、道路の舗装を実施することに決定したのである。午前中に工事予定の道路を測り、必要な機材と資金を計算してNGOに相談にきた。

NGOの側も平井五組の道路づくりはプロジェクトの突破口だと判断し、この提案を受けることにした。NGOが驚いたのは、農家の判断力の速さであった。この日からNGOスタッフが一五の集落の組集会で説明を徹底して行った。

鄧儀氏は道路建設を最初のプロジェクトに選んだ理由を以下のように説明した。

農村で環境保全と開発のプロジェクトを行うとき、植林や環境教育以外にも、たくさんの手法がある。道路の整備でも、水路の整備でも、果樹の植林でも、環境保全と密接な関係がある。道路は一見生活の基盤整備に過ぎず、環境と直接的な関係がなさそうであろうが、実は、森林の保全と密接な関係がある。道路ができれば、石炭が運びやすくなり、価格が下がり、農家の薪炭に対する依存度が自然に下がってくる。また道路があれば果樹が市場で売れるようになり、植林の意欲を増進できる。

たしかに生態建設のプロジェクトで道路を整備するのは不自然のように見えるが、しかし、農家の言うとおり、道路がないと政府の描くエコ・ツーリズムはまず無理であろう。また道路があったら石炭を運べるので、薪炭採取と不法伐採を防ぐことができる。さらに、道路を洪水に流されないように、農民はその周辺での生態建設に力を入れるようにする。何よりも道路を作ることによって、農家と政府の間に生態建設の接点を増やすことになる。それは農民の生活改善である。恩を感じる農家は政府の生態建設事業に協力して恩返しをするのが儒教社会の伝統である。農家の最も求めているものから生態建設を進めていくのが正解だといえよう。

結局、平井五組がNGOから最大の予算を獲得し、平井六組の道路工事も認められた。平井一組はプロジェクトの趣旨をよく理解できず、他の二つの組の見積りと比べて明らかにコスト高であったため、予算をもらえなかった。

平井一組は悔しく思い、NGOの趣旨に合わせ、コストを削減し、さらに組の集団所有林一五〇〇畝を封山育林することにした。そして一カ月後、合理的な予算構成になった平井一組の道路整備も認められたのである。

5 農家の自主的思考と行動力

古勝村でのプロジェクトでNGOは触媒としての立場に徹し、村民に内発的な発展を求めている。農家を信用し、常に、物事を企画・判断する機会を農家に与えている。草海でマイクロクレジット研修を受けた村民の一人、胡高銀さん（二六歳）は協働による地域社会の変化を次のように認識している。

自分は一九九七年に出稼ぎに行った。若いし技術もないのであまりいい仕事が見つからず、結局、村に帰ってきた。二〇〇〇年からオートバイタクシーを経営しているが、安定的な仕事とはいえない。村で畜産や農業経営ができるとうれしい。草海のような何もないところでさえ、みんな発展に希望を持って、マイクロクレジットを借りて一所懸命畜産を拡大しようとしていた。自分の村の条件は何倍もいいだろう。県の畜産局に来てもらえば、畜産の技術を学ぶことができる。農村信用合作社から資金を借り入れれば、草海より早く、畜産経営を拡大できるだろう。NGOはあまり金がないが、人望が十分にあるので力になる。平井なら畜産品をすぐに市場に出せる。自分たちの力で市場を作ってしまうこともできる。このために道路や水や電気などのインフラを作って、封山して環境をきれいにする必要がある。

胡さんは草海に行ってから大きく変わった。毎日、村民と村の発展についての議論に夢中になり、集落の発展計画を作成する中心的な人物になった。NGOプロジェクトによって、村民自身が話し合いによる分析力と企画力を備え、村民の多数参加による協働主義、自主管理が自然に内部発生的に芽生えてきた。村民の企画がNGOから評価され、さらにNGOだけではなく、政府からの支援をもらえるようになった。

胡さんの企画した畜産飼育技術のトレーニングについても、村民委員会を通じて、鎮政府に申請書を提出した。退耕還林を担当している張健副鎮長が、村民の発展意欲に感動し、自ら県の畜産局に行って、畜産トレーニングの講師を手配した。一二月二六日、県畜産局の課長と畜産・獣医の専門家が村に来て、「畜産教室」を開いた。NGOの王氏は、このプロジェクトには、ほとんど関わらなかった。村民が自主的に開催したのである。

鎮政府は畜産技術、獣医技術、畜産建築技術の三コースのトレーニングが終わった後、農業銀行と農村信用合作社に依頼し、政府担保で小額貸し出しのマイクロクレジットを実施した。

6 村民主体の管理能力の向上

二〇〇四年一月、NGOの鄧儀氏は再び村を訪れ、村でプロジェクトの管理委員会を作った。じつは道路整備、研修、封山育林、マイクロクレジットなどのプロジェクトごとに、集落の村民による自主管理の体制がすでに自律的に築かれていた。鄧氏はこれを村単位にまとめ、プロジェクト管理委員会にしようとしたのである。

二〇〇三年度のプロジェクトには、結局一五集落中の八集落が何らかの形でかかわった。これらの集落から、それぞれ三名推薦してもらい、八集落の村民の投票で管理委員会のメンバー五名を決めた。その結果、現役の村の幹部ではない、比較的若い人々が委員に選出された。五人とも、プロジェクトに情熱を持って、最初からかかわっている農家である。

管理委員を選出した後、ボランティアの王さんが五〇〇〇元のプロジェクト運営費を管理委員会に移譲した。そして鄧儀氏は「この半年で独自でプロジェクトを設計し、五〇〇〇元範囲内なら、なにも相談せずに運営費を使って構わない。半年後にまた来る。そのとき、提案書を考察した上で、必要なプロジェクト資金をさらに拠出する」と言い残して、ボランティアの王さんとともに村を去った。

それから半年、外部者は一人もいない状態で、プロジェクトの企画、村民集会の召集、プロジェクトの選定・運営をすべて村人からなる管理委員会に任せた。

初めて五〇〇〇元の大金と、金銭より大事な信頼を手にしたプロジェクト管理委員会のメンバーは、二月の旧正月が終わった直後、企画を始めた。中心的な議題は五〇〇〇元を如何に大事に使い、全村の村民との信頼関係を築き、村全体の課題を克服しながら、村共同の発展を目指すことである。そしてNGOプロジェクトに鑑みながら、慎重な討議の末に決めたプロジェクトは次のようなものである。

（一）封山育林　各集落に働きかけて、五〇〇〇畝以上の山林の自主管理による自然生態系の回復を目指す。また、近隣の村にも声をかけて、同じ山を共有している隣村の参加を呼びかける。

（二）水道整備　複数の集落に絡むことで、集落間の利益の調整、集落内の合意の達成、鎮政府の過去の水道プロジェクトの失敗による諸問題の片付けなどが課題である。非常に複雑で、内部の人間だからこそできる。とりあえず、必要な溜め池を作り始める。

（三）新規集落の道路工事　集落の発展には、道路は最も大事な基盤なので、村民の力で交通を整備したい。

（四）一期目に実施したプロジェクトの検査　最初のプロジェクトを失敗させない。

（五）畜産技術トレーニング　政府と連絡を取りながら運営する。

（六）マイクロクレジット　政府と調整し、平井一組への鎮政府担保の銀行貸し出しを、NGOのマイクロクレジット方式で管理する。大土一組のマイクロクレジットの返済と再貸し出しの監査。

（七）雲南での調査　NGOの紹介により雲南へ研修調査に行き、退耕還林地で補植すべき経済性のある樹種を選定する。

7　農家の生活能力の向上

退耕還林の初期段階で農民の林業経営への意欲が非常に低かった一因は、農家の欲しい苗が供給されていなかったからである。

プロジェクト管理委員会と村民の代表は、枯死することが多かった雲南松の退耕還林地に対し、自主的に苗木を選定して補植を実施しようとした。自主的に選定した経済樹種であれば、村民の森林経営への意欲は格段に高まると考えたのである。

プロジェクト管理委員会設置後の効果の一つとして、村民は活発に外部に出かけて調査活動をするようになった。管理員会は自ら市場調査を実施し、補植の苗の自主選定を行った。そして、苦丁茶、胡桃、栗、桃などが候補にあがった。安くて経済的な効果のある苗を導入しようと考えて、まず苦丁茶の樹を補植用樹木の候補に選定した。

二〇〇四年二月、プロジェクト管理委員が雲南省の大関県悦楽郷雲南で苦丁茶の栽培技術と加工技術を見学、一〇〇本の苗をもらって、村で複数の農家で実験栽培を開始した。試験栽培を経て、苦丁茶が古勝村の気候風土に適応することが判明、実験栽培の茶は九五％が活着した。

農家は苦丁茶を退耕還林地に導入し、将来補助食糧が打ち切られたら、収益が得られることを望んでいる。しかし、退耕還林の土地では、表土を耕作する間作が一切禁止されている。管理委員会が鎮政府と交渉を重ねた。結果、県政府は八年間補助終了後に再開墾される可能性を心配していたこともあり、農家の自主的な行動に賛同し、多少政策に合致しない部分があっても大目に見るということになり、退耕還林地での茶樹栽培が許可され、栽培時に地表をいじる穴掘りも、許されることになった。

管理委員会と農民はそれぞれ半額ずつ負担して二〇〇四年一二月、苗木四万七〇〇〇本を雲南から購入した。

お茶の栽培者は、管理委員会と契約して施肥、除草、枝打ち、病虫害防除など栽培と管理を担当し、管理委員会は加工と販売を担当する。収益は栽培農家が半分を受け取り、土地借用料を除いた残りの収益が、管理委員会の収入になり、村の公益的な発展のためのプロジェクト運営資金にする。

このように管理委員会が設立されて一年も経たないうちに、中心メンバーの個人的な能力が大きく伸び、村の中では自主的な計画と民主的な合意によって、共同で発展する雰囲気が醸成された。また人間関係も著しく改善され、村民の連帯感と団結心が高まり、助け合い、譲り合い、村の伝統文化を顧みる精神を取り戻しつつある。同時に政府との関係も改善され、村民が積極的に情報を収集して、政府をはじめとする外部資源の利用に関してもノウハウを蓄積した。そして外部の援助に依存せずに、村の自然生態環境に適合する経済発展の方法を、共同体全員で試み始めた。

8　政府の行政能力の向上

プロジェクトの実施を通して、NGOが展開した民主的な合議方式は、村民に大きな影響を与えた。政府の行政運営も、トップダウンの行政命令から徐々に村民のボトムアップの要求に対応する方式へ変化をもたらしつつある。

村民の自主管理するマイクロクレジットについて、鎮政府はＮＧＯのやり方に学び、模倣するようになった。これまで政府も貧困扶助融資を何度も試みてきたのだが、返済率が悪いため、消極的になっていた。ＮＧＯのやり方で返済率一〇〇％を達成したことは、政府に大きな希望を与えた。鎮政府もボトムアップで資金需要を調査し、村民集会を開いて、平井一組の二八戸に二万八〇〇〇元の貧困扶助融資を実施したのである。

9　村民が労働力を提供し道路を整備

道路づくりをきっかけに、村民たちが定期的に集落集会を開いて自分たちの事業を議論することになった。農民が自ら出資し、自分たちのための道路を作るので、資金の管理や工事の設計や道路の使用権利と維持管理の義務などについて、管理制度を詳細に策定した。村民の合意によって、まず集落内で必要な分業を決め、会計・資金保管者・出納者・工事担当責任者・安全責任者・機材購入責任者・機材保管者など、それぞれの人選を行った。そして、道路の使用権について、共同利用者である近隣の集落との話し合いを徹底した。たとえば、平井五組の道路整備について、平井六組の村民もその一部を使うので、話し合いの結果、道路の一部である五〇メートルほどの舗装に、六組が労働力を提供し、さらに道路で占用されている農地のうち、六組が自分の持っている農地から二畝を五組に補償すると自ら決めた。

村民一人一人と不可分な関係があって、自分たちが主人公になって、自らの努力によって、村を発展させる自主管理の自信と民主意識が培われてきた。これら村民の合意による自主管理制度は、外部の信頼をも獲得するようになる。道路づくりをめぐり農民と政府との協働関係が築かれ、その信頼関係の回復は、地域の自主管理制度の確立を生んだ。

10　封山育林による村の自然資源管理

プロジェクトを始めて一カ月後、村民の自主的な合意によって封山育林が始まった。封山を実施した各組は、集団所有林に「封山」の石碑を建て、山はしっかりと守られるようになった。封山の石碑を作る前に、村民の一人一人が、集落長の居間の「天地君親師」の祭壇の前で、「封山」の同意書に拇印を押している。これは村の慣習と文化に従う意思決定の方法であり、政府の政策や法律よりも拘束力がある。政府の目が届かないところでは農家は政策を守らないが、祭壇前で承諾したことは、先祖や神様に対する約束なので絶対に守る。

「封山育林」の決定によって、集落の村民は森林に立ち入らなくなった。村外の者が山林に入ろうとすれば、付近にいる村民にかならず阻止される。年寄りたちは子供たちに山林に入らないよう教育し、暇があれば山林の付近を巡回している。

NGOのプロジェクトが入ったことにより、村民は計六九三ヘクタールの封山育林を実施して、独自に山林の自主管理を始めた。

11　村の自治選挙と農民協会

中国の農村では、一九八八年から直接村長選挙を実験的に始め、現在六八万の村では村長が選挙によって決められている。二〇〇四年、他地域に遅れながら黔西県でも村長選挙制度が導入される。プロジェクトの成果を受け、古勝村は県で最初に選挙を実施する村として選ばれた。

選挙の候補者は村民の推薦によって決められるが、プロジェクト管理委員会の五人はいずれも、候補者に選ばれた。胡高銀さんが副村長、黄訓友さんが村民委員会委員に当選した。村民の管理委員会への信頼と評価がこの選挙に現れたといえる。

プロジェクト管理委員会が委員は村の今後の経済発展と環境の両立を目指し、環境保全型産業を展開することを決め、さらに管理委員会をNGOプロジェクトから独立して発展させる形で、「古勝村農民生態産業発展協会」を設立することに決めた。

管理委員会の改選投票で、苦丁茶の栽培に精力を尽くしてきた黄訓友さんが、村民に高く評価され、初代の会長に選ばれた。

定款では協会は古勝村の自然生態環境の保全、村民の所得増加、村の持続可能な発展を目標に、独立、非営利の原則で、活動を行うことを規定した。

協会の業務内容として森林保全、水源涵養と自然生態系の回復のための環境保全活動、地域に立脚した環境保全型農業・畜産業の推進、自己計画・自己管理・自己実施する方式による村の発展プロジェクトの実施を決めた。具体的には基盤インフラ、環境保全型農業や畜産業の情報収集と市場調査。資金調達への努力、森林保全を促進する林産物の経営と経済林の育成。専門家による技術移転とトレーニングの実施、果樹や畜産などの専門農協の育成。外部との交流による市場の開拓など、環境保全との相乗効果をはかる経営活動を提示した。

協会の活動資金源として、自らの集団所有林での経営活動に加えて、外部からの支援金の獲得、政府資金の申請などに加え、環境保全型産業の進展にともなう新たな銀行の融資、民間の投資をも視野に入れている。

12　マイクロクレジットの効果

プロジェクトはまだ実施の途上であるが、プロジェクトが開始してから一年半後の二〇〇五年二月に筆者が実施した調査結果に基づいて、プロジェクトの成果に関して概観しておく。

まずマイクロクレジットの効果はどうだったか。マイクロクレジットを受給した中から三三世帯を選び、二〇〇五年二月の旧正月中に調査を行った。資金の用途としては牛の購入にあてた人々が最も多かった。

表3　マイクロクレジット受給世帯の平均家畜所有頭数

	2001	2003	2005
牛	0.79	0.81	1.24
豚	1.61	1.70	1.73
鶏	13.36	13.24	13.94

資料：筆者作成

表4　世帯別の牛の所有頭数（計33世帯）

	2001年	2003年	2005年
0頭	11	12	5
1頭	18	15	16
2頭	4	6	11
3頭	0	0	1
牛合計	26	27	41

資料：筆者作成

家畜の所有頭数の変化を見ると、マイクロクレジットを受けた二〇〇三年の時点で一戸当たりの牛の所有頭数は〇・四三頭増加している。三三世帯中の一二世帯がマイクロクレジットで牛の数を増やすことに成功していた。

表4は、三三世帯がそれぞれ牛を何頭所有しているのかを見たものである。二〇〇三年の段階では牛を一頭も所有していない農家が一二世帯あったが、二〇〇五年には五世帯に減った。さらに牛を二頭所有して経営を拡大しようという農家が、六世帯から一一世帯に増加している。三三世帯の所有する牛の合計は、二七頭から四一頭へと一四頭増加した。

この結果、畜産物の販売から得られる平均畜産所得も若干増加している。一戸当たりの平均畜産所得は、二〇〇三年の一四六四元から二〇〇五年には二一一八元へと増加している。

退耕還林の後には畜産経営に乗り出したいと希望する農家は多いが、資本力不足が一つのネックになって実際にはできないでいた。今回のマイクロクレジット・プロジェクトの結果、四〇%ほど農家が資本力不足というボトルネックを取り除き、経営拡大に乗り出す機会ができたのである。

第四節　内発的発展への可能性

プロジェクト開始前とプロジェクト開始後、村の変化をまとめると表5のようになる。

プロジェクトを実施して二年しか経過していない段階ではあるが、植林に対して受け身であった村民の意識が、能動的・積極的なものへと次第に変わってきている様子が分かるであろう。この相互参加型リサーチをとおして現時点で明らかになった三点を指摘したい。

第一に、発展の主体は地元の農家と行政担当者を含めた地域の全住民であることを、プロジェクト

表5　古勝村プロジェクト前後の変化

開発条件	プロジェクト開始前	プロジェクト初期	管理委員会創設後	農民生態産業経済協会創設後
開発主体	政府	ＮＧＯ、農家	ＮＧＯ、村共同体	村共同体、政府
中核組織・人物	政府と村幹部	外部ネットワーカー ＮＧＯ ボランティア 専門家 農家有志者 政府関係者	管理委員会メンバー 外部ネットワーカー ボランティア 専門家 政府関係者	農民協会メンバー 政府関係者 外部ネットワーカー 各集落のリーダー
開発リソース	政府資源 村内資源	ＮＧＯ資源 政府資源 民間資源 農家資源	ＮＧＯ資源 政府資源 民間資源 農家資源 市場情報と資源	ＮＧＯ等外部資源 政府資源 民間資源 農家資源 市場情報と資源
組織形態	政府による管理	NGOとボランティアによる管理	村民による管理	村民による管理
発展の原動力	政府の意志	ＮＧＯの開発意志 研究者の研究意志 農家のインセンティブ	農村共同体の希望と自信 管理委員会のモティベーション	農村共同体の希望と自信 農民協会のモティベーション
発展パラダイム	政府目標の達成	農村社会の発展 環境保全 能力・制度・資源(生態・人材・資金・エネルギー等)・文化の内生と横の連携	農村社会の発展 農家経済の向上 環境保全 森林再生 共同体経済力向上 能力の向上 政府との協働	住民能力の向上 共同体発展制度の確立 農村社会インフラ 農家経済の向上 環境保全 森林再生 伝統文化の発展 政府との協働
環境保全のやり方	政府管理 取締り強化	ＮＧＯ誘導 住民参加 意欲の向上	住民自主 公共財の保全 共同体の意欲の向上 環境と経済の両立	住民自主 公共財の保全 共同体の意欲の向上 環境と経済の両立

資料：筆者作成

を通じて確認した。住民の意見を尊重し、最も要望の強い生活インフラの整備から始めて、それを生態系保全につなげていくという草海農民協会の手法は、退耕還林においてもその有効性が確認できた。植林のみに資金を集中するのでなく、住民生活を支援する包括的プログラムを住民主体で実施する中で、その延長上に植林を位置づけるという発想の転換が必要だといえるだろう。

第二に、社会的インフラストラクチャー、自然資源、社会制度という三つの社会的共通資本を相互に関連づけながら、住民の能力向上、人的資源の整合、文化の発展を通して、自律的に内生していくという方法論は、有効な開発手法であることを確認した。

退耕還林に対する適応戦略は、プロジェクトの開始以前は地方政府の一方的な発想及び農家の世帯単位での個別な試みに留まった。結果として古勝村では、出稼ぎの他は生活の糧を得るための選択肢を見出せないという壁に突き当たっていた。

NGOが活動を始めてから、世帯単位の戦略を補完する形で、集団的な適応制度も試みられるようになってきた。村民集会が頻繁に開かれるようになり、集落単位で生活インフラ整備、自然保護、畜産振興、茶樹や栗の栽培、市場開拓などが企画、運営されるようになった。伝統文化と地元の知識を活用しながら、外部ネットワーカーから市場経済、工業化社会の知恵をも吸収した。住民の学習能力、生活能力、管理能力、行動能力、思考能力がともに向上した。そして、地域住民の参加による協同主義、自主管理を求める「農民生態産業経済発展協会」という新しい組織形態を作り出し、住民たちは自らの手で退耕還林後の生活に希望を見出すようになってきた。

第三に、相互不信を増大させつつあった政府と農民のあいだに、NGOの媒介によって、信頼関係の回復が見られた。農民の立場も政府の立場も、客観的な立場で理解できるNGOが、うまく両者のあいだを取り持ったといえるだろう。農民・NGO・政府の三者間の協働関係が軌道にのりつつあるといえるだろう。

中国では農村NGO、環境NGOの活動は全土的には脆弱ではあるが、農村レベルで草の根NGOによる内発的な発展プロジェクトを活発化させることは、政府のプロジェクトを補完し、それを成功に導くためにも有用なのである。

このプロジェクトによりいかなる条件で政府と農家が相互不信を克服し、協働できるかという課題のもとに、NGOを介在させた新しい方法論を模索した。

NGOは政府のやり方と違い、農家の自主性を尊重し、農家の生活改善を最優先の課題としている。生活改善があって初めて生態回復も可能になるという考えである。

NGOの鄧儀氏の考えによると、貧困地域の発展には二種類の前提条件がある。一つは外部の条件、もう一つは内部の条件である。

外部条件として生存環境の改善、経営活動の充実、発展資金の充足、科学技術と知識の共有、情報の伝達などがあげられる。さらに内部条件とは自治管理システムの発足、人材の育成、外部資源と内部資源の整合、自然資源の循環型利用、地域文化への尊重と保全に基づく民主制度の創出などがあげられる。この二つの条件を、我々は農家の参加型開発によって、充足させようとした。

一連の実験結果に基づき、筆者は山村社会における地域開発の指導的な理論として、内発的発展論を採用することが可能であろうと考えた。そして、社会的共通資本の理論を参考にしながら、内発的発展の方法論を模索した。

古勝村の経験では、村民が自然保護団体や政府からの環境保全援助資金に頼らず、村外で研修を受け、自らのやり方で実施したマイクロクレジットのプログラムにより内部に平等に資金を配分し、農家の環境プログラムを発展させることで、貧富の格差を縮小させる方向に転じた。政府援助融資が村の有力者に優先的に渡り、貧富の格差を拡大させることになった多くの村々とは対照的な結果である。

古勝村の内発的発展プロジェクトは、村民自治組織の創出と、村民の人間関係の改善、住民参加の徹底を通して、人間と自然との関係修復をもたらし、確実に成果を上げつつある。政府の政策の理解にもつながり、政府との協働が生まれた。

二〇〇六年、古勝村は農民の生活向上を重視する「社会主義新農村」に選出された。今後、この小さな山村の社会変容の経験がどのように他地域へ伝播するか、また村自身がどのように変化するか、参与観察を続けていきたい。

注

(1) 中国可持続発展林業戦略研究項目組『中国可持続発展林業戦略研究総論』中国林業出版社、二〇〇二年、一三二頁。

(2) 宇沢弘文『社会的共通資本』岩波新書、二〇〇〇年、五頁。

第三章　韓国

韓国農村の内発的発展への新たな動き

劉　鶴烈
（忠南発展研究院）

はじめに

過疎化、高齢化、地域リーダーの不足、ＷＴＯ・ＦＴＡ体制下の市場開放などの課題を抱えている韓国農村部で、住民が主体となって新たな地域産業の創出や地域内外の人間・社会関係を再構築するなど、内発的発展(1)を目指している地域を例に、住民と行政の動きを紹介したい。

第一の事例は、広域自治体レベルで行われている江原道《かんうおんどう》(2)独自の農村開発事業、「新農漁村建設運動」である。第二の事例は、農村社会の最小コミュニティ単位である集落レベルで行われている、江原道華川《ふぁちょん》郡(3)土雇米《とごみ》マウル(4)（村）における「内発的地域づくり」の動きである。ここでいう「内発的地域づくり」とは、地域住民が主導する形で地域固有の問題の解決に向けた方策を住民が自ら創案、実行する手法である。その際に地域にある自然的、文化的、人的資源などいわゆる地域資源を再評価し、新たな地域産業を創出しながら地域経済活動を促進していくことを意味している。行政の支援や外部からの資本などの導入は、地域住民のイニシアティブのもとでなされることを意味する。

これらの事例の背景や取り組み内容、成果などを分析することによって、内発的発展の条件を整理し、理論化を試みる。

第一節　新農漁村建設運動――江原道

1　江原道の現況

江原道は、韓半島（朝鮮半島）中東部に位置し、面積は一万六八七四平方キロメートルで全国土の約一七％を占めている（**図1**）。行政区域としては、一八の市・郡があり、人口は約一五三万人である。農村地域居住者は、約二一万人であるが、そのうち六五歳以上の高齢者が約二七％を占めている。

全体的に山が多く平地は少ない。年平均降水量は約一二〇〇ミリ、平均気温は一一℃程度で、日本の長野県と気候が似ている。

図1　江原道・華川郡の位置

耕地面積は約一一万五〇〇〇ヘクタールで、耕地率にすると八％に過ぎず全国平均の二〇％より大幅に下回る。水田よりは畑の比重が高く、一ヘクタール未満の零細農家が全農家の半分を占めている。主要農産物としては高原白菜、高原大根、トウモロコシ、ジャガイモなどがあげられる。

2　新農漁村建設運動の背景

最近、韓国では国レベルでの農村開発事業が様々な形で行われている。たとえば、〝農村マウル総合開発事業〟（農林部）〝緑色農村体験マウル〟（農林部）〝美しいマウルづくり〟（行政自治部）などである。その反面、自治体レベルで独自の農村開発事業を推進した例は今までほとんどなかった。最初に独自の事業を推進したのが江原道の「新農漁村建設運動」である。「新農漁村建設運動」は、WTOへの加盟、FTA協定の締結などにより急変している国内の農業・農村環境に対応しながら、地域住民が自発的かつ積極的に参加し、行政とのパートナーシップによる、韓国では例がない新しい農村開発事業といえる。

韓国の代表的な農村開発事業である「セマウル運動」[5]と江原道の「新農漁村建設運動」を**表1**に比較してみる。「セマウル運動」は中央政府主導のトップダウン形式で、全国の農村地域を対象にした開発事業である。「新農漁村建設運動」は地域住民主導のボトムアップ形式で、江原道だけを対象にした事業である。

表1　「セマウル運動」と「新農漁村建設運動」の比較

区分	セマウル運動	新農漁村建設運動
期間	1970 ～ 1982 年	1999 年～現在
理念	勤勉、自助、協同	精神、所得、環境
範囲	全国	江原道
主体	中央政府	地域（マウル）住民
戦略	政府主導のトップダウン方式	地域住民主導のボトムアップ方式
成果	食糧自給の基盤構築 農家所得の向上 農村マウル開発モデルとして定着	農村社会の活性化 農家所得の向上 農村マウル開発の新しいモデルを提示

資料：江原道「新農漁村建設運動」資料により筆者が再作成

「新農漁村建設運動」は「実事求是」、「自力更生」、「自律競争」三つの基本理念に基づいて推進されている。「実事求是」とは地域の実態を正確に捉え、地域が抱えている諸問題を地域住民自らの意思により解決していくという意味である。「自力更生」とは外部に依存せず、地域住民の力で地域を再生していくことである。「自律競争」とは、住民同士の健全な競争を通じて地域を発展させせいくことである。

それぞれの基本理念は「精神」、「所得」、「環境」の三つのキーワードにまとめることができる（**図2**）。「精神」とは国内外で急変している社会的、経済的情勢を農村住民が自信を持って積極的に乗り越えていくという堅固な心構えを意味している。言い換えれば、地域住民の意識転換または意識改革である。「所得」とは、従来の営農システムを再評価し、地域特性に相応しい地域固有の作目開発や環境保全型農業によって生産される有機農産物など高付加価値のものを創出し、品質の差別化を生み出し、農家所得の向上を図ることを意味する。「環境」とは、生活環境や生産環境、自然環境などの質を改善して、心のやすらぎとゆとりを満喫できるような、農村らしい空間を創り出すことである。

図２　新農漁村建設運動の理念及び目標

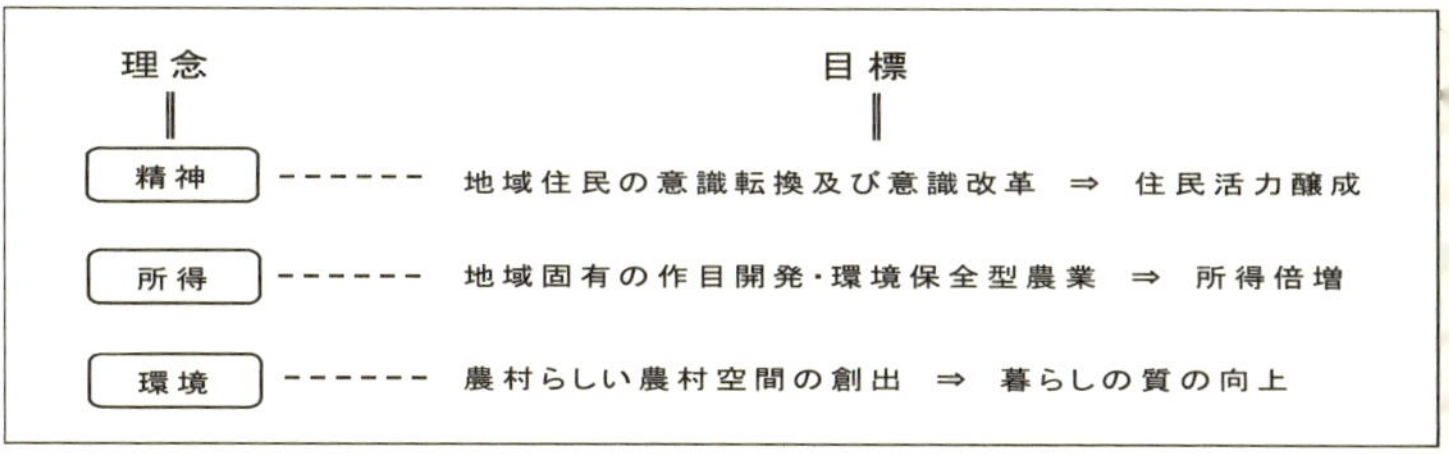

資料：江原道「新農漁村建設運動」資料により筆者が再作成

図３　新農漁村建設運動の推進主体

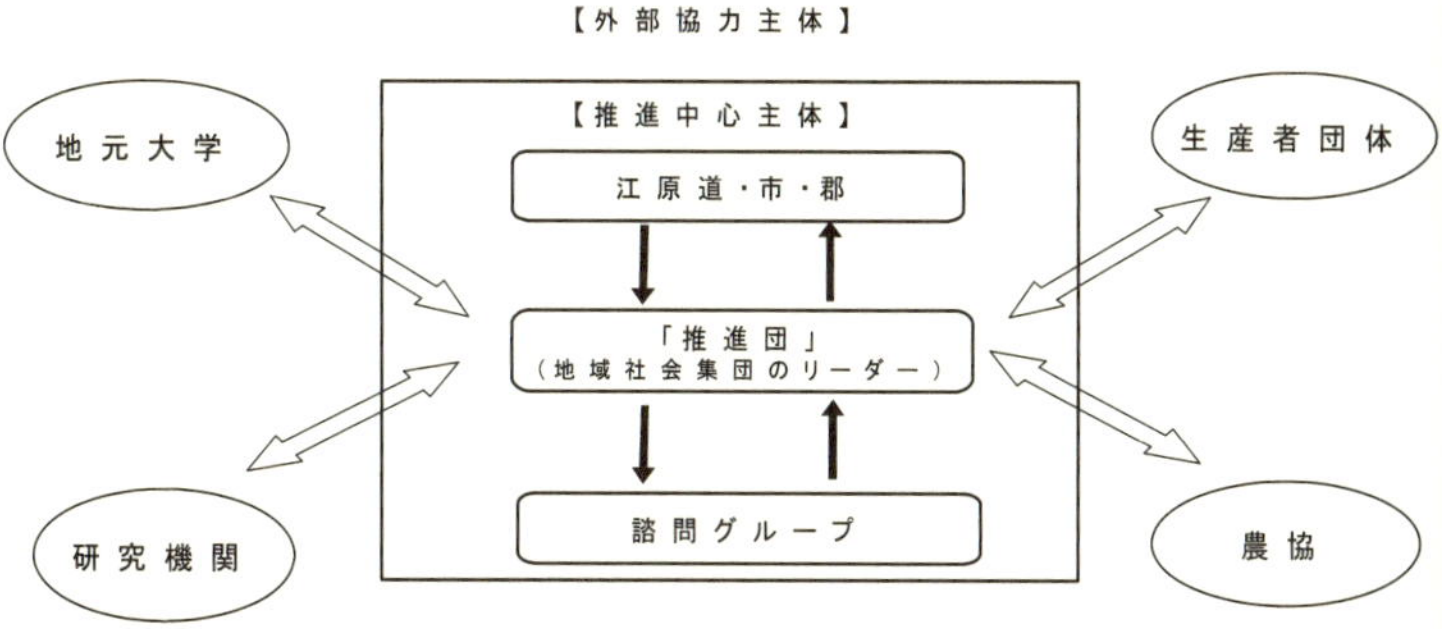

資料：江原道「新農漁村建設運動」資料により筆者が再作成

3　新農漁村建設運動

「新農漁村建設運動」の主体は、地域住民および地域社会集団である。各マウルに結成されている総会（日本の自治会に近い）、作目班（営農組織の一種）、婦人会などの地域社会集団のリーダーたちが加わる「新農漁村建設運動推進団」（以下、「推進団」という）が主体になって自ら計画を立て実行している（**図３**）。

従来の行政主導のトップダウン方式ではなく、住民自らの意思により計画、実行するボトムアップ方式で行われている。

このように住民主体という形を基本にして、自治体、研究機

図4　新農漁村建設運動の推進体系

資料：江原道「新農漁村建設運動」資料により筆者が作成

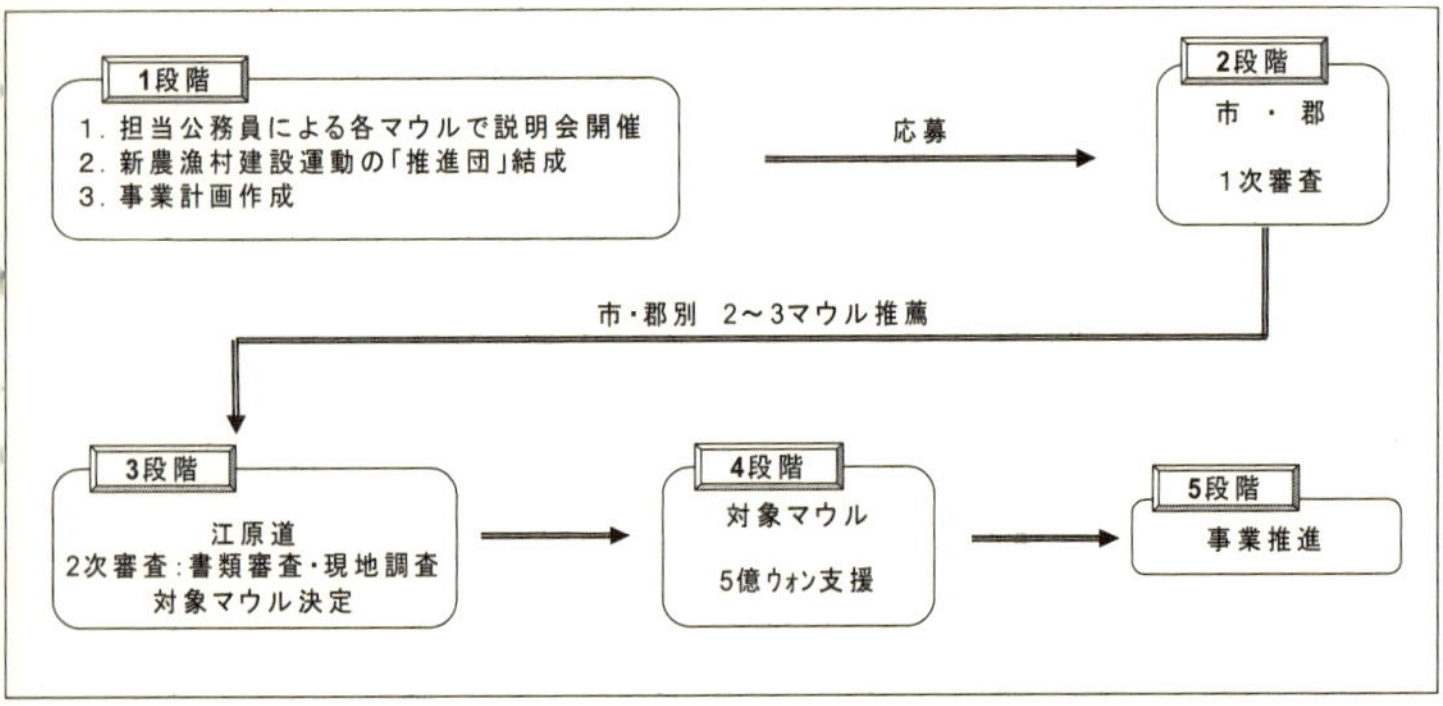

関、地元大学、農協、関連団体などと連携をとりながら協働体制をとっていることが特徴である。さらに、この運動を持続的に推進していくために諮問グループを設けている。諮問グループの役割は「新農漁村建設運動」に関する助言や方向性などを提示することである。

「新農漁村建設運動」の推進体系は、上の**図4**のように大きく五つの段階に分けることができる。

第一段階では市・郡の担当公務員が管轄地域内のマウルに向い、「新農漁村建設運動」の住民説明会を開き、運動の趣旨、目的などを説明する。その後、運動に参加する意向があるマウルは、マウルの里長[6]や開発委員会長などのマウルリーダーが中心になって「推進団」を結成する。「推進団」が軸になってマウル住民に自発的な参加を呼び掛けながら事業計画内容を企画、決定していく。事業計画内容は、マウルの全世帯が参加する総会で決定される。

第二段階では、第一段階で作成された各マウルの事業計画が、管轄の市・郡に送られ一次審査を受ける。

第三段階では、一次審査により推薦されたマウルが、さらに道に送られ、事業評価団により書類審査および現地調査を通じて、最終的に新農漁村建設運動の対象マウル（優秀マウルともいえる）として選定される。事業評価団はこの運動の理念と目的との適合性、そして管轄している市・郡の関心・協力度などを総合的に評価する。

第四段階では、一次審査により選定されたマウルに「包括的革新力量事業費」という補助金五億ウォン（約四〇〇〇万円[7]）を支援する。補助金五億ウォンのうち、江原道が三億ウォン（六〇%）、管轄市・郡が二億ウォン（四〇%）を負担する。

そして、最後の五段階では、計画した目標に向けて事業を推進する。

この運動が始まった一九九九年に一〇マウルが対象に選定され、二〇〇五年度まで一一五のマウル[8]が対象に選定された。

4　新農漁村建設運動の成果と課題

まだこの運動の歴史は浅いが、この運動を通じて地域住民の地域づくりへの自信や住民自治意識が芽生え、成果が出始めている。従来、農村地域住民の意識のなかで、地域づくり・地域開発事業は、すべて行政機関が主導し、行うべきで、地域住民はただ行政からの要請があれば参加すればいい、との態度をとり、地域に対する関心、積極性はみられなかった。新農漁村建設運動がきっかけで地域住民たちは、自分の地域は自分の力で創っていくという自立意識、住民参加意識を高める事となった。

「新農漁村建設運動」は、従来の強力な中央政府主導によるトップダウン方式ではなく、農村社会の最小のコミュニティであるマウル（集落）住民による、ボトムアップ方式により推進していることに大きな意義がある。また、韓国において自治体レベルで行った最初の農村開発事業であることも評価されている。

しかし、課題も幾つか残されている。これらの事業を強力に引っ張っていく地域リーダーが絶対的に足りない。事業を成功させるためには、何より地域リーダーを発掘・育成することが求められる。自治体公務員の意識改革も課題である。行政主導という従来の意識を捨てて地域住民と力を合わせていく、すなわち、官民協働でこの事業を進めていかなければならない。このためには、この事業を持続的に推進していくためには、充実した財政、制度がつくられなくてはならない。

第二節　農村集落の内発的地域発展——江原道華川郡土雇米マウル

土雇米マウルは地理的、地形的に条件が整っている地域ではない。韓国のごく一般的な集落である。しかし最近、土雇米マウルに注目すべき変化がみられる。多くの農村は、行政をはじめ外部の力に依存する傾向が強い。しかし土雇米マウルは、地域住民が自発的に参加する内発的地な方法を取り入れて地域の発展に取り組んでいる。具体的には、地域の自然資源と基盤産業である農業を活かした都市農村の交流事業や地域の生態系、環境に配慮した「親環境農業」(9)の展開などである。

1　地域の概要

土雇米マウルは首都ソウルの北東に位置し、北朝鮮と隣接している。郡の面積九〇九平方キロメートルは、江原道全体の五%に相当する。行政区域として四つの面[10]と八一の里[11]がある。郡内には一〇〇〇メートルを越える山が多くあり、平地よりは山地が多い。夏は南西季節風の影響で暑くなり、冬は乾燥した冷たい北西季節風により非常に寒い。年平均気温は一〇・八度、降水量は一一八八ミリ程度で韓国の他の地域より少ない。人口は二〇〇五年現在約八〇〇〇世帯、約二万五〇〇〇人である。

本論が研究対象とする土雇米マウル（行政名は、新大里《シンデリ》）は、一一二世帯（うち農家・五六世帯、非農家・五六世帯）、人口二六七人からなる混住型の農村集落である。マウルの総面積三七八ヘクタールのうち水田五四ヘクタール、畑六九ヘクタール、林野一七七ヘクタール、住宅地五ヘクタール、その他が七三ヘクタールを占めている。農家一戸当たり平均耕地面積は七ヘクタールで韓国平均より若干広い。主要農産物は米、唐辛子、ジャガイモ、カボチャ、白菜で、畜産（肉牛）農家も少なくない。米市場の開放による米価の下落と不安定、生産農家の高齢化など様々な危機を乗り越える対策に取り組んでいる。

2　親環境農業の推進と都市部とのネットワーク

土雇米マウルは以前から米中心の農業が盛んだった。しかし、大量の化学肥料と農薬を長年使ってきた結果、自然環境のみならず人間の健康にも悪影響をもたらした。

一九九九年、このマウル出身のH氏（四〇代、男性）がUターンし、他の住民三人と「土雇米マウル環境農業作目班」を結成。約一ヘクタールの農地で地域の環境・生態系に配慮した無農薬合鴨農法による米の生産を始めた。その後も順次耕作面積を拡大し、二〇〇五年現在には二六ヘクタールまで

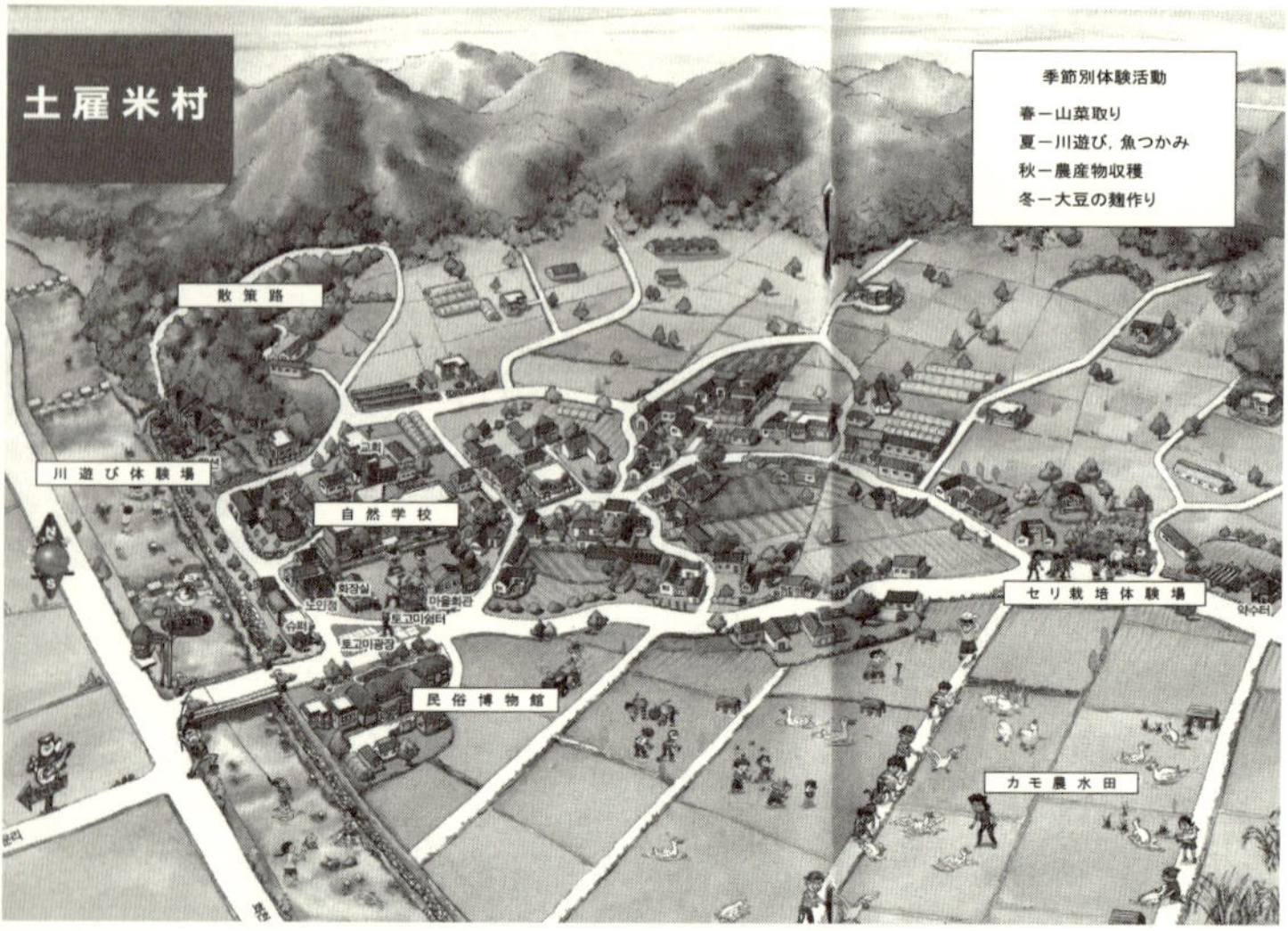

図5　土雇米マウル（村）の都市農村交流の場

広げた。全農家五六戸の五二％に相当する二九農家が有機農業に参加している。有機米にとどまらず、ジャガイモ、キュウリ、カボチャなどの有機野菜、そして加工品（伝統的なお菓子）も生産するようになった。

　このように付加価値が高い親環境農業（環境保全型農業）により、このマウルの基盤産業である農業を維持している。

　土雇米マウルで生産された米を販売するために、都市住民向けの「家族会員制度」を運営している。春に会員は一人当たり、合鴨のひな一五羽に相当する三万五〇〇〇ウォン（約四三〇〇円）[12]を年会費として支払い、秋に米八キロを会員に送る仕組みである。さらに会員は米以外の地元農産物を購入する際に一五％、マウル内にある宿泊施設を利用する際に三〇％割引の特典もある。都市農村交流の新たな試みである。

　土雇米マウルは二〇〇一年、江原道独自の農村

表2　土雇米マウルにおける外部とのネットワーク

区分	機関及び団体名	ネットワーキング内容
行政機関	農林部	緑色農村体験マウル指定、農村総合開発事業指定
	行政自治部	情報化モデルマウル指定
	江原道	新農漁村建設運動対象マウル指定
民間企業	三星電器	1社1村運動
研究機関	韓国農村経済研究院	1社1村運動、住民教育・地域開発諮問機関
	三星経済研究所	1社1村運動、地域開発諮問機関
教育機関	江原大学	1校1村運動、農産物販売、農村体験
	翰林大学	1校1村運動、農村体験
	kyung-hee 初等学校	1校1村運動、農村体験

資料：筆者が行った聞き取り調査により作成（2006年8月）

開発事業である「新しい農漁村建設運動」の対象マウルにと選ばれ、都市農村交流をより活発に進めるようになった。たとえば、マウルにある空き家を伝統的な家屋に改築し、農機具博物館として既存のマウル会館[13]を都市住民が宿泊、農業体験ができる多目的の施設に改造した。二〇〇一年から毎年「カモ農祭り」を開き、「家族会員制度」に加わる会員と地域住民との交流の場を設けている。さらに、二〇〇二年には廃校になっていた小学校を「自然学校」という名をつけて新しく開校し、都市住民が多様な体験[14]ができる場として使えるようにした。これらの努力の結果二〇〇五年には約一万人の都市民が土雇米マウルを訪れている。

土雇マウルは韓国でブームになっている「一社一村運動」協定を二〇〇二年に「三星電器」と結んだ。「一社一村運動」とは、一つの民間企業や行政機関、学校などと一つの農村マウルが姉妹協定を結び、持続的に相互交流活動を行うことであり、二〇〇六年九月現在、協定件数は一万件[15]を超えている。

表3　土雁米マウルの住民自治組織と活動内容

区分	組織名	主な活動内容
地縁組織	総会（大同会） 開発委員会 新農漁村建設委員会	全世帯が加入、マウルの意思決定、マウル共同財産管理 総会の下部組織、組織・団体の代表により構成 新農漁村建設運動推進
利益組織	セマウル営農会 セマウル婦人会 老人会 情報化委員会 緑色農村体験委員会 自然学校運営会 青年会 作目班（営農集団）	共同営農活動 マウル行事に協力、親睦活動 マウル行事に協力 マウルの情報施設管理、運営 緑色農村体験事業推進、都市農村交流活動 自然学校プログラム運営、都市農村交流活動 親睦活動、マウル行事に協力 営農組合

資料：筆者が行った聞き取り調査により作成（2006年8月）

土雁米マウルにおける「一社一村運動」においては、三星電器と土雁米マウルが、社員のワークショップや休暇、社員家族を対象にした農村・農業体験などを共同で行っている。三星電器から合鴨のひなを年に六〇〇〇羽寄付してもらい、収穫期には生産された米を企業に送る。送られた米は三星電器の社員食堂で使われている。

表2は、土雁米マウルとつながっている外部組織とのネットワークを整理したものである。

このように、このマウルは三星電器以外にも複数の研究機関や学校などと緊密なネットワークを築いており、農産物の販売だけではなくマウルの開発、運営について随時外部の専門家が支援する仕組みになっている。

3　住民主導型地域運営

内発的に農村社会を創っていくためには、住民の自発的な参加、協力による住民主導型の地域づくりを推進しなければならない。こうした住民主導型地域づくりの鍵は、住民の自治組織と地域リーダーの存在にかかっている。住民

表4　土雇米マウルの地域リーダー層

地域リーダーの職責	年齢	出身地	主な地域リーダー経歴
里長	50	土雇米マウル	青年会長、セマウル指導者
マウル事務局長	27	土雇米マウル	
緑色農村体験委員会委員長	49	土雇米マウル	里長、セマウル指導者、農協勤務
緑色農村体験委員会総務	48	土雇米マウル	班長（組長）
セマウル指導者	49	土雇米マウル	班長
老人会長	65	土雇米マウル	里長
青年会長	49	土雇米マウル	作目班長
セマウル婦人会長	49	土雇米マウル	

資料：鄭起煥「農村における社会集団構造の韓・日比較」、韓日共同研究（韓国農村経済研究院&東京農工大学）第4回共同ワークショップ発表資料（2006年11月）

主導型の地域運営を積極的に試みている、土雇米マウルの住民自治組織と地域リーダーの関係を**表3**に示す。二〇〇六年現在、土雇米マウルには一一の住民自治組織が結成されている。それらの組織を性格、機能によって二分することができる。マウル総会、開発委員会、新農村建設委員会などの「地縁組織」と営農会、情報化委員会、自然学校運営会などの「利益組織」である。こうした住民自治組織のなかでも、とりわけ総会、開発委員会、新農村建設委員会、緑色農村体験委員会が「内発的地域づくり」に主導的な役割を果たしている。

土雇米マウルでは、里長を軸に各自治組織の代表が地域リーダー[16]としてマウル運営にかかわっている。その特徴は、**表4**にまとめたように、多数の地域リーダーが存在し、全員が地域内出身であることだ。

韓国のほとんどの農村マウルでは、里長一人がすべてのマウル運営を担っている場合が多く、ところによっては地域リーダーが一人もいないマウルもある。

筆者らが行ったアンケート調査[17]の「あなたのマウルには地域

リーダー(18)が存在していますか」という質問に対して、韓国の場合「地域リーダーが存在している」と回答したマウルは五五・九%にとどまっており、約半数のマウルでは一人の地域リーダーも存在しないことがわかった。日本の場合九八・一%の集落が「地域リーダーが存在している」と回答し、韓国とは差がみられた。なお、地域住民一〇〇人当たりの地域リーダー数に換算すると、韓国は一・八八名、日本は二・五二名になる。従って土雇米マウルでは、他のマウルより相当の地域リーダーが活動していることがわかる。

土雇米マウルの地域運営のもう一つの特徴は、マウルを総括的に管理・運営する専門マネージャーを地域内外から公募する「マウル事務局長制度」を創案し、実行していることである。この制度は数年前から韓国のごく一部の農村マウルで自発的に始めたものである。事務局長はマウルの全般的な運営にかかわり、都市と農村の交流事業の運営・管理などの役割を担っている。地域によって異なるが、事務局長には給料として年間約一八〇〇万ウォン(約二三〇万円)がマウルの共同基金より支払われている。政府農林部はこの制度が、人材不足で悩んでいる農村地域にとって有効であると判断し、「事務局長支援制度」を二〇〇六年に導入した。この支援制度は農村地域のリーダー育成策の一環として、事務局長に支払う給料の一部を補助する制度である。補助は最大三年間で年間約一〇八〇万ウォン(約一三〇万円)である。現在も土雇米マウルでは二人の事務局長が活動しており、とくに都市農村交流に関する事業の運営や管理、体験プログラム開発などを担当している。

このように土雇米マウルでは多数のリーダーを軸にして、地域住民が自発的、主導的に地域づくりに取り組んでいるといえる。

第三節　韓国農村が内発的に発展する条件

1　人間環境の継承と創造

図6　集落行事活性と住民交流との相関

資料：劉鶴烈・千賀裕太郎［2003］

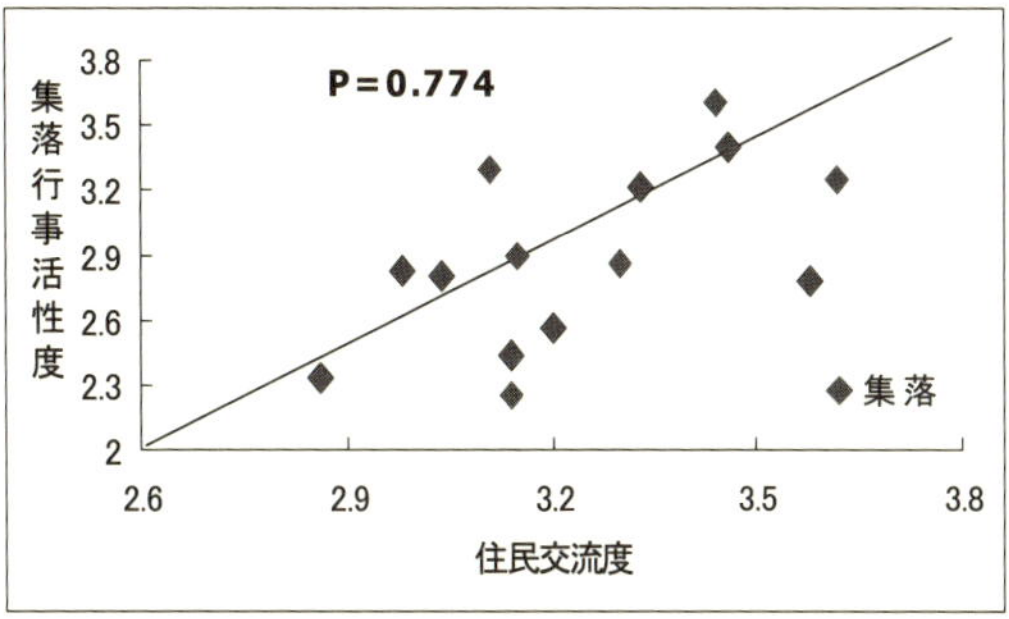

江原道の「新農漁村建設運動」と華川郡土雇米マウルの「内発的地域づくり」の調査を踏まえ、韓国農村が内発的発展に向かうことが可能となるため条件を示す。

「内発的地域づくり」の主体は、そこに住んでいる地域住民である。とくに人間関係が都市地域と異なり、厚くて深い農村地域において、「内発的地域づくり」を進めていくためには、地域住民間の活発な交流や協同、信頼などといった人間環境づくりが欠かせない。筆者らの研究調査結果(19)からも、こうした地域内の人間環境と地域活性化との間には、緊密な関係があることが明らかになった。たとえば**図6**のように、地域活性化を表している変数「集落行事活性度」と地域内の人間環境を表している変数「住民交流度」を相関分析した結果、正の相関（相関係数P　○・七七四）が高く、二つの変数の間には密接な関係があることがわかった。

また、韓国・日本共同で実施したアンケート調査(20)の結果からも同様の結果が得られた。**表5**は、住民参加、住民交流、住民協同、

表5　相関分析の結果

	P-I	P-C	P-T	I-C	I-T	C-T
韓国	0.571	0.512	0.520	0.694	0.575	0.636
日本	0.533	0.559	0.606	0.578	0.616	0.657

注）P：Participation（参加）　I：Interchange（交流）
　　C：Cooperation（協同、団結）　T：Trust（信頼）

住民信頼といった地域内の人間環境を表わしている変数間、相関分析を行った結果である（表のなかの数字は、相関係数を意味する）。

表5に示したように、住民参加と住民間の交流との相関（P―I）や住民間の交流と住民間の協同との相関（I―C）をみると韓国、日本ともに相関係数が高い。

日常生活において住民間の活発な交流（近所付き合い、話合いなど）や団結力、信頼をいかに創りあげていくのかが、農村社会における内発的発展のための重要な鍵であることがうかがえる。

2　新たな地域産業の創造と都市住民との交流

地域産業の発展の条件は、「既存の産業を伸ばし、異業種交流や知識の融合化によって必要な産業を育て、域内産業関連を強化することである」[21]（保母[1996]）。農林業を保護、発展させるには、生産性の向上にとどまらず、付加価値が高い農産物の生産や加工、直販など新たな地域産業の創造という新たな目標が求められる。土雇米マウルの取り組み―有機農業や会員制度による直販（通信販売）、加工品生産などは、新たな地域産業の創造のために有効な手段の一つであるといえる。

固有の地域産業を創造するには、その地域にある「地域資源」を、いかに活用するかが重要なポイントになる。ここでの「地域資源」とは、その地域固有の文化、歴史、伝統、自然、景観、技能など、物的資源および人的資源から成り立っているものである。こうした地域資源のうち、新たな地域産業とつながる地域資源を見直し、さらに活用しながら地域独自のモノやサービスを創り出すことが、いままでにない新たな地域産業を創造する契機となる。ここで重要なことは、そのモノおよびサービスに、「創意工夫による地域の独自性、いいかえれば、地域のアイデンティティーを如何に加味することができるかどうか[22]」(井上[2000])である。

農村地域が内発的に発展していくためのもう一つの条件として、都市部との緊密な連携があげられる。内発的発展の基本は、地域資源を活かしながら、地域内の力量だけでは解決することが不可能な場合、外部と協力し合って解決に向かうことが必要となる。すなわち農村地域と企業、学校、市民団体などとの〝パートナーシップ〟が求められる。

外部とのネットワーク構築のための有効な手段として、都市農村交流が考えられる。それは長年間蓄積されてきた地域の自然や景観、歴史、文化などの優れた「地域資源」の存在を地元住民が再認識し、これらを生かして都市地域との交流を推進していくことである。

多くの農村地域の内発的発展に向け、外部の支援の手が加わるならば、「住民参加(participation)」、「主導性(initiative)」、「自立(self-help)」など「潜在能力(potentiality)」を持ち合わせている地域は、新たな、持続する社会発展が可能となるだろう。この場合NPO、大学、専門家グループなど外部からの支援が、重要な役割を果たすことになる[23]。

3　地域コーディネーターの発掘および育成

農村地域において内発的発展を進めるためには、地域住民の自発的な参加および住民同士または集団同士の協同、信頼が欠かせない。この際に住民と住民、集団と集団をつなげることができる「地域コーディネーター」の存在が非常に重要である。

「地域コーディネーター」は地域住民の発言をよく聞き、多様な意見の奥にある参加住民の要求の構造を解明し、地域にとって真に幸福をもたらす「解決策」を提案し、参加者の合意と意欲を形成するプロセスを引っ張っていける能力とリーダーシップを持たなければならない[21]（千賀・劉［2006］）。

しかし今日の韓国農村地域には、このような素質を合わせ持つ「地域コーディネーター」は少ない。これからは如何にして農村社会が求めている「地域コーディネーター」になりうる人材を発掘し、活躍してもらえるように支援するかが、内発的発展の成功の重要な鍵になるだろう。

現在、韓国の農村地域で普及されている「マウル事務局長制度」は、このような素質を有している人が能力を発揮できるよう、環境を整える仕組みでとなり得る。

本論は韓国農村の内発的発展にむけた新たな動きと内発的発展への条件を示した。江原道の「新農漁村建設運動」と華川郡土雁米マウルの「内発的地域づくり」の事例分析から得られた知見から、農村社会で内発的発展が可能となる基本的な条件を次の通り提示することができる。

（一）地域住民の意志で地域内における伝統的な人間環境の継承と新しい環境を創造していくこと。
（二）地域の生態系や文化、風土に適した新しい地域産業を創造すること。
（三）地域住民の意志により、外部の多様な主体とネットワークを構築していくこと。

（四）地域住民を引っ張っていく地域リーダー、地域社会全体の営みをコントロールできる、「地域コーディネーター」を発掘、育成すること。

厳しい条件に置かれている韓国農村地域で、これらの条件をすべて整えることは決して易しいことではない。しかし、地域住民たちの地域活性化に向けた強い意志、不断の努力があれば内発的な発展への道は確実に開けてくるであろう。

注

（1）内発的発展論の定義や原則などについては、鶴見和子［1989］、宮本憲一［1989］、保母武彦［1996］、西川潤［2001］を参照のこと。

（2）韓国行政単位体系の一つで日本の「県」に近い。

（3）韓国農村部の行政区域体系は「道、郡、邑・面、里」の四階層からなっている。日本とは違い、韓国における「郡」は、今も実質的な機能を果たしている行政単位である。

（4）マウルとは、韓国の地域社会の最小基本単位である。集落（ムラ）という意味も持っているが、本稿では、マウルで表記する。

（5）セマウルとは新しい村という意味。

（6）里長（イジャン）とは、韓国農村部の行政区域単位である「道、郡、邑・面、里」の四階層のうち、最下階層である「里」の頭である。里長は、マウルの運営、管理などを総括している。

（7）使用用途についてはとくに制限がなく、地域住民自らの判断で計画を立て補助金を使用する。

（8）一一五マウルのうち、農村マウルは一〇七、漁村マウルは八である。

（9）「親環境農業」は、日本の「環境保全型農業」あるいは「持続可能な農業」と同様の考えに基づいている。「親環境農業」により生産される「親環境認証農産物」として有機農産物、転換期有機農産物、無農薬農産物、低農薬農産物がある。

(10)韓国農村部の行政区域単位の一つである。日本の村に近い。注(3)参照。

(11)韓国農村部の行政区域単位の一つである。日本の地区(区)に近い。注(3)参照。

(12)二〇〇六年一二月の為替基準。一〇〇円＝八〇〇ウオン

(13)日本の公民館または生活改善センターに近い。

(14)例えば、山菜取り、食用カエル獲り、農作物収穫、イナゴ獲り、餅つきなどがある。

(15)韓国農協中央会の資料による。

(16)ここでいう地域リーダーとは、地域発展のために自発的かつ積極的に活動している人を意味する。

(17)アンケート調査は、筆者らが韓国農村経済研究院と農水省農村振興局の協力を得て二〇〇六年三—四月に実施した。韓国・日本全国の農村マウル(集落)を対象に韓国四五〇地区、日本二四八地区にアンケート用紙を配布視、有効回答は韓国二四八部(五四・〇%)、日本七九部(三七・三%)であった。

(18)ここでいう地域リーダーの意味は前項の注(16)と同一。

(19)劉鶴烈・千賀裕太郎[2003]八〇四—八〇五頁。

(20)アンケート調査は、前項の注(19)と同一。

(21)保母武彦[1996]一四四頁。

(22)井上和衛[2000]一八—一九頁。

(23)千賀裕太郎・劉鶴烈「農山村地域の内発的発展における各主体間の連携」、韓日共同研究(韓国農村経済研究院&東京農工大学)二〇〇六年一一月『第四回共同ワークショップ発表資料』。

参考文献

井上和衛[2000]『農村再生への視角』筑波書房

鶴見和子・川田侃編[1989]『内発的発展論』東京大学出版会

中島恵理［2005］『英国の持続可能な地域づくり』学芸出版社
西川潤編［2001］『アジアの内発的発展』藤原書店
保母武彦［1996］『内発的発展論と日本の農山村』岩波書店
宮本憲一［1989］『環境経済学』岩波書店
守友裕一［1998］『内発的発展の道』農山漁村文化協会
鄭起煥［2003］『농촌지역 사화자본의 존재양태 분석』한국 농촌경제연구원
江原道華川郡統計年報［2004］
朴珍道［2005］『WTO체제와 농정개혁』한울아카데미
尹源根［2003］『국토정책과 농촌계획――일본과 한국의 농촌계획제도의 비교』보성각
金科哲［2003］「村落社会の内生的住民組織論」『地域地理研究』第八巻、一―一一頁
劉鶴烈・千賀裕太郎［2002］「住民主導型集落づくりの起動期の実態に関する考察――福島県伊南村大桃地区を事例として」『農村計画論文集』第四集、一九三―一九八頁
劉鶴烈［2003］「山間集落における活性化要因に関する考察――住民の意識と行動の視点から」『農村計画論文集』第五集、一八一―一八六頁
劉鶴烈・千賀裕太郎［2003］「山間地域における住民の活力に関する考察――福島県伊南村を事例として」『平成一五年度農業土木学会大会講演要旨集』八〇四―八〇五頁
劉鶴烈・宋美玲・崔秀明・千賀裕太郎［2006］「韓国における都市農村交流の実態と特徴――江原道華川郡を事例として」『農村計画学会誌』第二四巻四号、二七二―二七五頁
劉鶴烈［2006］「中山間地域の集落における活性化要因及び住民活力の評価に関する研究」農村計画学会賞受賞記念論文『農村計画学会誌』第二五巻二号、一六一―一六二頁
劉鶴烈・宋美玲・崔秀明・千賀裕太郎［2006］「韓国における都市農村交流の実態と特徴に関する考察」『平成一八年度農業土木学会大会講演要旨集』四三八―四三九頁

第四章　台湾

台湾にみる内発的発展

西川　潤
（早稲田大学名誉教授・早稲田大学台湾研究所顧問）

はじめに

台湾という国は近現代史の四百年近く、常に外部勢力によって統治されてきた。

ところが、ここ数十年、急速な勢いで自己のアイデンティティを強め、民主化、そして台湾の「本土化」（台湾が自国の本来の土地で、大陸ではないとする）の道を歩んでいる。このような変化は台湾人の間での内発的発展の努力によって支えられている。

本章では、このような変化を理解するために、まず「台湾」という国の名称がいつ頃から起こってきたか、「台湾人」意識はいつ頃から生成、確立してきたかをみる。次いで、近年の変化を「社会による国家の乗っ取り」「女性による仏教の乗っ取り」「社区による開発の乗っ取り」の三面から考察する。最後にこのような変化が草の根レベルでの人びとのアイデンティティ獲得、参加意識、内発的発展の実現と結び付いていることを示し、台湾社会の変化の根底に、市民意識の発展があることを論証したい。

第一節 「台湾」と「台湾人」の形成

「台湾」という言葉が歴史的に見られるようになったのはいつ頃からだろうか。また、「台湾人」というアイデンティティはいつ頃から出てきたのか。これらの問いを念頭に置くことが今日の台湾における内発的発展の動きを理解するためには欠かせない。

一七世紀にオランダ東インド会社は、中国貿易の拠点を中国沿岸や彭湖列島に求め、明国から追い払われて、台湾の南部、安平の海に出張った半島部分（今日の台南市の港部分）に城を築き、ゼーランジャ城（Fort Zeelandia）と名付けた。ゼーランド（Zjaelland）とは、ネーデルランド沖合に浮かぶ一群の島嶼群を指し、オランダ人はこれを思い起こしてこの名を付けたのだが、今日のニュージーランドと同じ語源である。

この頃のオランダ古地図では、このゼーランジャ城とその周囲のゼーランジャ街（今日の安平古街）の彼方に、「大員（Tayouan）島」が描かれてあり、「大員島のゼーランジャ城」との説明がある。これは当時、この地に居住していた先住マレー系オーストロネシア語族の臺窩湾《タイオワン》族の名前及び居住地からとったと考えられている。オランダ人や漢人が安平に到着して、ここはどこだ、と先住民に聞いたとき、かれらは「タイオワンだ」と自分たちの名を教え、それが地名として伝わったのであろう。

この頃、漢人の居住者はごく少数で中南部に散住していたようである。オランダ東アジア会社はオランダ人及び軍の食糧を賄うため、農耕に従事する漢人を募集し、安平近郊に配置した。オランダの安平支配は一六二四年から一六六二年、鄭成功によって駆逐されるまで、三八年間続くのだが、この時代には台湾は主としてマレー系民族の居住地であった。

鄭成功は自己の拠って立つ領土を台湾と呼び、ここに台湾の名称が一般的に用いられるようになる。鄭氏政権時代に、漢人人口は約一二万ほどに増え、先住民族の人口とほぼ並んだようである。鄭氏政権は相次ぐ戦争と清朝による経済封鎖で疲弊し、一六八四年に清軍に敗れるのだが、台湾中南部の一部を統制したにとどまった。康熙帝の清朝は一六八四年に台湾府を置いて、福建省に所属させた。ここに台湾が中国の版図に入るようになる。

清朝は当初、移民を規制し、家族の帯同を禁じた。一八～一九世紀に既に人口過剰問題の現れていた福建（漳州、泉州）、広東（潮州）から多くの移民が合法的、あるいは非合法的（密航）に台湾に移り住んだ。かれらの多くが平地に居住する平埔族の女性と結婚して子女を設けたので、今日でも台湾人のＤＮＡは漢人とは異なる、という学説を唱える人類学者もいる。

「台湾人」のアイデンティティがいつ頃から生まれたか、それはおそらく日本統治時代に入ってのことと考えられる。清朝の時代には、台湾は「化外の地」として、巡撫が統治し、清朝は漢人を警戒していたので組織的な開発が行われることも一切なかった。巡撫等、清朝が任命する役人は汚職腐敗が通常のことであった。「五年一大乱、三年一小乱」と言われるように、反乱や蜂起も頻発した。基本的には台湾は荒々しい「開拓移民社会」であり、植民地特有の流民気質（地方ボスが割拠し、人びとはその日暮らしのために徒党を組み、闘争に明け暮れる）が広範に見られた。こうした社会で人びとは自分の身を守るのも公権力には依存できず、血族で結束する宗族（祖先を祀るための祭田、共有の田畑を持つ）や族群（漳州、泉州から来た福佬《ほーろー》語を話す福佬人で閩南《みんなん》人とも言う）、潮州経由が多い客家《はっか》人など別の互助組織が発達した。これら宗族や族群は相互に械闘と呼ばれる闘争を繰り返し、そこには民族意識などはかけらほどもなかった。清朝末期には台湾人の人口は移住民二五五万、先住民四五万人と推定されている。

だが、一八四〇年代の阿片戦争を経て、一八五八年アロー号事件の後始末の天津条約が結ばれ、台湾でも淡水、基隆、安平、打狗（後の高雄）が開港されると、清朝も二〇〇年間放りぱなしにしてきた台湾の経営にようやく乗り出した。また、開港地に欧米資本の洋行が進出し、世界市場と台湾を結び付けるようになった。台湾からは茶の葉、樟脳、砂糖等が輸出され、代わりに阿片や雑貨品が輸入されるようになった。市場経済の発達と共に、地方に商人・地主を基盤とした士紳（身分的に尊敬される有力者。名士・紳士の略）階級が出現するようになった。ここに台湾ナショナリズムの萌芽が見出されることになる。ただこの開発は同時に先住諸民族との激しい衝突をも伴った。

しかし、一八九五年に日清戦争で清国は下関条約（同年四月）により、台湾を日本に割譲することになる。台湾人にとっては寝耳に水の話であり、翌五月には、新興士紳・商人階級、かれらと結び付いた諸宗族、民衆は清国の巡撫唐景崧をかついで「台湾民主国」の建国を宣言した。これはアジアで最初の「民主国」「共和国」の宣言であり、台湾人の独立志向の最初の表現である。日本軍の進駐に際して、唐は翌六月には大陸に莫大な軍資金をかかえて逃げ帰るが、抗日軍はさらに一〇月、日本軍の台南入城まで抵抗を続ける。この台湾民衆の抵抗は、総督府行政が始まってからも数年間続くことになる。

日本の統治は一九四五年、日本の敗戦まで半世紀に及ぶ。日本に代わって台湾の主として登場してきたのは中華民国の中国国民党政府だが、国民党にとって台湾は基本的には植民地扱いだった。この時期から外省人による支配、本省人の弾圧が始まり、それが一九四七年の二・二八事件、それに続く白色テロによる数万人の惨殺、投獄、公職追放として現れる。

台湾人が台湾の政治、経済、社会の表舞台に出てくるのは一九八六年の民主進歩党結成、翌八七年の戒厳令廃止を経てのことであり、その後、一九九六年の総統選公選以降、台湾の民主化の勢いにはめざましいものがある。今では、台湾人が福佬語を話し、台湾中心に教科書を編纂し直し、博物館等の展示も大幅に置き換えている。また、中国との関係を見直していこうとする動きも進んでいる。それは国民党の内部においても同様である。また、先住民の世界でも今では自分たちの名前を堂々と名乗るようになり、先住民族対象の行政や固有文化の保護や、ラジオやテレビ番組も始まっている。

考えてみれば、一六二〇年代に台湾が近現代史に入ってきて以来（マレー系民族には独自の世界史があるのだが、それは今さておいて)、四〇〇年近くの大部分、台湾は外部勢力によって統治されてきた。その間、あるいは戦乱や略奪に巻き込まれ、あるいは独自の発展を阻止され、あるいは外部勢力による「開発」により環境や資源を奪われてきた。

この外部勢力の中には中国から来た勢力(清朝や国民党)もおり、かれらが台湾になしてきたことの清算なくしては、簡単に「一つの中国」などと名乗ってほしくない、というのが大方の台湾人の心情であろう。

ようやくここ数十年間の民主化の動きのなかで、台湾人の自治意識とアイデンティティが強まり、政治や社会構造の変化が始まっている。このような変化を次に、「社会による国家の乗っ取り」「女性による仏教の乗っ取り」「社区による開発の乗っ取り」の三面から見ることにしよう。これらはいずれも台湾の内発的発展の表現なのである。

第二節　近年の民主化と内発的発展

前節に述べたように、台湾において国家機構は日本の統治と共に持ち込まれてきたので、それ以前は国家らしい行政制度は存在しなかった。国家機構はつねに市民や住民団体と対立し、後者を搾取する存在として現れていた。

そのため、住民たちは宗族や族群に結集し、自らの利益を貫徹することに努めてきた。この住民団体は既に、日本統治下において台湾人の参政権運動を展開してきた。この参政権は名士層の部分的かつ名目的参加として一九三〇年代の「皇民化」運動の時に実現するのだが、市民層の参加には到底いたらなかった。

第二次大戦以後の国民党独裁時代も基本的には同様の事態が続いた。参政どころか、国民党は台湾人知識人層を組織的に殺害、投獄するという日本施政当局もあえてやらなかったような弾圧を加えたのだった。

政治的参加を阻まれた台湾人は二つの方向での新しい運動を始めた。一つは、日本から接収した砂糖、開発、煙草、セメント等の大企業、独占企業は国営化、あるいは党営化され、台湾人はそこから排除されたので、台湾人はビジネスとしては中小企業の分野で事業をやらざるを得なかった。国営企業は重化学産業を独占した。「大陸反攻」のためには、大陸と張り合って、重化学産業、軍需産業を発展させることが必要と考えられ、国営産業や大陸からの逃避資本は、これらの部門、また利益の上がる大量生産型繊維部門へと特化した。これらの資本設備型産業を張り合うことを避け、台湾人企業は手っ取り早い労働集約型輸出産業に目を向けたのである。それは、一九七〇年代の米日が競合してアジアに進出を始めた時代だったので、台湾人企業は日本やアメリカの企業と手を組んで技術や資本を手に入れ、米日企業の下請け企業として部品や労働集約製品をつくり、とりわけアメリカ市場へと輸出して、輸出主導型発展の経路へと踏み出すことになった。それは、国家主導型開発体制から排除された台湾人市民社会をベースとした独自の内発的発展のパターンである。そしてこの中小企業主導型発展は、もともと大陸からの移民、流民としての性格を色濃く持ち、従って、身軽さを身上とする台湾人の多くにとっては手軽な起業と結び付いて、適した発展方式であった。これが、今日にまで続く台湾の輸出指向型産業化の嚆矢である。

他方で、日本時代以来形成された地主・商業資本はこれら中小企業層と結びながら、政治の民主化運動に乗り出した。一九七九年末に高雄市で起こった「美麗島事件[1]」で検挙された民主化運動に携わる人びとはどちらかというとこれらの中産・富裕層出自の知識人たちであった。労働運動や農民運動は国民党によって統制されていたので、民主化運動も市民社会を背景にすることになった。だが、民主化運動の根拠地が常に南部の福佬語地域であったことに注意を払っておきたい。台北市は国家権力の拠点として、市民社会の発言力はつねに相対的に弱かったのである。

こうして福佬語、客家語の二大族群が次第に政治問題に敏感になっていった。その際に上からの開発によるＮＩＣ（新興工業国）化は同時に、この九州程度のけっして大きくはない島の随所でひどい公害、環境破壊を生み出したので、これら環境破壊に抗議する市民運動が民主化運動としばしばドッキングして、後者を強めることになった。

つまり、台湾では政府は上から開発独裁型の高度成長政策をとったが、市民社会はむしろ、このような国家の非民主的な性格を見抜き、独自の中小企業主導による輸出指向型工業化に乗り出し、そこから得た資金で民主化運動をまかなったのである。

台湾では国家から疎外された市民たちが族群を土台として、経済面での実権を次第に掌握し、やがて政治面での民主化を進め、ついに一九九六年総統公選を勝ち取ることになった。これは市民社会が国家を乗っ取った世界的にも興味深い例であり、台湾人の立場に立つ内発的発展の政治・経済面での表現なのである。

次に、ジェンダーによる宗教発展の例を検討しよう。

台湾で今日仏教が隆盛をほこっている。最近二〇数年間に台湾の仏教徒は五〇〇万人から一〇〇〇万人以上へと急速に伸びた。

その理由はなんと言っても一九七〇年代以降の「高度成長」期に起こった社会問題、そして人びとの心の問題を抜きにしては考えられない。この時期に人びとは、急速な社会変化に翻弄され、心の支えを切実に必要とした。台湾ではもともと道教や媽祖（マリアに発する航海守護の神）信仰が強かったのだが、まとまった教義や指導者層を欠く民間信仰はこのような人びとの心の問題に答えを提供することができなかった。仏教ももともと導入はされていたが、散在するにとどまり、社会勢力というには程遠かった。

ところが、大陸から一九四九年以降、共産化を逃れて台湾に渡った多くの僧侶や信徒たちが、仏教リバイバルの引き金となった。しかし、台湾仏教が急速に伸びたのは、一九七〇年代以降の時期に仏教が「台湾化」したからである。

つまり、この時期に仏教は「人間《じんかん》仏教」として蘇った。仏教の教えはもともと、個人が悟りを得る道を説く。従って、社会的な問題への関心は少ない（上座部仏教）。だが、台湾の場合には、大乗という起源もあり、人びとの心の悩みに応える教義と実践として、とりわけ禅を軸として一九七〇年代以降に発達した。

禅は人びとに心の安静をもたらす。一九七〇年代に現れた仏光山、慈済会、また一九八〇年代の法鼓山、中台禅寺、霊鷲《りょうしゅう》山が台湾の五座山と言われる主要な仏教諸派だが、これらがいずれも禅宗から発していることは特徴的である。この中で、法鼓山の創立者聖厳和尚は日本の臨済禅の出身である。

これら五座山はいずれも、「人間《じんかん》」仏教として、自らの救いが現世から逃れることによって得られるのではなく、人びとの間に仏教の倫理を確立して望ましい社会をめざすことにこそ救いがあるとする教えとして現れた。そのため、慈善、教育、衛生、文化等の必要性が説かれる。これら仏教諸流派の活動は、海外にも及んでいる。災害時にもこれら仏教諸団体はＮＧＯとして直ちに姿を現わしている。

つまり、台湾新仏教はいずれも高度成長時代に激化した社会問題、そして外来政権が十分対応できなかった（あるいはつくり出した）心の問題に答えを提供することによって、台湾人の間で受け入れられたのである。その意味でこれら新仏教は、「社会参加仏教」として発達してきた。

注意しておきたいことは、二万人と言われる台湾の比丘、比丘尼の四分の三は女性であり、しかも学歴の高い女性が多いことである。彼女たちは、学業を修め、社会で活躍を望むが、伝統的な男尊女卑の仕組みを残す社会のなかでは必ずしも彼女たちの働く場が保証されない。かといって家庭の中に入って夫に仕えて一生を送ることをも望まない。そうした女性は仏教組織を通じて社会にサービスすることを選ぶ。今日台湾最大の仏教慈善組織である慈済会は台湾生まれの証厳法師（尼僧）の下に約二〇〇人の尼僧の委員会によって指導されているが、「慈善—教育—医療—文化」をセットとした社会奉仕（愛の教え）を通じる生活革新、ＮＧＯ運動であり、そこに出家や在家の女性が集まる。主婦のボランティアも多い。慈済会が「主婦の宗教」とも称されるゆえんである。彼女ら尼僧やボランティアの働く姿は驚くほど生き生きとしている。

これら尼僧の大学弘誓学院が新竹県の桃園市の田園の中にあるが、その創立者昭慧法師の講演を筆者は二〇〇七年八月にこの学院で開かれた「社会参加仏教」世界会議で聞く機会があった。法師は、「縁起、護生、中道―仏教倫理学と戒律学の統合理論」と題する講話を行ったのだが、仏教の根本の教えとしての縁起と中道の学説から発して、「生命の養護」を仏教倫理の中軸に置き、環境保全と動物愛護を説く、きわめて現代的で独創性に富んだ、しかも女性らしい問題提起で、筆者も聞いていて舌を巻いてしまった。

仏教が台湾化し、台湾化した仏教が女性の影響下に男社会、成長万能社会がつくり出した社会問題、心の問題に答えつつある、というのが、筆者の台湾仏教観である。これもまた、台湾の内発的発展、とりわけ心の発展の一つの側面である。

第三に、「社区」による「開発」の乗っ取りを検討しよう。

社区とは地域社会住民の基底組織である。この言葉は第二次大戦後、国民党が住民コントロールのためにつくった「自治組織」を指した。だが、この住民統制組織はじつは日本統治時代に初代の民政長官後藤新平がつくった「保甲制度」に発している。一八九五年に下関条約で台湾を手に入れたが、台湾民衆の反抗に手を焼いた。そこで、一〇戸で一「甲」、一〇甲で一「保」とする住民組織をつくった。江戸時代の五人組そのままである。保には保正、甲には甲長を置いて、風水害の警戒、「土匪」の捜査、阿片禁止、戸口調査、道路や橋の普請、その他の奉仕活動に当たらせた。これは軍隊による蜂起鎮圧から警察支配への移行に伴う住民協力組織として編成されたもので、刑罰に際しては、保甲のメンバーの間で連帯責任が発生した。典型的な上からの住民「自治」組織である。一九〇三年の時点では四万余の甲が存在した。

保甲制度はもともと清朝時代に持ち込まれた半自治的警察補助組織である。それは一種の郷党自治だが、台湾に移民した漢人（福建人、客家人）は相互の互助組織としてはむしろ前述した宗族や族群に結束した。しかし、自治初期にこの保甲制度が「治匪」対策として息を吹き返したのである。保甲制度は第二次大戦時には隣組制度に変わったが、これが住民コントロール組織であることには変わりがない。

この保甲＝隣組制度をまねて国民党は住民統制の組織として社区制度を一九六〇年代に導入した。これは村、里、隣組等の長が「社区発展協会長」となり、政府政策の宣伝、区民活動センターでの行事、道路や橋、水道等の整備、年に数回の区民親睦会の開催等を行うものであった。これは地方ボスが国民党支部や地方黒社会（マフィア、やくざの社会）と癒着して、地方政治を牛耳る道具として利用され、住民参加の実態を持つものではなかった。だが、国民党の地方予算ばらまきの仲介機関だったので、無視できない住民コントロール用具となった。この性格は今日でも残っており、国民党の地方ボスを通じた地方支配に役立っている。

ところが、一九八〇年代に上からの開発による公害や住民立ち退き等に反対する住民運動が強まってくると、しばしば、社区内で自発的に有志が集まって公民館に集まり、開発計画を自分たちで吟味したり、行政に情報公開を要求したりする事例が増えてきた。つまり、国民党は開発独裁型の政策をとり、住民の意向にはおかまいなく大工場や煙突を林立させる「上からの開発政策」をとってきたのだが、こうしたトップダウン型開発を住民たちが問い直し始めるようになった。住民たちはこうした開発反対の運動を組織するなかで、社区内外の公的領域に関心を示すようになる。その動きが各地で広がりはじめた。例えば、開発や公害反対にとどまらず、社区の生活環境や生態系の保全、町並みの美化に進み出たり、治安やお年寄り介護や青少年の社会参加の問題等である。さらに進んでは、地方文化伝統の保全や歴史の聞き書き、伝統文化の復活等のアイデンティティ確立の運動も始まった。これらの運動では有識者、キーパーソンが先頭に立ち、人びとが自発的に集まる例が多い。そこには国民党の大衆動員マシーンである地方ボスが介入してくる余地はもはやない。

こうした草の根レベルからの社区の革新が一九八〇年代から見られ、地域ごとの住民参加、公共問題への発言の高まりのなかで、民進党に見られるような本省人による政治勢力の結集、戒厳令の廃止、言論の自由、議会や総統の公選という一連の民主化の動きが政治や社会の表面に浮かび上がってくるのである。

一九九四年に李登輝総統の下で、行政院の文化建設委員会は「社区総体営造計画」を打ち出した。これは、従来の行政主導型の「社区発展委員会」に代え、住民の自発的運動を尊重しながら、行政がこれをサポートする形で、日本統治以来一〇〇年続いた住民統制型「地方自治」から住民参加型自治への一八〇度の転換といえる。

今見たような、社区運動の内部からの革新は同時に、上からの開発の社区による乗っ取りと呼べるだろう。住民たちは一〇〇年間続いた行政の住民コントロール組織を内側から乗っ取ることにより、上からの行政主導型開発に対する内発的オルタナティブを提起したのである。この場合に住民たちは単に自己利害のみならず、公共の問題に関心を深め、自分たちが社会の主権者であるとの意識を持つようになる。これが「公民」「市民」の出現である。台湾人の主権者意識は既に日本統治時代から前述のように参政権運動として見られるが、国民党期の戒厳令と白色テロによって弾圧された。社区運動は台湾に市民社会を再生させた運動であると言える。

本節では、近年の台湾の民主化が、「社会による国家の乗っ取り」「女性による仏教の乗っ取り」「社区による開発の乗っ取り」という三つの分野での社会、女性、地域コミュニティによる内発的発展の動きと関連していることを見た。この内発的発展の動因が市民社会であることも判った。

それでは最後にいま見た社区運動の具体的な事例を検証することによって、台湾で起こっている内発的発展の論理とダイナミズムを理解することにしよう。

第三節　社区運動の事例

社区運動はその起源からかなりの広がりを持って展開してきた。文化建設委員会の発表によると、二〇〇六年の時点で、台湾二三〇〇万の人口中、四％の八七万人強が六二七五の社区に加入し、地域自治を担っている。かつての行政による住民支配の用具としての社区はいま、住民の基層自治の足場へと変身し、台湾人のアイデンティティ確立、台湾の自主独立運動の基盤となっている。

社区の発展は、非営利団体（ＮＰＯ）の発展と軌を一にしている。日本と同じく、台湾でも近年ＮＰＯの発展はめざましい。

台湾のNPOは、内政部の非営利民間団体委員会（http://www.moi.gov.tw/dsa/left.asp）で登録を行う。二〇〇七年上半期の時点で、職業団体（労働組合、農民組合、商工業団体等）五〇四三、社会団体二万九〇〇〇が登録されて、非営利活動を行っている。日本では一億三〇〇〇万の人口で約三万のNPOが二〇〇七年現在登録しているが、台湾ではその六分の一の人口で、ほぼ同数のNPOが活動しているわけだから、単純にいうと、人口当たりの非営利活動は日本の六倍に及ぶということができる。実際、仏教団体をも含めると、台湾人口の約半分がなんらかの形で非営利活動に関わっていると見られる。台湾人というと企業家精神に富み、商売上手というイメージを私たちは持ちがちだが、このような活発な非営利活動精神はやはり、移（流）民社会としての歴史的背景からくるものだろう。

ところが、これらNPOの特徴は同時に、社区メンバーに特徴的に表れているのだが、自立的な市民精神に富んでいるということである。台湾人の主要なアイデンティティは従来宗族や族群にあることを見てきた。それではいかにして、宗族や族群基盤に械闘を繰り返してきた人びとが国民、市民意識を獲得するに至ったかというと、それは、先に触れたように、日本支配、国民党（外省人）支配の厳しい歴史と切り離すことができない。これら外部勢力の支配や搾取によって、人びとは狭い中間団体への帰属意識からより高いレベルの帰属意識を求めるようになる。ここでは最近三〇年間に国民党の支配下に社区がどのように形成され、発展したか、この展開を市民たちがいかに担ったか、を具体例を通じて検証しよう。これを、（一）環境保全、美化の活動、（二）文化歴史保全、（三）地域興しの三面で見ることにする。

1　環境運動

環境保全運動の事例として、南部高雄県の「美濃愛郷協進会」、及び東部宜蘭県の「港辺社区」を検討しよう。

美濃愛郷協進会は、台湾で最初のダム反対運動によって結成された住民団体として知られる（簡子晏〔2007〕）。

高雄県の美濃鎮は、屏東県北部と隣接した玉山山脈の最南端に位置する。一九八七年から政府はこの稀少な黄蝶の生息地として知られる渓谷に「美濃ダム」の建設計画を立てた。このダム建設により、渇水期には農業用灌漑用水が枯渇する恐れのあること、また生態系に悪影響を与え、蝶の生存が脅かされる可能性も指摘された。

一九九三年ころから住民や帰郷学生が反対運動を始め、民進党の地元代議士とも協力して九四年に立法院の予算措置を食い止めることに成功した。だが、九八年以降、ダム計画は再燃し、政府は高雄市への民生用水提供を前面に出し、高雄市と美濃鎮の対立を煽り立てた。また、美濃鎮内部にもダム誘致を掲げる「美濃発展協会」が結成され、住民分断が意図された。日本と同様の構図である。こうした情況下に、「美濃愛郷協進会」が二〇〇余名を集めて結成され、専任スタッフも全国から二五人集まり、社区を中心として反対運動を展開した。美濃発展協会の掲げる補助金獲得については、協進会は、補助金のばら撒きにより地域社会が破綻した例を示し、この地の多くの住民の出自である客家の文化と故郷の伝統を守る必要、都市との連携により農業と地域が発展する可能性、ジェンダー平等やすべての住民の労働権保障に基く地域革新等のテーマを掲げた。政府は住民の強力な反対運動に直面して、ダムを上流の屏東県霧台郷の原住民魯凱族の居住地に移す代替案「瑪家ダム」計画を示したが、住民たちは、魯凱族の人びとと連絡をとり、連合戦線を組んで、政府に対抗した。

このダムはもともと、南部の濱南地区の工業区設置のためのエネルギー、水の提供を想定した多目的ダムとして構想されたが、この新設工業区計画に対する高雄市の住民団体、愛郷文教基金会、海岸保護協会、自然保護団体等を巻き込んでの広範の反対運動は民進党をもダム反対に踏み切らせ、十数年の闘争の末、二〇〇〇年ついに美濃ダム計画は撤回された。

美濃愛郷協進会はその後も会員、ボランティアの協力の下に、『美濃鎮誌』を出版し、前節に述べた政府の「社区総体営造計画」との提携で「美濃客家文物館」、農村型社区大学の設立等、地域興しに引き続き努めている。この美濃ダム反対運動は、高雄市や台南市の環境保護、自然愛護・再生運動にも大きな影響を与えた。高雄市からは、都市緑地、公園の設置、都市河川の浄化等「南方緑色革命」運動が起こり、多くの個人や団体がネットワークに参加するようになった。

かつて高雄市郊外の工業団地の廃水は市を流れる愛河を汚染し、河は悪臭を放っていたが、愛河の浄化・再生、軍事訓練センターだった衛武営の部分的公園化、柴山自然公園や高屏渓水源地の整備等、南部は台湾でも代表的な環境再生地として知られるようになった。

美濃愛郷協進会の例は、反ダム、環境保護運動から住民が文化・歴史保全、地域興しへと進み出て、外部からの開発援助に期待するのではなく内発的な住民参加型の発展を生み出し、それが地域全体にひろがる住民主導型の発展、地域社会の民主化、持続可能な発展へと接続していったことを示している。三〇〇余名から始まったダム反対運動が南部全体にひろがる「南方緑色革命」運動へと展開し、上からの開発路線に対するオルタナティブ発展路線を生み出すに至ったのである。

宜蘭県は、高度成長期の台湾で、「西高東低」と言われるように、東海岸の後進地帯に位置している。それだけに、独自の文化振興運動に熱心であり、二〇〇一年の時点で四〇〇余を数える台湾の社区のうち、一〇〇余がこの県で活動している。この県には全国レベルの伝統芸能文化センターも置かれている。

蘇澳地区はこの県の南端に位置し、工業区もある。一九九三―九四年ころ、この地区に火力発電所を建設する計画が持ち上がった。ところが、その候補地は台湾でも稀な一三七種の水鳥が棲息する沼沢地帯であったことから、住民を始め、台湾全土からボランティアが駈けつけ、反対運動を展開した。この反対運動の中で、一九九四年、港辺村に社区協会が設立された。八年間の運動の結果、電力発電所計画は撤回され、一〇二ヘクタールの水鳥保護区が湿地に設置された。湿地のところどころに水鳥観察所が設けられ、鳥の解説板が随所に立てられている。

案内してくれた黄淑栄さん(三五歳)は、反対運動時に南部の屏東から来て、この村の男性と結婚し、ここに定住した人である。村の人口は約二〇〇〇人だが、その内、一五〇名が社区協会に加入している。彼女は私たちに自転車を用意してくれていて、はからずも私たちはバスを置き、エコツーリズムを実践することになった。

「国民党時代は、経済重視、開発重視で、この地方も重工業を誘致して発展をはかる〝蘭陽盆地開発計画〟が立てられました。その頃、かれらは〝美山美水では仕事が見つからない〟と言いました。しかし、私たちは環境が一度こわされると決してもとに戻らないことを知っています。私たちは〝環境立県〟をめざしています」。

いま、港辺社区では、「生態社区」作りをすすめ、生態観光を生業とする準備にとりかかっている。この協会は他に、子どもが自然と触れ合う夏季学校、住民の社会教育、周辺の職人から一〇〇余の生業や技術の歴史の聞き書きを収集する作業などを行っている。これらの仕事を通じて、彼女たちは、この高齢化のすすんだ過疎地域の人々に、郷土の文化伝統に対する誇りと自信をつけるように努力している。二〇〇二年（インタビュー当時）四月から近隣に国立芸能文化センターが発足し、伝統芸能の公演や資料収集、手工業の展示、先住民族文化の展示等が始まり、人も大勢来るようになったので、この亜熱帯でも有数の湿地が「生態観光湿地」として、台湾内外の人々の関心を集めることも十分可能だと黄さんたちは期待している。

この宜蘭県の例も、工業団地反対、環境保全から文化・歴史保全、地域興しに結びついた例である。近隣社会美化から地域が再生した例として、簡子晏は嘉義県嘉義市郊外の新港郷で成立した「新港文教基金会」の事業を報告［2007］している。

一九八〇年代の半ば、国民党の弾圧下に前途を閉ざされた地方の青少年の間では賭博や宝くじ（大家樂）が流行し、街頭で白昼から酒を飲んでの争闘も絶えず、町はまことに荒廃した雰囲気だった。台北市で医業を修めた陳錦煌医師はこの情景に心を痛め、町の中心にある奉天宮（有名な媽祖廟）の近くに診療所を開設し、毎朝、奉天宮の前の広場を掃除しはじめた。町並みの荒廃が人心の荒廃を導くと考えてのである。この清掃事業にやがて、町の多くの人びとが参加するようになった。町の人たちが一生懸命仕事をしているとき、若者たちは恥ずかしくて、街路にたむろすることもできなくなる。

このグループを中心にやがて、「新港文教基金会」が生まれ、芸術文化の公演をはじめるようになった。雲門舞楽、人形劇、児童劇、地元芸術家の絵画や写真展、講演会など毎月のように行われるようになった。明日の見えなかったこの町に文化という希望の光が見えてきたのである。一九九八年には新港文教基金会は、後述する社区大学を開設するようになる。

今ではこの町では「社区清潔日」「社区緑化美化」計画等が定められ、資源回収、堆肥作り、有機農業、野鳥・植物観察、環境教育等が推進されている。お年寄りや身体障害者、単親家族等を対象とする「一村一ケア」プログラムも設けられ、近隣六〇か所以上で常時六〇〇人のボランティアがケアや介護サービスに関わっている。

かつて若者たちの非行防止から出発した街路清掃運動が、こうして文化を中心とした全般的な地域興しにつながったのである。

2　環境保全から歴史・文化の保全へ

このような社区を通じた環境保全が更に歴史伝統、文化の保全と結び付いた事例は各所で見出されるが、本項では阿里山の原住民鄒《つぉう》(2)族の居住地域、達那伊《だない》谷の山美村の例を更に眺めることにしよう（西川潤［2002］）。

阿里山の山美村は、海抜三〇〇〇メートルを越える阿里山の二〇〇〇メートル程度の中腹から五〇〇メートルのところまで落ちこんでいる達那伊谷沿いの山村である。この村を訪れたときには、狭い山道を大型の観光バスがひっきりなしに往復するのに驚いた。谷底に位置する村の入り口にはなんと大型バス二〇台、小型乗用車八〇台を収容する駐車場が設けられているのに私たちは度肝を抜かれたが、そこに入るのに更に小半時間待たされることになった。

そう、達那伊谷はいまや台湾でも有数の観光名所に変貌していたのである。

この村は、鄒族が四〇〇人ほど住む山村である。

日本統治下、また国民党政権期を通じて、原住民は差別と蔑視の対象であり、その生活はけっして安楽なものではなかった。この村でも細々とした農、漁業に人びとは従事し、多くの家庭で誰かが道路工事の人夫として働いていた。一九八〇年代には、農業と漁業では人々は生活を維持することができず、道路工事の人夫として働いて、ようやく生計を立てていた。ところが、道路工事でダイナマイトを手に入れた人たちが、これで渓流を爆破して、魚をとることを始めた。渓谷は破壊され、荒れ放題で、魚もいなくなり、荒涼とした光景で、当時の貧困地域ルポでは「嗚咽の渓谷」と呼ばれた。

村の立て直しを図ったのは、いまの社区協会長の高正勝さん（六三歳——当時）である。かれは、船員として、南アフリカに渡ったときに、自然保護区を見て、自然と人間が調和して生きる祖先伝来の生活を再興することを夢見た。かれは帰郷して、渓谷に入会権をもつ七つの氏族長を説得し、川を禁漁区として、ここに固魚と呼ばれる在来種の稚魚を放流した。いまでは、一八キロに及ぶ川の清流の随所にこの魚が夥しく群っている。

一九九四年に高さんたちは、山美社区発展協会を設立した。渓谷に全長四キロの遊歩道をつくり、文化センターや魚料理のレストランや休息所を設け、観光客の誘致を始めた。遊歩道では多種の動植物と人々が馴染めるように、解説板が立てられている。一九九五年にこの地域は、第一級の「自然生態保育公園」に指定された。今では、年間一〇〇万人以上がこの不便な谷底の村に押しかけるようになった。都会の人々は、ここで川に沸き返る魚群に目を見張り、ひぐらしや油蝉のすさまじいばかりの鳴き声の下、大石のごろごろする遊歩道で森林の発する香気を胸いっぱいにに吸い込み、そしてひんやりとした清流に足を浸して自然の喜びを実感する。そして、生簀の新鮮な魚のバーベキューに舌鼓を打ち、鄒族の歌舞に拍手喝采し、満足して家路につく。

村の人々の所得は大幅に向上し、かつて都会に出ていた青年たちも帰村するようになった。ところが、この青年たちの間から、今の観光主体の村興しは本当に鄒族の伝統に合った暮らしなのか、生態系保護といいながら、実は生態系を破壊しているのではないか、との疑問が出てくるようになった。

ここから、今の観光主体の社区作りを、もっと多面的な「社区総体営造」の方に推進していこうとする動きが出てくる。いま、社区協会では、鄒族の言語を保全し、使用する運動をはじめた。お年寄りが教師として、子どもたちに鄒語を教え、同時に人生や民族の知恵を分かち合う。この文化・教育運動は福祉運動とセットで、結婚、葬式の互助や低所得者、障害者らの助け合い活動を社区運動として行っている。

山美村ですばらしいのは、かつて荒れ放題だった自然を再興したのみならず、そこでの都会の人たちとの触れ合いを通じて、かつて都市の人々から差別の対象となり、自分の出生や文化に目をつぶっていた人々が、自分たちの生き方を見直し、民族伝統を踏まえた自分独自の生き方を考えるようになってきた、ということである。村の青年たちは、かつては都会に出て、鄒族出身であることを隠すのが常だったが、今では鄒族の言語、文化に誇りをもち始めた、という。かれらは更に、商業的な観光立村に安住することなく、郷語使用・民族文化保全運動を通じて、新たな人間的・民族的発展の模索を始めるに至っている。これは、原住民のアイデンティティ獲得による自立、内発的発展の実践の実例にほかならない。

前述の宜蘭県やこの山美村の歴史、文化保全は政府の「文史工作室」の事業で一部サポートされている。それぞれの地域社会の歴史伝統の保存、聞き書きや映像の記録、複雑な台湾人のルーツ探し（尋根）等は各社区の文化歴史工作室で集められ、年一回の全国文史工作室の大会で報告される。この大会の記録はそのまま、台湾の草の根地域社会の手作り歴史の集成になっている。それが台湾人全体の独自のアイデンティティの確立、内発的発展の道につながっているのである。

3　地域興しと教育・文化発展

1、2の事例も地域興しと結び付いていた。地域興しの事例は枚挙にいとまがないが、ここでは、台南県白河郷の「蓮潭社区」の例を挙げよう（西川潤、二〇〇二年八月の取材ノートから）。

この農村は、台南県と嘉義県の境の平野地域にあり、水利もよく、以前は蓬莱米の産地として有名だった。しかし、米の需要が日本と同じく下がったこと、二〇〇一年のWTO加盟によって米輸入の増加、米価の低落が見込まれたことから、村人が片手間に栽培していた蓮を地域の代表的産業に育て上げることを決意した。そのため、蓮根ばかりでなく、澱粉、菓子、茶、蓮焼酎、蓮料理等、加工度を高め、さまざまな商品を作るようになった。

村の中心部には大きな蓮池を設置し、そこで淡水魚を養殖し、これらの魚、スッポン、ウナギ（これらは別養殖）と地場の新鮮な野菜や水草（ゼリーや餃子を作る）、そしてもちろん蓮を使った大小のレストランが今では池の周囲にずらりと並び、壮観である。二〇〇三年秋にこの地を訪れたとき、蓮潭社区の人たちは池の真ん中に張り出した東屋で接待をしてくれたのだが、「日本の農家は一村一品運動など地域興しでがんばっているそうですね。一度ぜひ参観に行きたいものだ」と言うので、「いや、日本の農家こそここに参観に来たいのではないですか」と答えて大笑いになったことがある。

白河郷では蓮関係で三〇〇〇人以上の職が生み出されている。若者の流出も止まった。この農村は有機栽培に努力していることで全国的にも有名である。「これだけ大量に蓮を栽培していて、農薬は使わないのですか？」という問いに社区幹事の劉さんは池を指差し、「あそこに鯉が見えるでしょう。農薬を使ったらその日から池は死んでしまうし、この村のレストランも立ち行かなくなります」と答えた。有機栽培の良いイメージが若者にも郷土への誇りを持たせることになる、と劉さんは言った。これらレストランの壁に、地元美術家の風景画や壁掛けがかかっていることも私には驚きであった。日本の農村でこれだけ地元の芸術家が育っているところは……？　由布院等限られた地域ではないだろうか。

蓮潭社区ではこうして、特産品やそれと結び付いた地元文化を見事に育て上げ、一次産業から多様な加工品を持つ二次産業、そして観光と結び付いた第三次産業、文化産業へとつなげて、持続可能な地域経済循環を生み出している。今後の課題としては、蓮のブランド品を開発すること、また、蓮に次ぐ第二次、第三次の特産品を生み出すことだが、この面では地元の能力は限られており、政府の支援も十分ではない、と劉さんは述べた。リーダーたちが自分たちの課題を明確に認識していることには感心した。

ここには農業を中心として地域全体に人が集まり、活性化する取り組みがあった。地域興しと関連して、社区ベースの社区大学が広がっていることにも注目したい。

従来、成人大学は大都市のいくつかの区や工業団地の労働者向け職業大学として存在していた。しかし、地域社会が目覚め動き始めると、直ちに教育をどう進めるか、という課題が出てくる。だが行政はこれに対応する能力をもたない。一九九八年に台北市の文山で始めて社区による大学が発足した。それ以来、一〇年間にこの運動は全国に拡大し、二〇〇七年六月に台北市で開かれた「日台市民社会フォーラム」で、台湾の「社区大学全国促進会」が提出した報告によると、その時点で約八〇カ所にのぼる。

社区大学の重点的なカリキュラムは、一つには成人教育だが、憲法改正とか文化権や環境権等の人権、さらには税金の用途など公民教育に重点がある。第二には、社区の文化史記録活動のためのビデオやテープを通じる映像等の記録方法、ＩＴ教育、グラフィックデザイン、美術・芸術、さらには放送等、実践と結び付いた技術教育のカリキュラムも人気が高い。第三は、環境、公共衛生、予防保健、漢方等伝統医薬や太極拳等健康法の知識教育と実践の領域がある。第四は特定テーマをめぐる公共討論、ボランティア活動、近隣社会の連帯活動があり、そこには素食と呼ばれる精進料理教室等も含まれる。

社区大学では概して、これまで長年の植民地、外来政権独裁下の制度教育で無視されてきた人びとの主体性を育む公民、人権、環境教育が重視されていることが判る。よく、日本が教育を台湾や朝鮮等植民地で普及したことを日本の植民地統治の正当化に結び付ける議論も聞かれるが、これら植民地教育はあくまでも差別（日本人と現地人）を伴った教育であり、現地人教育（台湾では公学校、蕃童教習所）はあくまでも日本の上からの開発に役立つ労働力の育成を目的として行われたもので、子どもたちの主体性確立による能力発展を目的としたものではなかったことは、確認されてよい。

社区大学では集まる社会人やシニア市民のモチベーションはきわめて高い（これは日本の成人学校も同じ）。講師との質疑応答も活発である。社区大学の強みは同時に、実際に頭と体を動かすトレーニングに重点があることで、今まで学校に縁のなかった人たちがそこに通うことで、自分の能力にも自信を持ち、同時に近隣社会の新しいつながりを見出していくことで、それはそのまま地域社会の内発的発展につながる。

社区大学間の交流も、研修、セミナー、共同文史やテキストの制作や出版等活発で、お互いの経験を交流する電子ジャーナルも定期的に社区大学促進会のサイト（http://www.napcu.org.tw/）で見ることができる。こうした一〇年の社区大学活動を通じて、社区の専従者も養成され始めていることにも注意しておきたい。社区大学は全国の社区のブレーンであると同時に、手足をも養成しはじめているのである。

第四節　結びに――内発的発展の主体としての市民社会

本章では、台湾に住む台湾人（原住民、福佬人、客家人、外省人たちで、それぞれの族群意識から脱皮して共通して新しい台湾をつくろうとするアイデンティティを持つことから「新台湾人」と呼ばれる）たちが、いかにして、台湾への帰属意識を育み、自らの中間団体レベルを越えたアイデンティティを抱くに至ったかを検討した。この道筋はそのまま台湾の内発的発展の道につながる。

だが、台湾は近代史始まって以来、つねに外来勢力によって統治されてきた。オランダ、清朝、日本、中国国民党。台湾人たちが自分のアイデンティティにめざめ、重視する動きが歴史の前面に出てくるのは、ここ二十数年の現象である。

この新台湾人意識（台湾は仮の住まいではなく、自分たちが生れ育ち、そして墓所に眠っていく本土なのだという意識が強まってくるのはやはり一九八〇年代以降の民主化の時期である。この民主化は同時に、国家機構の上からの開発に対する市民社会の出現と相伴っていた。

この民主化は同時に社会の基底部分における人びとのアイデンティティ確立、参加、自己実現意識に支えられている。この点を本章では、とりわけ一九八〇年代以降の社区運動の発展を通じて分析した。

台湾が外来政権の持ち込んだ開発路線を否定し、「本土化」の道を歩んでいる動きはそのまま内発的発展の現れにほかならない。この内発的発展は台湾の民主化、これを担った市民社会の出現によって可能となった。

台湾の内発的発展は、同時に地域社会での内発的発展に支えられている。このことを本章では、社区運動の実例を通じて明らかにした。

二〇〇八年一月に台湾では立法院選挙が行われ、また三月には総統選挙が行われる。立法院選挙では国民党が大勝し、議席の四分の三を向こう四年間占めることになる。総統選挙の帰趨はまだ分からないが、場合によっては政権は国民党が奪還するかもしれない。

その場合に、本書で述べたような台湾の内発的発展は後退するのだろうか。

本章はこの問いを分析する場ではないが、結論的に言うならば、政権が国民党に交代しようと、民進党が保持して議会との間に「ねじれ」型ガバナンスが続こうと、台湾自身の本土化の道には変化はないだろう。

なぜなら、〇八年選挙は国民党の勝利と言うよりも、民進党の失点のほうが大きく、選挙民の離反を招いた事情がある。

第一に、前回二〇〇四年の立法院選挙では、国民党、親民党の大陸との接近政策をとる「青」派は合わせて五〇%をとったが、今回は五四%で漸増にとどまった。自主独立路線の「緑」派、民進党と台湾団結連盟は、二〇〇四年の四四%から、今回三九%へと五%ポイント低落した。投票数の比率では五対四なのが、議席数では八二対二七と大きく差がついたのは小選挙区制に移行して、死票が増えたからである。選挙民の政党支持率は緑派にはやや落ちたが、青がものすごく増えたというわけではない。

すると第二に、選挙民が民進党に厳しかった理由としては、民進党八年の施政間に、自主独立の声は大きかったが、その間、台湾企業の大陸投資が進み、台湾経済が低迷状態にあったこと、政権がめざした産業高度化、知識集約化の成果が未だ出なかったこと、WTO加盟による貿易自由化に人びとが不安の念をもったこと、そして、総統の家族の間に汚職事件が起こったこと等が挙げられよう。今回の選挙の投票率が五八％と低かった（二〇〇一年立法院選挙六六％、二〇〇四年総統選挙八〇％）のも、選挙民が政権党に「お灸を据えた」と解釈できる。

第三に世論調査では台湾人の大部分は、両岸関係については「現状維持」を望んでおり、「中国との統一」や「独立」という極端な路線を望む人は少ない。馬英九氏は、中国とは「三通」（通航、通信、通商）の拡大を唱えているが、陳水扁政権の下でも貿易や投資は大きく伸びている。おそらく象徴的に通行、通信面での多少の進展があろうが、大きな変化は想定できない。なぜなら、大陸と貿易自由化を更に進めれば、台湾の地場産業は大陸からの農産物や労働集約製品との競争にさらされるし、もし人流がさらに増えれば、それはすぐさま台湾内の雇用問題として現れるだろうからである。そうして見ると、国民党の「青」行政になっても、台湾人の「本土化」志向が変わるとは考えられない。外省人は今では人口の一五％を占めるにすぎない。ただ、台湾人企業の大陸進出は進んでおり、今日では約一〇〇万人の台湾人が大陸に住んでいるので、こうした人びとに対する配慮（飛行機の直行便等）が図られる可能性は高い。

第四に本章で見たような台湾人の市民、公民意識の高まりは元に戻ることはありえないだろう。地域社会の根底で進む人びとの自治意識、それに基いた社会参加と内発的発展の多様な実践は、じっさい今後の台湾社会の発展をうらなうための草の根レベルでの不可逆的な変化である。もし、国民党政権がかつてのような上からの開発独裁路線をとるとしたら、二〇〇八年初頭台湾の有権者が政治の透明性、説明責任を要求して民進党にお灸を据えたように、国民党もまた有権者の批判の的となるだろうことは目に見えている。そして、国民党政権の下で、大陸との接近が進み、それが台湾経済の空洞化へとつながるとしたら、民進党政権下で既にそうであったように、内発的発展は、台湾の地域社会の発展を示すオルタナティブ路線として、ますます重要性を増していくことになろう。それは、グローバル化の下で日本や韓国、そして中国の地域発展の方向として内発的発展がクローズアップされてきているのと全く同様である。

注

(1) 一九七九年に創刊された民主派の雑誌『美麗島』社が高雄市で人権大会開催を企画したが、当局の弾圧で多数の負傷者を出し、主催者たちは起訴された。
(2) 日本では先住民、先住民族という用語が使われているが、台湾では先住民自身が権利獲得運動の過程で「原住民」と名乗り、その結果、政府に「原住民委員会」が設けられているので、後者を採用する。

参考文献

殷允芃［1996］『台湾の歴史――日台交渉の三百年』丸山勝訳、藤原書店
伊藤潔［1993］『台湾――四百年の歴史と展望』中公新書
簡子晏［2007］「民主化の担い手としての社区運動――歴史的発展の分析と諸類型」（西川・蕭［2007］所収）
呉密察監修［2007］『台湾史小事典』横澤泰夫編訳、平凡社
周婉窈［2007］『図説　台湾の歴史』濱島敦俊監訳、平凡社
『台日市民社会フォーラム――草の根ネットワークをどう構築するか』二〇〇七年六月一六―一七日、台北市（議事録）
西川潤［2002］「人間と開発――内発的発展による共生社会への展望」（岩波講座「環境経済・政策学」第二巻『環境と開発』岩波書店）

西川潤［2007］「台湾の市民社会」（『日本NPO学会ニュースレター』二〇〇七年一二月、所収）
西川潤・蕭新煌［2007］『東アジアの市民社会と民主化』明石書店

〈附〉

共同研究の経過

原　剛

第一回研究会（二〇〇五年一〇月、台湾・淡江大学日本研究所）

台湾、日本、韓国の農業、農村、農政が直面している課題が紹介された。二〇〇二年WTOに加盟、農産物市場自由化後三年を経過した台湾農業・農政の動向を任燿廷・淡江大教授は、政策の中心が、食料安全の保障、農工間の所得格差の是正、環境保護の問題など多様な範囲に展開している、と分析した。比較優位性原理の要素賦存条件（土地、労働、資本）、また需要側条件（主食文化、食糧安全保障）を考慮して農工間所得格差の是正、そして環境保全の取り組みへと展開することが農業構造改革の在り方になろうと予測している。

韓国の金鍾杰漢陽大学国際学大学院副教授は、WTO加盟後六年を経た韓国農業の動態に基づき、FTAの東アジア産業構造へのインパクトを緩和する構造調整支援政策の必要性を次のように述べた。

経済の世界化、地域化によってもたらされる開放化の衝撃は廃業、解雇、転職など莫大な調整過程を伴うものであり、またその過程で一国の経済基盤が揺るがされることとなれば、開放化の過程は政治的、経済的な災いと転ずる。従って、調整費用を最小限にしながら、産業構造を高度化させるための「構造調整支援政策」の設定は不可欠である。そのために検討すべき課題は次のように整理できる。

第一に、産業政策、特に「産業構造調整支援政策」が持つ政治経済学的な意義を明らかにする必要がある。利害集団の圧力に屈した形での政策も、国民経済至上主義も、また市場万能主義も、その政策的な有効性や正当性の面で正しいとは思われない。経済的な競争力をアップさせながらも、社会的な安定を保っていける理論的かつ政策的研究が必要である。

第二に、「構造調整支援政策」はすでに多くの国で実施されてきたことであり、それを参考にしながら論理を構築していく必要がある。日本の「貿易自由化」に伴う産業調整政策、米国がNAFTAに移行した際のTAA（Trade Adjustment Assistance）法、EUのEuropean Social Fundなど各国は各々の方法で調整政策を実施してきた。経済運営の基本思想、社会福祉の程度、調整される産業の規模などによって、各国の政策は違ったコンテキストをもっているが、少なくとも、（一）経済的開放化に向けた基本思想（社会経済的な価値観）、（二）政策運営の体系（支援の対象及び程度、政策の推進体系など）、（三）政策形成の合意過程（社会的合意の形成過程）の面では比較できるであろう。今後、韓国における望ましい政策の設計に当たって、先進諸国の歴史的な経験は重要なベンチマーキングとなる。

第三に、「構造調整支援政策」の理論研究、事例研究などを踏まえたうえ、韓国における政策の基本設計図を描いてみる必要がある。FTAを通じて開放化を促進させようとする韓国の対外経済戦略のボトルネックは、まさしくそれがもたらすであろう社会、経済的費用をどのように減らしていくかに関わる。韓国の開放化に向けたソフトランディングを促すために、（一）「構造調整政策」の基本思想および理論構築、（二）政策運営の体系、（三）政策形成の合意過程の設計が研究の課題となる。

黒川宣之早稲田大学台湾研究所客員研究員（前朝日新聞論説委員）は、ウルグアイ・ラウンド（以下略称UR）終結から現在進行中のドーハ・ラウンド（以下略称DR）に及ぶ日本農業・農政の動態を紹介した。

URは日本農業再生の方向へ、農政を大きく転換する好機と期待されたが、みるべき成果はなかった。日本の立場をきちんと主張することなく、農業関係者をもだまし討ちにする形で急転合意した結果だ。このためUR合意以後、日本農業は衰退の歩みを速めた。しかし、一四年を経たDR対策にその失敗の経験が生かされようとしている。

（一）国際連帯の強化＝URでは日本の主張が孤立し、同志と考えていたEUにも支持されなかったことから、ドーハでは連帯の外交を積極的に進めている。輸出国の集まりであるG10や稲作を中心としたアジア・モンスーン地帯の国々との協調などである。途上国に対しても、これまでとは違った積極的な対応をしている。農業外交としては様変わりの姿勢といえる。

（二）理論的裏付けに努力＝多様な農業の共存・農業の多面的機能の発揮や輸入国への配慮などを積極的に提案、同じ考えの国と共闘している。URの時は、単なるスローガンで、理論的裏付けも弱かった。国内政策にどう生かすかが課題である。

（三）国際的に承認される保護策への転換＝ドーハ対策として、WTOで緑または青の政策に分類される農家への直接支払いを導入する。肝心の財源や対象農家をどう絞るかなど、積み残しの問題が多いが、みるべき施策が全くなかったURにくらべ、これは画期的な農政の転換といえる。

積み残されている課題も多い。

(一)農業の位置づけについての国民的合意＝URの時もほとんど議論にならなかったが、今回も話題になっていない。どんな政策が打ち出されても、国民的合意がなければ永続は難しい。

(二)農と工の調和＝(一)の問題とも関連するが、工業先進国の農業保護はいかにあるべきか、日本でどのような農業保護をすべきか、という点について議論がほとんど行われていない。この点をしっかり詰めておかないと、土壇場になって工業が農業の犠牲になっているとか、その逆の批判が噴出する恐れがある。国際的な理解も得られない。

日本政府はFTAに批判的だったこれまでの姿勢を大きく変え、FTAを積極的に推進しようとしている。特に農業関係の積極姿勢が目立つ。工業に先立って農業分野で良好な関係を二国間で結ぶことによって、WTOの議論を有利に進め、国内での農業批判をかわそうとの意図がみられる。メキシコ、タイなどとの交渉では、この目論見は成功したかにみえるが、今後の交渉がどうなるか。FTAはWTOの補完になるか、といった議論もあるが、限られた国の間にしろ、農と工の調和を図っていくという意義は認められる。

原剛は、日本の農政は環境政策と一体化した農業環境政策へ必然的に移行せざるを得ない、と指摘した。

二〇〇三年一二月、農林水産省は「農業水産環境政策の基本方針」を発表した。「健全な水、大気、物質の循環の維持・増進と豊かな自然環境の保全・形成のための施策展開」を基本認識とし、

（一）大量生産・大量消費、大量廃棄社会から持続可能な社会への転換
（二）農林水産業の自然循環機能の発揮
（三）都市と農村との共生・対流
を今後の農政の基軸とすることを公約した。

「農業環境政策」とは第一に、農業が環境を汚染し破壊する、あるいは環境破壊の被害者となる構造を改める政策である。

第二に、農業・農村から産出されている外部効果を定性、定量の側面から評価し、農業はこれを生産する「公共財生産業」であり、農村はその「場所」と規定する。そして公共財の供給、維持のコストを、受益者が分担する社会資源再配分のシステムを創造する政策として農業環境政策が位置付けられている。

一九六一年に施行された「農業基本法」が、第一条（国の農業に関する政策の目標）で「農業と他産業との生産性の格差が是正されるように農業の生産性が向上すること、及び農業従事者が所得を増大して、他産業従事者と均衡する生活を営むことを期し、第二条（国の政策）で農業経営の規模の拡大と農業生産の選択的拡大により、農業総生産の増大を図ることを目的としていたのとは対照的な変化が見られる。

農水省による農業の多面的機能への評価と政策化は、第一に、自由貿易による農産物の市場開放圧力と農業と環境の統合を目指す国際環境政策による圧力を政策形成の外圧として、国内農業を保護するため策定されてきた。第二に、国の一律農政と農業近代化路線、国際化に反発するか

たちで、一九七三年以降、一部の農民と農業地域から自発的、内発的に農業と環境を統合させた農法と地域発展の試みがなされ、その動きが各地に拡がってきたことを「内圧」として他律的に形成されてきた。

自由貿易体制下の資本主義市場経済のもとでは、工農間の生産格差は構造的に是正しがたく、農業部門の縮小が、とりわけ小規模ないし条件不利地では避けられない。このような産業構造下で日本農業の再編に際して、農業・農村を食糧生産と多面的機能の双方から社会的共通資本として評価し、農業環境政策を導入して受益者がそのコストを負担することにより、資源配分の修正を試みようとしているのが農業環境政策である。

第二回研究会（二〇〇六年四月、韓国・漢陽大学大学院）

第一回研究会での問題提起を受けWTO・FTAの拡大、参加によって、東アジア三国と台湾が経済的な総合競争力を高めながらも、生産性の面で比較劣位にある農業が再生産力を保ち、農業地域を維持することにより、社会的な安定を保っていく発展が可能な方途を検討した。

金鍾杰副教授は九七年のアジア経済危機により、市場経済を神話視することの誤りを指摘し、貿易自由化に伴う韓国の不安全な社会状況に注意を促すとともに、韓国にとってNAFTA（北米自由貿易協定）の経験は注目に値すると次のように指摘した。

多くの研究は韓米ＦＴＡの経済効果を肯定的な評価している。貿易と投資の自由化を原論的に評価するならば、資源の自由移動による生産量の増加、競争圧力による生産性の増加、物価下落による厚生水準の増加など、正の経済効果をもつことが理論上は認められる。しかしそれはただ経済学的なモデルの世界、あるいは純粋理論の世界ならではの話である。現実は貿易と投資の自由化がもたらすであろう、社会的影響をも含むより複雑な問題を提起する。韓米ＦＴＡの効果を計測した政府関連の報告書のなかで、最もよく引用されるのは長期的にＧＤＰの一・九九％の成長、対米貿易収支の五九億ドルの減少である。しかしこの類の研究は、産業構造の調整過程で必然的に発生してくる「調整費用」の存在を無視している。比較劣位分野から比較優位分野への資源の移動は、多くの経済・社会的な費用を誘発する。農業に投資されている資本が、半導体産業に直接移動できないことは、資本が投資された産業に固定された（industry-specific）性格をもつからである。これは労働においても同じである。一つの職種から他の職種に移動するためには、新しい人的資源の構築、生活基盤地域の移動など、生きた人間の生活にかかわる変化を伴うものである。一般的に長い時間を通じて産業構造の変化が行われた場合、資源の移動は長期的に調整されていくであろう。しかしＦＴＡのように外部の衝撃によって強いられる変化過程は、資源の移動が円滑に行われず、むしろ経済成長に悪影響を与えることさえある。生産可能曲線上の一点から別の一点に移動できる確信はどこにもない。

日本の黒川宣之研究員はドーハ・ラウンド（以下略称ＤＲ）への対応策として、二〇〇五年一〇月農水省が定めた「経営所得安定対策等大綱」を戦後日本農政の転換を目指す、国際交渉を見据えた初の本格的な政策として評価する一方、この政策が多くの問題を内包していると指摘した。

（一）品目横断的経営安定対策、（二）コメ政策改革、（三）農地・水・環境向上対策を三本柱とする「経営所得安定対策等大綱」のうち、（一）はコメを中心とする品目別の価格支持から、経営全体をにらんだ直接支払いを含む所得支持への転換であり、（二）はそれと表裏をなすコメに偏った保護政策のさらなる是正、（三）は国際交渉の場で、日本が農業保護の名分として主張してきた多面的機能維持のための具体策である。価格支持から所得支持へ、戦後農政の転換ともなる課題を含んでいる。

三点セット対策には、次のような問題点がある。

（一）ＥＵのようにＷＴＯ合意を先取りして対応策を打ち出し、農業を守る国民的合意をつくる絶好の機会だが、基本的にはＵＲの時と同じ待ち・後追いの姿勢が変わらなかった。

（二）この対策によって特に保護が強化されたわけではなく、中途半端なものが多い。実効があるものにするには、いざというときにも崩れないような岩盤を構築する必要がある。三兆円を超えている消費者負担が大幅に下がるとすれば、その半分を農業支持に充てることで、安全で安定した食料供給と環境保全が可能になる。

（三）最大の問題点は、生産者の自主的な創意工夫を引き出す対策になっていないことだ。これまでの政策に比べれば、内発的発展を促す仕組みがいくつか用意されているが、基本構造は中央官庁主導の、全国一律的な手取り足取りの保護政策の域を出ていない。農家や営農集団、市町村のなかには自主的努力で展望を開こうと努力し、成果を上げているところが少なくない。政策のつじつま合わせや数合わせはやめて、こうした各地の自主的な動きを重点的に支援する方向に大転換する必要がある。そのためには対策推進の主導権を市町村に移し、財源も委譲して生産者自身が自主的に判断して、それぞれの地域に最も適合した農業なり環境保全策を、独自に展開できる環境をつくることが、なにより必要だ。

農業保護の削減交渉はURから始まったばかりなので、部分的にはまだまだ削減しなくてはならない保護がたくさん残ってはいる。しかし、市場原理に沿ってただ減らすというのではなく、立地条件の制約を強く受ける農業の保護削減はどうあるべきか、という基本にもう一度立ち返って議論する時期にきているのではないか。

中国から参加した章政北京大学経済学院教授は、日本での研究滞在歴が一一年を数え、日本農業の現場にも詳しい。中国農業の注目すべき変化を分析したうえで、アジア諸国農業との連携の必要性を強調した。以下は「中国農業の持続可能な発展」と題した章政教授のコメントである。

中国の一部地域では組織的、計画的な持続可能な農業、農村発展の可能性が顕在化しつつある。例えば、経済発展先行地域の江蘇省では、土地経営権の調整を通して、農業経営の集積と大規模な農業経営を押し進めている。二〇〇〇年には同地域における大規模な経営は一二万ヘクタールにのぼり、一農業者平均の食糧生産量は二〇トンに達した。今後は農産物商品化率八〇%以上、第一次産業の生産額の比率五%以下、第三次産業の生産額の比率四〇%以上、一人当たりGOP

二万元以上、エンゲル係数四〇％以下、農村労働力の高卒者の割合三五％以上を目標に持続可能な農業、農村発展を進めている。江蘇省農業セクターの試みは、ポストWTOへ向けて中国農業の新しい試みといえよう。

上海市農業委員会の資料によれば、二〇〇二年上海市域内の輸出野菜の作付面積は一〇・六万畝に達した。キャベツ、ネギ、ブロッコリーを中心に七・一万トン、一・九億元を輸出した。

金山県の銀龍食品有限公司は二〇〇〇年に県野菜弁公室と民間企業の共同出資により設立され、資本金二〇〇万元、従業員二三二人の生鮮野菜加工企業である。加工施設として、七〇〇〇平方メートルの大型低温冷蔵庫一棟と一〇〇〇平方メートルの冷蔵庫二棟、カット野菜生産ライン一式、年間二万トンの加工能力を有するものである。二〇〇二年の輸出規模は九一六〇トンに達した。

二〇〇二年の中国のWTO加盟は、このような国内農業の進展を背景に決断された。地域農業の持続可能な発展の新しい方向を示す社会現象として、農民の生活構造の改善と郷村文化の復活が特筆される。農家の生活改善表に示すように、一九八五年から二〇〇一年までに農家一戸当たりの食品支出は、五七・八%から四七・七%へと一〇ポイント低下したのに対し、医療保健、文教娯楽、交通通信の支出はそれぞれ二ポイント、七ポイント、五ポイントと増加した。こうした食生活の変化に従い、地域の伝統的な文化活動が復活してきた。

生活の改善の結果、全国的に健康な生活と食の安全性への注目が高まってきている。例えば北京市では二〇〇一年に、中国農業部（日本の農林水産省に相当）の指示を受けて、「食用農産品安全管理工作規程」を施行し、二〇〇六年を目標に食用農産物の安全管理水準に、HACCP

(Hazard Analysis and Critical Control Point 食品の衛生・安全性管理システム) 標準を適用することとなった。また上海市では一三四万畝の生産農地とその産品を対象に、二〇〇二年から農地に対する「生産環境検査制度」を実施している。すでに一九九九年から緑色食品生産制度が中国農業部の指導下で行われている。緑色食品とは減農薬、減化学肥料の農産物の総称であり、中国緑色食品発展センターの資料によれば、二〇〇二年に全国の減農薬、減化学肥料農産物の栽培面積は二三〇〇万畝であり、生産額は一一〇億元に達している。

二〇〇六年三月の全人代会議で、中国農村発展のビジョンを「新農村建設」とすることが決まった。新農村とは物質的な豊かさと精神的なゆとりが共有され、持続可能な農村地域社会が実現される農村を意味する。経済発展指標、社会発展指標、人口素質指標、生活水準指標、資源環境指標など幾つかの具体的な数値目標が設定される。

中国農業部の前外事担当官だった向虎早稲田大学非常勤講師はWTO・FTAが中国農業に及ぼす影響予測を次のようにまとめ、グローバリゼーションに適応可能な中国農業の発展モデルを提示した。

中国がWTOに加盟した後、関税の切り下げによって、安価な農産物が大量に中国に輸入される一方、中国の優位性のある農産物の輸出も拡大しつつある。中国の農業は国際競争にさらされている一方、国内産地間の競争も一層激しくなっている。

WTOの場では特に農業をめぐって、輸出国と輸入国が貿易による経済の損益だけを議論しても結果が出ないだろう。中国、日本のようなアジアの伝統農業国では、農耕の文化、食糧の安全保障、国土の保全、社会の安定など農業の持つ多面的な機能の視点から、輸入農産物に対していずれも自国の農業を手放すことができず、農産物の大量輸入をけん制しようとするだろう。

このような状況下で、中国が国際市場競争に不利な農業をいかに維持していくか、が大きな課題になる。

グローバリゼーションに適応する中国農業の構造は以下のような形となろう。

（一）東部地域では高付加価値の農業を目指す。施設園芸や有機栽培に食品加工を加えて、大都市圏と海外市場を狙って、アグリビジネスを展開していく。農産物の輸出と輸入が並存していく。

（二）中部の穀倉地域では、農地の基盤整備と品種改良に力を入れ、生産・貯蔵・加工・流通をセットに、第一次産業、第二次産業、第三次産業のバランスの取れた発展を求める。輸入農産物に対抗できるような農業産業の育成を目指す。

（三）西部地域では特色を持つ農村振興を進める。農業の多面的機能を維持するために、グリーンボックス政策が許容する範囲内で、直接支払い制度や環境税などの補助を与える。同時に、外部に依存せずに地域の内発的な発展を目指す。

第三回研究会（二〇〇六年九月、山形県高畠町のＪＡ和田支所）

第二回研究会でのＷＴＯ・ＦＴＡをめぐる東アジア農業経済への影響分析とＷＴＯ・ＦＴＡ体制下

での持続可能な農業・農村の発展の在り方への問題提起を経て、第三回共同研究会では農業・農村の内発的な発展の動態が課題とされた。

第三回共同研究会の会場となった高畠町和田地区の二〇代の農民三八人が集い、一九七三年に始めた有機無農薬農法による水稲栽培と都市の消費者と提携した生産者消費者提携米の生産は、いずれも全国に先駆けた前例のない試みで、ともに経済的にも成功し持続可能な農業、農村の望ましいとしてモデル視されている。

共同研究会の会場となった農協の会議室は、穫り入れ間近の有機・無農薬栽培の稲の黄金色の穂波に四方を囲まれ、「まほろばの里」にふさわしい景観であった。研究会は三四年間に及ぶ高畠町有機農業研究会の活動を指導してきたキーパーソンで農民詩人の星寛治さんを招き、冒頭に「市場開放と地域農業」の課題で講演と問題提起をしていただいた。

ワークショップには毎回、大学院生がオブザーバーとして参加しており、今回も中国からの留学生四人を含む一〇名が三日間にわたり傍聴した。

原剛は「持続可能な農業・農村地域の原型を高畠町和田地区で考える」と題して事例研究の結果を紹介した。

社会が変化していく動態は、しばしば肯定的な意味で「開発」あるいは「発展」と表現される。タルコット・パーソンズは欧米の社会が近代化していく過程を分析し、「発展」の類型を〈内発発展型〉と〈外発発展型〉に分類した。外発発展型（exogenous development）とは外来モデルの社会システム、技術、資本などを「非近代的」あるいは開発の遅れた社会に導入し、外部の力によって近代化を図る方式である。

対する内発発展型（endogenous development）は地域の歴史と文化、生態系などの多様性を尊重し、多様な価値観に基づく、多様な社会発展の形であるとされる。

一九七三年の高畠有機農研の発足以来、有機農業による自然環境の復元に始まり、人関環境文化環境の創造、有機農業の理念を追求してきた機軸は、農業地域の資源を活用する内発的発展の、この地域での可能性を示している。

出稼ぎ拒否の自給的農業および近代農法を転換させた代替農法としての有機農業は、明らかに時代の主流である近代農法と農政に反発し、対抗する代替手段（alternative）である。

なぜ、高畠の農民たちが代替手段に訴えることとなったのか、農業環境政策の形成にあたり、農政は高畠での体験を分析、評価する必要があろう。

高畠町和田地区のような中山間農業地域とは、日本の産業構造から考えて、世界経済の南北経済格差の構図における「北の途上国」に位置づけられよう。WTO体制下の日本農業の持続可能な発展のあり方を、それも平地農業地域との対比で考えるならば、国際分業が資源の最適配分をもたらし、社会の厚生に資するとする農産物輸出国の論理に抗して、中山間地農業の発展模式に内発的発展を構想し、その資源となるべき農業・農村の多面的な機能を保つため、国家による社会資源再配分である環境直接支払い制度を導入することが合理的であろう。この場合の発展型とは地域の生態系と調和した人間の成長を主要目的とし、経済成長をその条件とみなす。星寛治は

農業・農村の多様な役割と多面的機能

多様な役割	多面的機能	事例
持続的な食料供給	安定・安全・安心	食の安全を求める消費団体との生消提携34年 東京墨田区の学校給食用の有機米の供給、同区との災害時の区民の受け入れ、食料支援協定
環境への貢献	土地空間保全	有機無（減）農薬生産農家群による産廃処理工場、ゴルフ場の立地阻止。農業地域を一団地として保全することに拠る地域の自然環境、生態系の維持
	生物多様性保全	国立公害研のヌカエビ生存率テストにみる水田生態系の営み。ホタル、アカトンボ、ゲンゴロウ、ミズスマシ、タニシ、ドジョウ、フナなどの繁殖。食物連鎖による鳥類、小型哺乳類の活動
	物質循環調整	堆肥センターによる農業生産残滓の有機肥料化と水田への投入によるゼロエミッションシステム
	水循環制御	最上川最上流の水源地帯に位置し、棚田による水のストックと涵養。農家林家営農形態による水源林の機能の維持
地域社会の形成、維持	人間教養	高畠共生塾、まほろばの里学校に拠る農民と都市住民の交流、学習効果。地域参加をキーワードとする高畠高校の有機農業実習課程を含む総合高校への再編。小中校での耕す教育による生命尊重、環境保護意識の向上。
	人間性回復	農業・農業地域の有する人間性に魅せられ都会から80人が移住、定住、農業に従事 高畑勲監督「おもひでぽろぽろ」、矢口史錆監督「スウイングガールズ」など若者のヒューマニティーを素材とする話題映画の舞台となる。福祉施設への農作業導入による生命とのふれあい効果
	伝統文化保存・地域社会振興	農業・農業地域の安定した営みが、数々の土俗の祭神と杜、祠、安久津八幡に伝わる倭舞や延年の舞、亀岡文殊祭礼の継承を支えている食品加工の地場産業に有機無（減）農薬農産物を提供、経済効果と雇用を地域にもたらしている。

日本学術会議が作成した「農業の多様な役割と多面的機能」に示された評価フォーマットの範囲で、高畠町・和団地区の有機無（減）農薬農法により顕在化された事例をまとめた。（論者作成）

社会学が「キーパーソン」と規定する現状変革理念を有する実践活動家である。有機無農薬ないし減農薬農法はキーパーソンにより主導された例が多い。

農業と環境の統合を試みる星を介して、キーパーソンの思想と行動が農村地域社会に果たしてきた役割を、社会学の観点から総合的に分析する。その結果高畠・和田地区の有機無（減）農薬農法により、顕在化された農業・農村の多様な役割と多面的機能のリスト化を試みた。

韓国社会経済学会長をつとめる朴珍道・忠南大学教授はWTO・FTA体制下で、内発的発展型を核とする韓国農村社会での持続可能な社会づくりの方向について次のように指摘した。

農業と農村が新自由主義経済の世界化に対する道は二つ考えられる。一つは新自由主義的市場秩序に参入して積極的に国際競争に対応していくことである。いま一つは新自由主義的市場秩序への従属的編入を拒否して、地域が自分の運命を自ら決める内発的発展を追求することである。韓国政府は基本的に前者の道にしたがって国際競争力の向上を農政の基本課題にしているが、農村地域での対応の基本方向は内発的取り組みを志向している。政府の政策と地域の取り組みとの間の不一致の問題がますます大きくなっている。

しかし〝国際競争力だけが生き残る道である〟という競争力至上主義農政は、農政の目標と手段の転倒である。生産性向上＝競争力強化が農政の最優先課題になると、なんのための生産性なのかという批判を避けることができない。農業構造の改善、国際競争力の強化などは農政の目標を達成するための政策手段であって、それ自体は農政の理念なり目標になりえない。韓国社会や国民にとって、農業・農村の価値なり役割は何か、明確にし、その価値や役割が最大に発揮されるような農業政策をとらなければならない。

今後韓国の農村と農業は急速な構造調整に直面するだろう。構造調整の方向は、基本的には国民が農業と農村になにを求めるかによって決められるだろう。まず、市場開放が加速化されると国内農業の食料供給機能は全般的に低下するが、環境及び食品安全性に対する国民の関心が高まるにしたがって、安全で新鮮な高品質の国内農産物の需要は相当増加するだろう。農村は一方では高齢化の進展と都市との経済的格差の拡大により活力を失うだろうが、他方では都市に比べて農村がもつ優位性を積極的に評価する「活気ある」農村住民が徐々に増え、彼らが農村の将来の主人になるだろう。また農村のアメニティを求めて農村を訪ねる都会人も増加するだろう。したがって農村を国民全体のための暮らしの空間と経済活動空間、環境及び景観空間としてどうやって発展させるのかが鍵である。

こうした観点から、農政は農民側からは、所得及び福祉水準の向上、国民側からは農業の多面的機能（食料安保、農村地域社会の維持・発展、国土及び環境の保全、伝統及び文化の継承、人間教育など）の極大化を基本目標とし、その実現のために農業構造政策、価格・所得政策、生産政策、地域政策など多様な政策手段を効率的に用いる必要がある。ここには農民と一般国民の間に農民は環境を守り、農業の多面的機能を極大化するために最善を尽くす一方、一般国民は農民の経営安定を支援する一種の暗黙的社会契約が必要である。

今後の韓国農政は、農業（民）を対象にした農業政策の狭い枠組みを乗り越えて、一般国民と消費者も視野にいれて食品の安全性と栄養供給、環境と景観の保全、農村地域の振興などを重視しなければならない。すなわち農政の対象が農業、食料、農村地域へ拡大しなければならない。とくに農村政策は農村社会の間接資本の整備から農村のもつ多様な潜在力が極大化できる農業・地域・環境を包括する統合的農村政策（integrated rural policy）へ転換すべきである。

台湾・朝陽科技大学財務金融学科の洪振義副教授は、台湾がＷＴＯに加盟してからで四年半が経過した二〇〇六年九月の段階で、台湾農業に生じている変化を次のようにまとめた。

（一）農産物作付面積が減少し、農地の利用率が低下してきた。
（二）ＧＮＰに占める農業生産額の比重が低下した。
（三）農家戸数、農業人口ともに減少している。
（四）兼業化が進行し、農業空洞化の懸念が強まっている。
（五）農工間所得の格差と農家所得に占める農業収入の低比率の乖離には改善のきざしが見られない。
（六）農業基幹労働力の不足と高齢化がますます進んでいる。

台湾農業のこの状況について、任耀廷淡江大学日本研究所所長は農業の多面的機能を外部経済と捉えた農業・農業地域の振興策の必要性を次のように指摘した。

農業は社会の公共財であり食料の安全性、生態環境保全、自然循環機能、生物多様性の維持などに果たす農業の多面的機能が、外部経済として認識されなくてはならない。この状況から台湾農業の調整策は、農業と貿易と生態環境保全の相関を考察して講じられなくてはならない。従って政策調整の方向は、農業地域の振興を図る地域政策、農業生産の効率性を図る産業政策とが併せて配慮されなくてはならない。

同時に所得格差の排除と分配をケアする社会政策が必要である。

生態環境保全政策と生産の効率性の確保を図る産業政策との整合性が考慮されるべきだが、多面的機能の保護=農業保護の施策ではない。同時に高付加価値農業体系が構築されなくてはならない。

編者あとがき

「グローバリゼーション下の東アジアの農業と農村」、すなわち日本、中国、韓国、台湾の農業セクターに何が起きているか。また農業、農村の持続可能な発展の在り方をどのように構想するのか。

二つの課題を共有して始めたこの国際研究は、政治、経済体制の違いを超えて東アジアの農業、農村が同様の共通する問題に直面していることを明らかにした。同時に、苦境を打開するのに農業地域が「内発的な発展」(endogenous development)を持続可能な社会発展を指向するもう一つの道(alternative way)として実践している現状を紹介している。

それらの例に共通していることは、独自の風土に培われた農業地域に伝統的な農法と農産物、その加工技術と商品、それらを可能とする自然環境、人間環境、文化環境からなる広義の「環境」資源を再評価し、地域存続の手がかりをつかもうとする試みである。

しかし、どの国・地域の政府もグローバリゼーションによって工業化、都市化をさらに加速する政策を主柱とし、そこから生ずる負の社会現象を、グローバリゼーションに随伴する過渡的な影響と見なし、克服が可能な問題であると考えている。

その主要な政策の一つとして農業、農村地域の多面的機能を、公共財・外部経済として前面に押し出し、多面的な機能（multifunctionality）を維持供給するための費用（cost）を農産物の消費者、多面的な機能の享受者に直接求めるか、納税者に転嫁しようと画策している。

このようにWTO自由貿易体制下で、今、東アジアの農業が構造的に直面している共通の課題と政策が、「第一部　WTO・FTAと東アジア農業の目指す方向」の日、中、韓、台の五人の論者によって明らかにされている。

さらに、農業地域における内発的発展の具体的な事例が日、中、韓、台の四人の論者により現場から報告されている。

それぞれの論が記述しているとおり、地域に根ざした独自の内発的な発展の試みが、他方で政府の農政によって支援されていることに注目したい。そのいずれの政府もWTOに加盟し、自由貿易を主策として工業化を強力に進めている。同時に生産性の格差から自由貿易の不利を蒙りがちな農業分野に、工業化・自由貿易で得た利益を、例えば食料安全保障や多面的機能維持のため分配せざるを得ない状況が、次第に明らかになりつつある。

国際分業こそ資源の最適利用であり、社会厚生を最大化する方法である、とする経済学の理論は、農業、農村地域から提起された、おそらくは、市場経済での貨幣による交換価値に馴染むことなく、計量化することすら困難なこの厄介な農的関係価値とどう向き合うのだろうか。不安域から警戒域に入り、破局域すら視野に入れざるを得ない、食糧の生産を規定する地球温暖化への人々の意識の変化も注目すべき要因となろう。

経済のグローバリゼーションの徹底を追求すればするほど、資本主義経済の自己矛盾、すなわち経済社会が拠って立つ基盤の脆弱化に直面することにならないか。

第一部の六編の論文は、社会体制の相違を超え、すべての論者がこのような懸念を記述している。注目すべきは東アジアのどの国、地域もヨーロッパ共同体（ＥＵ）の条件不利地域における直接所得補償方式（de-coupling）か、類似の政策を既に農業政策に導入していることである。

しかし、例えば東アジア諸国の地域の農政のモデルとされている日本の新たな農政が、一方で規模の拡大、価格政策への市場原理の導入をうたいながら、他方で農業による環境保全を掲げているのは構造的な矛盾とならないか。

グローバリゼーションの負の影響はそれとして、高度成長経済下での東アジアの零細な家族農業の現状は、持続可能な経営状況にほど遠い。

今日、世界的な異常気象、食料価格の高騰、ＢＳＥなど新感染症や食品汚染の流行などにより、安全な食料の持続的供給、それを支える農業・農村・地域産業の健全な発展に再び人々の関心は高まっている。だが翻って日本の農業・農村を見ると、過疎、耕作放棄地の広がり、農村青年の結婚難、担い手の高齢化、農業後継者の不在などの現象が広がっている。農政は今までの農産物の生産奨励策から、農村への総合的な地域社会政策そのものへ転換せざるを得ない。この現実を、本書は繰り返し指摘した。グローバリゼーションはこの状況をさらに露呈させ、地域に不安要因をもたらし、同時に東アジアの農政に質的な改革を強いることになろう。その中で、この転換の主体的な担い手としての農村や地域の自律的な自己改革——内発的発展の道——が可能であり、その胎動が日本を始め東アジアで始まっていることを本書では示した。
厳しい出版状況の中で、本書を刊行していただいた藤原書店の藤原良雄社長の志に感謝を捧げます。また執筆者が日、中、韓、台に及ぶ困難な編集作業の労をとっていただいた具嶋恵さんにお礼を申し上げます。

二〇〇八年三月三日

原　剛

1999	・農業基本法（1961年）に代わる「食料・農業・農村基本法（新基本法）」制定	・世界貿易機関（WTO）シアトル閣僚会議が反グローバルリズムのデモ隊により包囲される ・韓国、WTO加盟 ・市民団体パブリック・シティズンズ「誰のためのWTOか、企業のグローバリゼーションに蝕まれる民主主義」報告書を刊行
2000	・中山間地の条件不利地に直接所得補償制度を導入 ・新農基法を実施するため「食料・農業・農村基本計画」策定	・WTO農業委員会特別会合で農業交渉開始
2001	・遺伝子組換え食品に表示義務	・WTOドーハ・ラウンド農業交渉宣言 ・WTOドーハ閣僚会議、ドーハ・ラウンド立ち上げ。21世紀の世界の自由貿易体制のあり方を決定 ・中国、WTO加盟
2002	・日本・シンガポール経済連携協定（EPA）協定	・台湾、WTO加盟
2003	・農水省「農林水産環境政策の基本方針」を公表、環境保全を重視した農林水産業を支援する政策へ移行	・OECD農業の多面的機能を認めた報告書作成 ・第3回世界水フォーラム、水田の多面的機能保全を勧告
2004	・日本、シンガポール、メキシコと自由貿易協定（FTA）締結	・韓国・チリFTA発効 ・中国、食糧生産者に対する直接所得補償政策実施 ・WTO、農業交渉で枠組み合意、保護削減交渉へ進展
2005	・日本・メキシコEPA ・中山間地域直接支払い制度を2010年まで延期 ・農水省、環境省が政府税調で環境税の導入を主張。農林業の多面的機能の定量化を目指す	・台湾、農産物国際マーケティング強化法施行 ・WTO香港閣僚宣言、輸出補助金撤廃を決定 ・韓国、農林、漁業者の暮らしの質の向上のため農山漁村地域開発第1次5カ年計画スタート
2006	・日本、マレーシア、フィリピンとEPA締結。政府、9カ国、2地域とEPA締結計画を決定	・韓国、米国とFTA締結 ・2008年に妥結をめざしドーハ・ラウンド再開
2007	・有機農業推進法成立	・台湾、稲作農家に所得直接支払い制度

自由貿易と東アジア農業の構造変化年表（1955-2007）

	日本の動き	国際・東アジアの動き
1955	・日本、関税貿易一般協定（GATT）加盟	
1985	・大地を守る会が有機無（減）農薬の野菜、果実の宅配開始 ・自然農法国際研究開発センター設立	・EU 加盟国が「環境保全特別地域」を指定し、環境保全型農業を実践している生産者に直接支払い制度を導入 ・米国も 1985 年農業法で土壌浸食を起こしやすい農地を休耕にして草地などに転換するための保全休耕プログラムによる直接支払いを導入
1986	・国際協調のための経済構造調整研究会が前川レポート提出、保護農政を批判	・GATT ウルグアイ・ラウンド開始（至 1994 年）農産物自由化が主テーマに
1988	・ 衆院本会議でコメ自由化反対を決議 ・経済同友会「コメ改革の目標と方向」を提言 ・生態農業連絡協議会発足	・米国から GATT に提訴されていた乳製品など残存輸入制限品目 12 品目のうち 10 品目がクロ判定、自由化受け入れ ・日米２国間交渉の牛肉、オレンジも自由化へ
1992	・「新しい食料・農業・農村政策の方向」策定、環境保全型農業を強調	・韓国農業構造の改善のため融資を開始（2003 年まで継続）
1993	・農業経営基盤強化促進法により担い手対策として「認定農業者」「特定農業団体」を創設 ・農水省・自治体「中山間故郷・水と土の環境保全基金」創設	・EU が共通農業政策（CAP）を改革。欧州全域に環境支払いを拡大 ・GATT ウルグアイ・ラウンド農業交渉合意
1994	・ウルグアイ・ラウンド農業合意に関連して６年間６兆 100 億円の緊急対策実施 ・農水省環境保全型農業推進本部設置	・マラケシュ合意（ウルグアイ・ラウンド最終合意） ・ウルグアイ・ラウンド閣僚会合 WTO 世界貿易機関宣言採択　144 の国と地域が加盟
1995	・新食糧法制定 ・食管制度廃止	・中国が「緑色食品生産法」を施行
1996	・大豆、ジャガイモなど遺伝子組換え食品７種の輸入許可	・WTO 第２回閣僚会議 ・世界食料サミット、食料の安全保障を強調
1998	・コメの関税移行化決定 ・コメの生産調整面積が 90 万ヘクタールに	

著者紹介（五十音順）

金鍾杰（キム・チョンコル）1962 年韓国春川生。慶應義塾大学大学院卒。漢陽大学国際学大学院副教授。アジア経済論、国際経済論。主著『対外経済協力政策の戦略的模索』（ウルリョク出版）『共同体企業の成功条件』（韓国労働研究院）。

黒川宣之（くろかわ・のぶゆき）1933 年広島県生。1957 年大阪大学文学部卒。前朝日新聞論説委員、ジャーナリスト。早稲田大学台湾研究所客員研究員。主著『日本型農業の活路』（日本評論社）。

佐方靖浩（さかた・やすひろ）1968 年福岡県生。早稲田大学アジア太平洋研究科卒。国際関係論。中日人材交流事業に従事。主論文「持続可能な共生型地域社会の原型を探る」（早稲田大学アジア太平洋研究科論文集）。

向虎（シャン・フ）1974 年中国南京市生。早稲田大学大学院アジア太平洋研究科卒。農業経済学。早稲田大学非常勤講師、早稲田大学北京事務所副所長。主論文「中国の退耕還林と貧困地域住民」依光良三編『破壊から再生へ・アジアの森から』（日本経済評論社）。

章政（ジャン・ジェン）1962 年中国上海市生。南京大学大学院修士課程、東京農業大学大学院博士後期課程修了（農業経済学博士）。農林中金総合研究所研究員を経て北京大学経済学院教授。主著『中国農業政策前沿問題研究』（中国経済出版社）『現代日本農協』（中国農業行出版社）。

西川潤（にしかわ・じゅん）1936 年台湾台北市生。早稲田大学大学院経済学研究科卒。早稲田大学名誉教授、早稲田大学台湾研究所顧問。開発経済学。主著『世界経済学入門・第 3 版』（岩波新書）編著『アジアの内発的発展』（藤原書店）。

朴珍道（パク・ジンドウ）1952 年韓国江原道三陟市生。東京大学大学院経済学研究科博士課程卒。忠南大学経済貿易学部教授。経済学。主著『韓国資本主義と農業構造』（ハンギル社）『WTO 体制と農政改革』（ハンウル社）。

洪振義（ホン・ゼンイ）1961 年台湾南投県生。東京大学大学院農業研究科卒。台湾朝陽科技大学財務金融学科副教授。資源経済学。主論文「グローバル化の中の台湾産業構造変化の要因分析——Input-Output モデルの実証研究」（淡江大学出版部）。

劉鶴烈（ユ・ハクヨル）1970 年韓国堤川生。東京農工大学大学院博士課程卒。忠南発展研究院責任研究員。農村計画学、地域開発学。主論文「韓国の都市農村交流の実態と特徴」（農村計画学会誌）「公民協働村づくりの実態と課題」（農業土木学会誌）。

任燿廷（レン・ヤオチン）1953 年台湾台北市生。東京大学大学院農業研究科卒。台湾淡江大学日本研究所所長。経済学。主論文「東アジア FTA の進展と台湾農業の対応」（淡江大学国際研究所）、The Implications of Japan's Domestic Reforms to Taiwan Agricultural Trade Liberalization（*Tamkang Journal of International Affairs* X: 11）.

編者紹介

原 剛（はら・たけし）
1938年台湾台南市生まれ。早稲田大学法学部卒。毎日新聞論説委員を経て、早稲田大学アジア太平洋研究科教授。環境社会学、農業経済学。
主な著書に、『日本の農業』（岩波新書）『環境が農を鍛える』（早稲田大学出版部）。

早稲田大学台湾研究所
2003年早稲田大学のプロジェクト研究所として設置される。日台間の学術交流、日本での台湾研究の振興、東アジアにおける台湾の国際的位置付けの研究に当たっている。ホームページ：http://www.waseda.jp/prj-taiwan/index.html

グローバリゼーション下《か》の東《ひがし》アジアの農業《のうぎょう》と農村《のうそん》
—— 日・中・韓・台の比較 ——

2008年3月30日　初版第1刷発行 ©

編　者　原　剛
早稲田大学台湾研究所

発行者　藤原良雄

発行所　藤原書店

〒162-0041　東京都新宿区早稲田鶴巻町523
電　話　03（5272）0301
FAX　03（5272）0450
振　替　00160-4-17013
info@fujiwara-shoten.co.jp

印刷・製本　図書印刷

落丁本・乱丁本はお取替えいたします
定価はカバーに表示してあります

Printed in Japan
ISBN978-4-89434-617-8

VI 魂《こころ》の巻——水俣・アニミズム・エコロジー　解説・中村桂子

Minamata : An Approach to Animism and Ecology

四六上製　544 頁　**4800 円**（1998 年 2 月刊）

水俣の衝撃が導いたアニミズムの世界観が、地域・種・性・世代を越えた共生の道を開く。最先端科学とアニミズムが手を結ぶ、鶴見思想の核心。

月報　石牟礼道子　土本典昭　羽田澄子　清成忠男

VII 華の巻——わが生き相《すがた》　解説・岡部伊都子

Autobiographical Sketches

四六上製　528 頁　**6800 円**（1998 年 11 月刊）

きもの、おどり、短歌などの「道楽」が、生の根源で「学問」と結びつき、人生の最終局面で驚くべき開花をみせる。

月報　西川潤　西山松之助　三輪公忠　高坂制立　林佳恵　C・F・ミュラー

VIII 歌の巻——「虹」から「回生」へ　解説・佐佐木幸綱

Collected Poems

四六上製　408 頁　**4800 円**　（1997 年 10 月刊）

脳出血で倒れた夜、歌が迸り出た——自然と人間、死者と生者の境界線上にたち、新たに思想的飛躍を遂げた著者の全てが凝縮された珠玉の短歌集。

月報　大岡信　谷川健一　永畑道子　上田敏

IX 環の巻——内発的発展論によるパラダイム転換　解説・川勝平太

A Theory of Endogenous Development : Toward a Paradigm Change for the Future

四六上製　592 頁　**6800 円**（1999 年 1 月刊）

学問的到達点「内発的発展論」と、南方熊楠の画期的読解による「南方曼陀羅」論とが遂に結合、「パラダイム転換」を目指す著者の全体像を描く。

〔附〕　年譜　全著作目録　総索引

月報　朱通華　平松守彦　石黒ひで　川田侃　綿貫礼子　鶴見俊輔

人間・鶴見和子の魅力に迫る

鶴見和子の世界

R・P・ドーア、石牟礼道子、河合隼雄、中村桂子、鶴見俊輔ほか

学問／道楽の壁を超え、国内はおろか国際的舞台でも出会う人すべてを魅了してきた鶴見和子の魅力とは何か。国内外の著名人六三人がその謎を描き出す珠玉の鶴見和子論。〈主な執筆者〉**赤坂憲雄、宮田登、川勝平太、堤清二、大岡信、澤地久枝、道浦母都子ほか。**

四六上製函入　三六八頁　**三八〇〇円**（一九九九年一〇月刊）

最新かつ最高の南方熊楠論

南方熊楠・萃点の思想

（未来のパラダイム転換に向けて）

鶴見和子　編集協力＝松居竜五

「内発性」と「脱中心性」との両立を追究する著者が、「南方曼陀羅」と自らの「内発的発展論」とを格闘させるために、熊楠思想の深奥から汲み出したエッセンスを凝縮。気鋭の研究者・松居竜五との対談を収録。

A5上製　一九二頁　**二八〇〇円**（二〇〇一年五月刊）

「西洋中心主義」徹底批判

リオリエント

〔アジア時代のグローバル・エコノミー〕

A・G・フランク　山下範久訳

ウォーラーステイン「近代世界システム」の西洋中心主義を徹底批判し、アジア中心の単一の世界システムの存在を提唱。世界史が同時代的に共有した「近世」像と、そこに展開された世界経済のダイナミズムを明らかにし、全世界で大反響を呼んだ画期作の完訳。

A5上製　六四八頁　**五八〇〇円**

（二〇〇〇年五月刊）

ReORIENT　Andre Gunder FRANK

西洋中心の世界史をアジアから問う

グローバル・ヒストリーに向けて

川勝平太編

日本とアジアの歴史像を一変させ、「西洋中心主義」を徹底批判して大反響を呼んだフランク『リオリエント』の問題提起を受け、気鋭の論者二三人がアジア交易圏からネットワーク経済論までを駆使して、「海洋アジア」と「日本」から、世界史を超えた「地球史」の樹立を試みる。

四六上製　二九六頁　**二九〇〇円**

（二〇〇二年二月刊）

「アジアに開かれた日本」を提唱

新版　アジア交易圏と日本工業化

〔1500-1900〕

浜下武志・川勝平太編

西洋起源の一方的な「近代化」モデルに異議を呈し、近世アジアの諸地域間の旺盛な経済活動の存在を実証、日本の近代における経済的勃興の要因を、そのアジア交易圏のダイナミズムの中で解明した名著。

四六上製　二九六頁　**二八〇〇円**

（二〇〇一年九月刊）

新しいアジア経済史像を描く

アジア太平洋経済圏史

〔1500-2000〕

川勝平太編

アカデミズムの中で分断された一国史的日本経済史と東洋経済史とを架橋する「アジア経済圏」という視座を提起、域内の密接な相互交通を描きだす、一六人の気鋭の研究者による意欲作。

A5上製　三五二頁　**四八〇〇円**

（二〇〇三年五月刊）

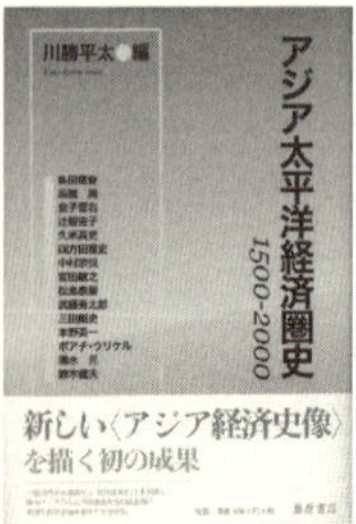